Python 编程

从入门到实战的 16 堂课

何敏煌 编著

第2版

清华大学出版社

北京

内 容 简 介

本书第 2 版延续了第 1 版的风格，避开了难懂的程序设计语法，从介绍语言的精要入手，以活用 Python 3.x 实用的功能为核心内容，帮助读者达到熟练使用 Python 开发各种网络应用以及开发、制作和部署自己的动态网站的目标。

全书内容共分 16 章，第 1~4 章介绍程序设计基础知识，包括认识 Python 3 环境、程序包的管理与应用等；第 5~8 章以精心设计的示例讲授 Python 语言必备的基本语法、数据类型以及如何操作文件和数据库；第 9~13 章精选生活化的案例引导读者如何用学到的技巧以及网上资源提取和分析网页、操作在线实时数据库、处理图像文件等；第 14~16 章以一个动态网站的设计为主轴，学习 Diago 2.0 网站的开发与部署、Scrapy 网络爬虫实践、嵌入式开发板的基本应用。

本书以"边练边学"的方式，从简单的程序入手，到掌握使用 Python 制作实用的动态网站，强化学习的成效，培养读者程序设计"实战"能力。本书既适合用于教学和培训，又适合读者自学。

本书封面贴有清华大学出版社防伪标签，无标签者不得销售。
版权所有，侵权必究。侵权举报电话：010-62782989　13701121933

图书在版编目（CIP）数据

Python 编程从入门到实战的 16 堂课/何敏煌编著. — 2 版.—北京：清华大学出版社，2019
ISBN 978-7-302-52943-9

Ⅰ. ①P… Ⅱ. ①何… Ⅲ. ①软件工具－程序设计 Ⅳ. ①TP311.561

中国版本图书馆 CIP 数据核字（2019）第 083575 号

责任编辑： 夏毓彦
封面设计： 王　翔
责任校对： 闫秀华
责任印制： 沈　露

出版发行： 清华大学出版社
网　　址： http://www.tup.com.cn, http://www.wqbook.com
地　　址： 北京清华大学学研大厦 A 座　　　　　　**邮　　编：** 100084
社 总 机： 010-62770175　　　　　　　　　　　　**邮　　购：** 010-62786544
投稿与读者服务： 010-62776969, c-service@tup.tsinghua.edu.cn
质 量 反 馈： 010-62772015, zhiliang@tup.tsinghua.edu.cn

印 装 者： 清华大学印刷厂
经　　销： 全国新华书店
开　　本： 190mm×260mm　　　　**印　张：** 27.25　　　　**字　数：** 698 千字
版　　次： 2017 年 1 月第 1 版　　2019 年 6 月第 2 版　　**印　次：** 2019 年 6 月第 1 次印刷
定　　价： 79.00 元

产品编号：081828-01

前　　言

　　一如大家的期待，Python 持续以飞快的速度不断地发展完善。非常感谢广大读者和院校老师们对本书第 1 版的厚爱，然而，随着时间的流逝和技术的发展，我们增加的不只是岁月在脸上留下的皱纹以及头上的白发，还有一大堆程序包以及程序包的版本号，版本号的增加代表的通常是更多的功能以及更稳定好用的程序包，这是件好事，但对于学习者来说，象征着更多的改变要去适应和学习，当然对于作者来说，则是改版和更新版本的动力来源。

　　为了能够让读者和同学们可以更快地适应 Python 生态环境的更新换代，作者对本书做了大幅的更新和修改，除了全部采用 Python 3 作为程序设计的基准、调整了一些相关的软件操作新版插图之外，Anaconda 成为重点，因为 Anaconda 已经成熟到在各个操作系统中安装几乎都不会出现任何问题，在 Windows 10 的环境下也运行得很好，所以本书的示范过程多是在 Anaconda Prompt for Windows 10 的界面中完成的，这样让读者和同学们可以更容易地练习。建议打算学习 Python 的读者，不用多想，先去把 Anaconda 安装好再说。

　　除了本书第 1 版原有的内容之外，在第 4 章特别加上好玩的 Google 语音模块，在短短的几行程序代码中就可以使用程序控制 Google 小姐说话，让我们的程序在应用上更为有趣。第 9 章和第 10 章花了许多的篇幅讲述在最新的网页进行数据提取的程序及自动化提取技术，第 11 章则针对 Firebase 做了大幅的更改，在接口的程序部分做了许多的修改，使用了另一个比较新的程序包。

　　此外，在大数据挂帅的今日，除了原有的 MySQL 数据库服务器之外，NoSQL 是近年来兴起的非常热门的数据库类型，作者特别在第 12 章中追加了 MongoDB 服务器操作的教学，让读者在存储大量数据的时候更加地顺手。

　　受到大家喜爱的 Django Web 框架已经进展到 2.0 版了，因此第 14 章做了非常大的修改。此外，第 15 章有关部署网站的部分，我们改用 Pythonanywhere 这个好用的云计算接口，另外 Heroku 的部署也变得非常简单。最后，在第 16 章除了原有的内容之外，在这一版中增加了 Scrapy 网络爬虫框架的应用，相信大部分同学一定会喜欢。现在非常热门的嵌入式开发板 BCC micro:bit 也可以使用 Python 语言开发程序了，在本书的最后一节跟上了这股潮流，协助有兴趣的读者更快上手。

　　最后，感谢读者和授课老师们百忙中来信指正第 1 版的许多排版错误，也感谢帮助测试本书大部分的网站以及文字校稿的何旸同学，这些努力让本书的内容进一步完善。不过，虽然作者尽力确保书中每一个教学步骤与内容的正确性，但是有可能"百密一疏"，敬请读者、同学和老师们继续提供宝贵意见与指正。

何敏煌

2019 年 4 月

改编说明

自从 2004 年以来，Python 程序设计语言的使用率一直呈线性增长，毫无疑问，它已经成为最受欢迎的程序设计语言之一。作为一款纯粹以自由软件方式推广的程序设计语言，Python 的语法简洁清晰，并且可以把丰富和强大的链接库（包含其他语言制作的各种模块）很轻松地链接在一起，所以它又有"胶水"语言的美誉。因为简单易用而且功能强大，所以不仅仅是专业人员在用，而且越来越多的计算机用户也开始使用 Python 提高自己运用计算机的能力。

本书第 2 版延续了第 1 版的风格，与传统的教授程序设计语言的教材相比，本书的结构与叙述风格更加"亲民"。为了避免读者在学习程序设计语言的过程中出现常见的从"望而却步"到"勉为其难"，再到最终"弃学"的窘境，本书从一开始就绕开了"枯燥乏味"的程序设计语言的语法和程序设计过程要注意的"琐碎"事项，更没有把重心放在展示程序设计技巧方面。纵观全书，各个章节都是以精选的日常问题为主线，让读者分析和学习这些日常问题的解决方法，在饶有兴趣的"实战"中轻轻松松就学会了运用强大的 Python 语言来"解决"实际问题。

一些知名大学已经采用 Python 语言来教授计算机程序设计课程了，本书有助于学生拓展自己的程序设计"实战"能力。而对于有意转向使用 Python 语言来开发网络应用，甚至是开发和部署完整的网站系统的专业人员来说，本书可以作为学习 Python 路途中的"导航仪"。因此，本书既适合用于教学和培训，也适合读者自学。

本书提供的范例程序可扫描以下二维码获得：

如果下载有问题，请发送电子邮件至 booksaga@126.com，邮件主题为"Python 编程从入门到实战的 16 堂课（第 2 版）"。

这些程序源代码读者需要根据自己的具体运行环境进行相应的修改，并不是所有的范例程序拿来就可以直接运行。

最后祝大家学习顺利，早日成为 Python 领域的技术"大腕"！

资深架构师　赵军
2019 年 5 月

目 录

第 1 章 程序设计所需要的基础知识 1
- 1-1 什么是程序设计语言 1
- 1-2 程序设计的重要性 3
- 1-3 最受欢迎的程序设计语言 4
- 1-4 学习程序设计需要知道的逻辑概念 6
- 1-5 本书的结构及内容说明 8

第 2 章 快速了解 Python 程序设计语言 10
- 2-1 Python 简介 10
  - 2-1-1 Python 的历史沿革 10
  - 2-1-2 Python 的重要性 11
  - 2-1-3 Python 程序设计基本元素 12
  - 2-1-4 Python 程序易用性示范 13
- 2-2 学习 Python 的重要性 16
- 2-3 Python 2 和 Python 3 的差异 16
- 2-4 Python 的应用领域 17
- 2-5 习题 18

第 3 章 建立可以开始编写程序的 Python 环境 19
- 3-1 马上使用 Python 编写程序 19
- 3-2 安装 Python 3.x 窗口环境 23
  - 3-2-1 Windows 的 IDLE 窗口环境 23
  - 3-2-2 Microsoft Visual Studio 的 Python 开发环境 26
  - 3-2-3 Anaconda 的安装与使用 28
- 3-3 简单且易上手的 IPython Notebook 和 jupyter 30
- 3-4 程序代码编辑器的介绍 36
  - 3-4-1 Notepad++的安装与应用 36
  - 3-4-2 TextWrangler 的安装与应用 40
- 3-5 在 Linux 虚拟机中运行 Python 42
- 3-6 习题 52

第 4 章 Python 程序包管理与在线资源 53
- 4-1 Python 程序包管理工具 53
  - 4-1-1 easy_install 的安装与使用 54
  - 4-1-2 pip 的安装与使用 54
- 4-2 Python 虚拟环境的设置 55
  - 4-2-1 在 Mac OS 中安装 virtualenv 55

  4-2-2 在 Windows 中安装 virtualenv 56
 4-3 高级程序包安装实践 57
  4-3-1 conda 程序包管理程序的使用 58
  4-3-2 使用 Matplotlib 绘制精美数学图形 59
 4-4 Python 的在线资源与支持 61
  4-4-1 搜索 PyPI 相关信息的方法 61
  4-4-2 产生数独题目的程序包的应用 63
  4-4-3 Google 文字转语音程序包的应用 65
  4-4-4 寻求在线支持 68
 4-5 习题 68

第 5 章 开始设计 Python 程序 69
 5-1 jupyter 的介绍与使用 69
  5-1-1 IPython 69
  5-1-2 在 Windows 操作系统中变更 IPython 的默认编辑器 70
  5-1-3 jupyter notebook 的操作 72
 5-2 程序的构想与实现 76
  5-2-1 理清问题的需求 76
  5-2-2 数据结构 77
  5-2-3 算法与流程图 78
  5-2-4 开始设计程序 80
  5-2-5 调试 83
 5-3 猜数字游戏 84
  5-3-1 问题需求 84
  5-3-2 数据结构 84
  5-3-3 算法与流程图 84
  5-3-4 完成程序 86
 5-4 习题 87

第 6 章 Python 简易数据结构速览 88
 6-1 常数、变量和数据类型 88
  6-1-1 常数和变量的差异 88
  6-1-2 变量的命名原则 90
  6-1-3 保留字 90
  6-1-4 基本数据类型 91
 6-2 Python 表达式 94
  6-2-1 基本表达式 94
  6-2-2 关系表达式 95
  6-2-3 逻辑表达式 96
 6-3 列表、元组、字典和集合 97
  6-3-1 列表与元组 97

		6-3-2	列表的操作应用	100
		6-3-3	字典 dict	103
		6-3-4	集合 set	105
		6-3-5	查看两个变量是否为同一个内存地址	106
	6-4	内建函数和自定义函数		108
		6-4-1	内建函数	108
		6-4-2	自定义函数	110
		6-4-3	import 与自定义模块	113
	6-5	单词出现频率的统计程序		115
	6-6	习题		116
第 7 章	程序控制流程			117
	7-1	判断语句的应用		117
	7-2	循环语句		120
	7-3	高级循环指令		123
	7-4	例外处理		126
	7-5	程序流程控制的应用		129
	7-6	习题		135
第 8 章	文件、数据文件与数据库的操作			136
	8-1	文件与目录的操作		136
		8-1-1	os.path	136
		8-1-2	glob	138
		8-1-3	os.walk	139
		8-1-4	os.system 和 shutil	140
	8-2	数据文件的操作		142
		8-2-1	文本文件的读取与写入	142
		8-2-2	文本文件的应用	148
		8-2-3	读取 JSON 格式的数据	151
	8-3	Python 与数据库		155
		8-3-1	安装 Firefox 的 SQLite Manager 附加组件	155
		8-3-2	创建简易数据库	158
		8-3-3	Python 存取数据库的方法	160
	8-4	数据库应用程序		161
	8-5	习题		167
第 9 章	用 Python 自动提取网站数据			168
	9-1	因特网程序设计基础		168
		9-1-1	因特网与 URL	169
		9-1-2	解析网址	172
		9-1-3	提取网页数据	175

	9-1-4 提取网页内的电子邮件账号	177
9-2	网页分析与应用	179
	9-2-1 HTML 网页格式简介	179
	9-2-2 安装 Beautiful Soup	183
	9-2-3 使用 Beautiful Soup 提取信息	184
	9-2-4 进一步分析网页的内容	188
9-3	网络应用程序	190
	9-3-1 将数据存储为文件	191
	9-3-2 以网页的形式整理数据	193
	9-3-3 在本地建立网页应用	196
9-4	习题	198

第 10 章 Python 网页数据提取实践 ... 199

10-1	把网页数据存储到数据库中	199
	10-1-1 网页数据的运用模式	200
	10-1-2 把数据存储到 SQLite	201
	10-1-3 把数据导入网络 MySQL 数据库中	206
	10-1-4 编写本地程序读取网络 MySQL 数据库中的数据	210
	10-1-5 使用 PHP 建立信息提供网站	211
10-2	自动提取数据	214
	10-2-1 检测网页内容是否曾经更新	214
	10-2-2 Windows 自动化设置	219
	10-2-3 Mac OS 自动化设置	223
10-3	通过 Python 操作浏览器	223
	10-3-1 安装 Selenium	224
	10-3-2 使用 Selenium 操作 Chrome	226
	10-3-3 通过 Selenium 读取网页信息	228
	10-3-4 登录会员网站的方法	230
10-4	习题	233

第 11 章 Firebase 在线实时数据库操作实践 ... 234

11-1	Firebase 数据库简介	234
	11-1-1 NoSQL 数据库概念	235
	11-1-2 注册 Firebase 账号	235
	11-1-3 连接 Firebase 和 Python	241
11-2	Python 存取 Firebase 数据库的实例	243
	11-2-1 Firebase 网络数据库的操作	243
	11-2-2 使用 Python 写入 Firebase 数据库	244
	11-2-3 使用 Python 读取 Firebase 数据库	246
	11-2-4 整合范例	249
11-3	网页连接 Firebase 数据库	253

	11-3-1 Firebase Hosting 免费主机空间的设置	253
	11-3-2 使用 JavaScript 读取 Firebase 数据库	258
	11-3-3 Firebase 网页设计	259
11-4	Firebase 数据库的安全验证	261
	11-4-1 Firebase 安全性的设置	262
	11-4-2 电子邮件地址/密码的登录方式	263
	11-4-3 Python 端的设置	265
	11-4-4 将具有用户验证功能的数据写入程序	267
11-5	习题	268

第 12 章 Python 应用实例 269

12-1	Facebook Graph API 的介绍与使用	269
	12-1-1 安装 facebook-sdk	269
	12-1-2 Facebook Graph 简介	270
	12-1-3 Python 程序存取 Facebook 设置	275
	12-1-4 通过 Python "发表" 文章	277
	12-1-5 下载在 Facebook 中的照片	279
12-2	照片文件的管理	281
	12-2-1 照片文件的分析	281
	12-2-2 找出重复的照片文件	283
	12-2-3 将照片文件重新编号	286
12-3	找出网络中最常被使用的中文词	287
	12-3-1 搜索新闻文章	287
	12-3-2 安装中文分词模块 jieba	288
	12-3-3 找出文章中最常被使用的词汇	289
12-4	MongoDB 数据库操作实践	291
	12-4-1 建立本地的 MongoDB 数据库	291
	12-4-2 使用 Python 操作 MongoDB 数据库	296
	12-4-3 MongoDB 数据库应用实例	299
12-5	习题	300

第 13 章 Python 绘图与图像处理 301

13-1	Matplotlib 的安装与使用	301
	13-1-1 Matplotlib 介绍	301
	13-1-2 使用 Matplotlib 画图	303
	13-1-3 统计图的绘制	306
	13-1-4 数学函数图形的绘制	312
13-2	pillow 的安装与使用	316
	13-2-1 pillow 简介	316
	13-2-2 读取图像文件的信息	317
	13-2-3 简易图像文件处理	318

13-3 批量处理图像文件 ... 321
13-3-1 为自己的照片加上专属标志和批量调整照片尺寸 ... 321
13-3-2 中文字体的处理与应用 ... 323
13-3-3 为图像文件加入水印功能 ... 327
13-4 习题 ... 329

第 14 章 用 Python 打造特色网站 ... 330
14-1 使用 Python 编写一个网站程序 ... 330
14-1-1 网站原理 ... 330
14-1-2 网站程序的输入与输出 ... 331
14-1-3 使用 Python 编写的网站框架 ... 332
14-2 Django 简介 ... 335
14-2-1 下载与安装 Django ... 335
14-2-2 Django 目录及重要配置文件解说 ... 338
14-2-3 前端与后端的搭配 ... 340
14-2-4 建立你的第一个 Django 网站 ... 341
14-3 认识 Django Framework 的架构 ... 342
14-3-1 Django 的 MTV 架构 ... 342
14-3-2 URL 的对应方法详解 ... 343
14-3-3 模板的使用 ... 344
14-3-4 使用静态文件夹存取文件 ... 348
14-4 Django 与数据库 ... 348
14-4-1 在 Django 中使用数据库 ... 349
14-4-2 建立模型 ... 350
14-4-3 admin 后台管理 ... 351
14-4-4 读取数据库中的数据 ... 354
14-4-5 短网址转址网站模板的内容 ... 356
14-5 习题 ... 359

第 15 章 Django 网站开发与部署 ... 360
15-1 网站的测试与调整 ... 360
15-1-1 上线前的前置工作 ... 360
15-1-2 网站的部署策略 ... 361
15-1-3 网址的购买和选用 ... 362
15-2 网站开发环境的部署 ... 362
15-2-1 ngrok ... 363
15-2-2 申请 pythonanywhere 账号 ... 364
15-2-3 建立 pythonanywhere 网站开发环境 ... 366
15-2-4 测试与执行 Django 网站 ... 370
15-3 云计算虚拟机部署方法 ... 374
15-3-1 DigitalOcean 简介 ... 374

	15-3-2	创建 Ubuntu 虚拟机	376
	15-3-3	安装、设置 Apache 服务器和 Django Framework	376
	15-3-4	上传文件和网站上线	377
15-4	云计算 App 主机部署		381
	15-4-1	Heroku 简介	381
	15-4-2	创建 Heroku 账号	382
	15-4-3	在 Windows 10 操作系统中部署 Heroku	383
	15-4-4	在 Heroku 上部署 Django 网站	384
15-5	习题		387

第 16 章 提升 Python 能力的下一步 ... 388

16-1	程序代码的版本控制		388
	16-1-1	Git 简介	389
	16-1-2	Git 实践操作	392
	16-1-3	BitBucket 的申请使用	399
16-2	Scrapy 网络爬虫框架应用实例		404
	16-2-1	Scrapy 的安装	404
	16-2-2	简易爬虫程序的实现	406
	16-2-3	爬虫程序与数据库的整合	413
16-3	嵌入式系统与 Python		416
	16-3-1	BBC micro:bit 简介	416
	16-3-2	使用浏览器设计 micro:bit 程序	417
	16-3-3	使用 Mu Editor 设计 micro:bit 程序	420
16-4	提升学习的下一步		422

第 1 章

程序设计所需要的基础知识

✽ 1-1 什么是程序设计语言
✽ 1-2 程序设计的重要性
✽ 1-3 最受欢迎的程序设计语言
✽ 1-4 学习程序设计需要知道的逻辑概念
✽ 1-5 本书的结构及内容说明

1-1 什么是程序设计语言

人和人之间的沟通需要语言，人和计算机沟通当然也需要使用语言，只不过现在计算机技术还没有进步到可以完全听懂人类使用的语言，因此想要让计算机帮我们做事情，只好发明一种比较严谨、语法限制比较多但是比较容易让计算机"理解"的语言，这一类语言统称为计算机语言。

就像不同国家、民族的人讲话会使用各种各样的语言和语法，与计算机沟通用的语言随着应用环境和计算机设备的不同以及当初设计计算机语言的工程师（发明人）想法的不同，也有许多不同种类的语法格式，有些陈述方式比较类似，有些则非常不一样，各有各的名字和用途以及长处和短处，这也是为什么没有一种全世界统一的计算机语言的原因。各种不同的计算机语言活跃在各自的领域，所以，程序设计语言就如同人类的语言一样，也有非常多的种类可以选择，常见的计算机语言（因为可以用来编写程序，所以又被称为程序设计语言）有 Assembly、ASP、BASIC、C、C++、C#、Java、JavaScript、Pascal、Python、Ruby、Forth、Perl、PHP 等，前后在不同年代出现过上百种。所有曾经出现过的程序设计语言在维基百科中做了整理：

https://en.wikipedia.org/wiki/List_of_programming_languages

　　虽说是计算机语言，但是却不像人类那样可以用讲话的方式说给计算机听（也有，但是不成熟，并未到实用的阶段），这需要其他技术来实现，而且对于要求高效率执行的程序来说，用说话的方式并不符合实际的用途，所以要让计算机执行某些我们要求的工作，必须用写的语言，也就是我们说的"程序"。"程序"可以看作是一个"脚本"，或者一张（工作复杂的话，也可能会有好多张）写满了要计算机工作的任务列表，当计算机收到这个"脚本"的时候，会按照上面的指示一项一项地把任务做完，如图1-1所示。

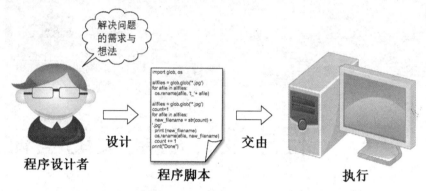

图1-1　用计算机语言写成的脚本要交给计算机去执行

　　可以想象成，计算机就是一堆组合在一起具有工作能力的电子元器件和电路板（统称为"硬件"，其中最重要的是CPU）。如果没有特别的指示和要求，它们并不会主动地解决任何问题，所有的行为都需要人们（或更精确一点说，懂得编写程序的人）把所有要计算机做的事项写在一些文件中。在计算机开机的时候读取这些文件，照着文件上的指示执行特定的工作，而这些可以执行的文件里面存放的就是之前编写程序的人写出来的程序代码脚本，再经过一层层的翻译之后，就成为可以在计算机的中央处理单元（CPU）中执行的机器语言指令集合。

　　从微观的角度来看，计算机中所有部件的运行都需要不同层级的程序，每一件事都要通过计算机工程师所编写的程序去执行。然而，对于初学者来说，如果每一件事都要亲力亲为，那么只有非常厉害的工程师才有足够的能力使用计算机。所幸，大部分底层的工作都已由计算机工程师解决了，计算机用户接触到的层级已经到了Windows 10/Mac OS X这一类高级图形化操作系统以及Chrome、Edge、Microsoft Office这一类应用程序，只要使用鼠标和键盘，就可以开始工作（或进行游戏）了。

　　如今人们桌面上的个人计算机都属于通用型计算机（General Purpose Computer），意思是计算机本身没有特定的应用目的，就是提供计算能力以及硬件资源给用户使用，能够解决什么问题取决于用户执行了什么应用程序：执行了浏览器就可以上网，执行了游戏软件就可以娱乐休闲，执行了会计软件就可以协助处理会计事务，而执行了统计软件则可以协助处理大量的统计数据以及绘出分析结果等。这些程序和应用软件都是计算机工程师辛苦编写出来的，从而实现特定的目标。

　　有别于通用型的计算机，在任何机器或设备中（包括在飞机、高铁以及汽车上）使用的计算机都属于特定目的型的计算机（Special Purpose Computer）。设计它们的目的就是为了完成某一项特定的工作，在大部分情况下，一般用户是接触不到这种计算机的程序设计层面的。

　　想要学习程序设计的朋友，也可以直接从高级的程序设计语言（比较接近人类思考模式的程序设计语言）入手，在程序开发用的集成开发环境或可以处理文字的程序编辑器中，把要计算机做的工作事项以特定程序设计语言的语句和语法写出来，然后会有一个负责翻译的程序（程序设计语言的编译器或者解释器）把这个写好的程序脚本翻译成计算机看得懂的格式让计算机去执行，如图 1-2 所示。

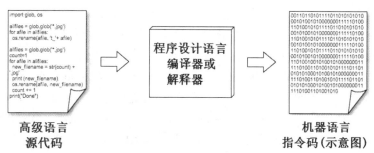

图 1-2　程序要经过翻译才能够被计算机执行

这些程序设计语言要写在哪里才有编译器或者解释器可以协助翻译并让计算机执行呢？传统的程序设计语言（如 Basic、C/C++等）因为需要翻译以及交付计算机执行程序的操作多而且复杂，所以要安装特定公司开发的程序设计语言开发环境（如 Microsoft 公司的 Visual Studio）才行，例如想要编写 Java 程序，就要有 JDK 以及设置好的开发环境，如 Eclipse 等。不过，现在情况已经不同了，进入网络时代之后，可选的开发方式多了不少，像 JavaScript 就是一个在浏览器中执行的程序设计语言，几乎所有的图形化操作系统（Windows、Mac OS、Linux 的 X Window）都提供了浏览器，我们只要使用文本编辑器（记事本这一类小编辑器都可以）写好 JavaScript 的脚本，就可以通过浏览器（Internet Explorer、Chrome、Firefox、Safari）来加载执行，省去要先安装搭建程序执行环境的困扰。如果编写好的程序所运行的环境没有特别的要求，单纯只是要进行运算并显示出结果，或者要以网页来作为输出的界面，那么有许多在线的编译器可以让编写好的程序直接在网页上运行，例如 repl.it、Cloud9、JSFiddle、Ideone、CodeGround 等。

和其他传统程序设计语言相比，本书的主角 Python 直接提供了交互式的界面，只要安装之后，就可以在它的交互式文字界面中执行以及编写程序。如果你的计算机中执行的操作系统是 Mac OS 或 Linux，那么连安装都不需要，操作系统默认就内建了 Python 解释器以及所有相关的模块。在 Mac OS 和 Linux 中，很多好用的工具程序都是使用 Python 编写成的。因此，如果你的个人计算机操作系统使用的是 Mac OS 或 Linux（CentOS、Ubuntu、Fedora 等），那么不用考虑安装的问题，直接在命令行（终端程序 Terminal）下输入 python 或 python3（后者是执行第 3 版的 Python 解释器），随后即可使用 Python 程序设计语言来设计程序；如果你的操作系统是 Windows 系列，就需要一些安装步骤（当然，如果你使用的是 repl.it 这一类在线程序设计学习环境，就不需要安装），在后面的章节中会详细介绍安装过程。

1-2　程序设计的重要性

简单地说，程序设计就是把想要解决的问题加以详细地分析，把要处理的数据抽象化，然后把这些数据转化为计算机中的一些代码存储起来，再根据解决此问题的步骤一步一步地针对这些代码进行必要的运算，最后输出结果。只要分析得当，几乎所有分析过的问题都能够被加以处理和解决。最重要的是，因为计算机的计算能力非常强，而且可以每天 24 小时不间断地运行而不会有任何的怨言，等于是只要设计部署得当，计算机可以随时为我们不间断地工作。这项特点在网络时代的今日显得更加重要。

想象一下，计算机的电源一旦开启，操作系统（无论是 Windows 还是 Mac OS）本身就是一个庞大而复杂、由一大堆程序代码所组成的系统程序组，根据网站 http://www.informationisbeautiful.net/visualizations/million-lines-of-code/ 显示的数据，Windows 7 用了约 4000 万行程序代码，Facebook 则用了约 6100 万行程序代码，Mac OS 10.4 版用了约 8500 万行程序代码，而 Google 的所有网络服务加起来，推算一下可能超过 20 亿行程序代码。在操作系统启动完成之后，一般用户会执行 Office、Photoshop、Acrobat Reader、LINE、Movie Maker 或浏览器来处理工作上的业务，这些软件都是程序设计师辛苦工作的成果，有了这些系统软件及应用程序，用户只要运用鼠标和键盘就可以开始日常的工作了。

因此，要成为一位程序设计师或计算机专业人员，程序设计能力是一项非常重要的专业技能。但是，对于一般不是以计算机为专业的用户来说，程序设计重要吗？这个问题在 Python 这一类快速弹性化的程序设计语言还没有出现之前，回答或许是否定的，但是功能强大且易上手的 Python 问世之后，这个答案是 100%肯定的。原因在于程序执行的精髓：个性化和自动化。

使用现有的应用程序可以迅速地以鼠标和键盘来操作，以实现用户的想法，但是许多工作或项目其实隐含着高度的重复性和时间相关性。举例来说，在学生毕业季来临的时候，为了找到心仪的工作，需要每日搜索各大招聘网站和各大公司招募人才的广告，或者正在关注股票投资信息的散户，想要在国内或欧美股市收盘时立刻汇集整理特定类型的股票或个股的相关成交信息并加以分析，这些工作如果以人工来做的话，工作情况如何呢？除非已购买或已请程序设计师设计编写了客户化的相关程序，否则需要用户自行在特定的时间通过浏览器去各个相关网站搜索和查看数据，然后把这些数据复制到 Word 或 Excel 等程序中加以整理分析。这样不仅操作重复且步骤烦琐，而且人工执行这些工作时也容易出现疏漏。此外，更重要的是，新闻网站会实时更新，而且欧美股市均在北京时间的深夜和凌晨时才开盘或者收盘，人工操作不只是精确度不佳，而且人也太过劳累。

熟悉计算机系统的用户（强力用户，Power User）可以通过操作系统的各种设置达成自动化执行某些程序的目的，但是如果熟悉程序设计的话，这些工作都可以通过适当的程序代码以自动化方式来完成。在 Python 出现之前，这样的程序解决方案不是没有，但是设计起来都非常复杂，不适用于一般的计算机用户；在 Python 出现之后，不需要厉害的程序设计师，即使是一般的计算机用户，也可以通过简短的 Python 程序实现上述目标。这也是作者编写本书推广 Python 语言最大的原因——非专业的计算机用户也可以通过简短的程序代码让计算机具有更佳的自动化能力，从而提升计算机用户的工作效率。

1-3　最受欢迎的程序设计语言

尽管本书的目的是介绍 Python 程序设计，不过对于程序设计的初学者来说，也有必要知道如今在计算机界中非常活跃的其他程序设计语言。2015 年最受欢迎的程序设计语言，一个比较学术上的统计（数据源 IEEE，网页为 http://spectrum.ieee.org/computing/software/the-2015-top-ten-programming-languages）如下：

1. Java
2. C
3. C++
4. Python
5. C#
6. R
7. PHP
8. JavaScript
9. Ruby
10. Matlab

另一份则是来自 CodeEval（参考网址为 http://blog.codeeval.com/codeevalblog/2015）：

1. Python
2. Java
3. C++
4. C#
5. Ruby
6. JavaScript
7. C
8. PHP
9. Go
10. Perl

C 语言是非常经典的程序设计语言，现今大部分的操作系统底层仍是以 C 语言来编写的，而且其他许多语言（如 C++、C#、Java、PHP）也可以看成是 C 语言衍生出来的，因为承袭了相当多的 C 语言元素和设计精神，如果想要成为程序设计师，C 语言的学习是不可或缺的。

在这份列表中，传统的以教学为目的的程序设计语言 BASIC 和 Pascal 早已不见踪影，BASIC 还可以在微软的集成式开发工具 Visual Studio 中看到，在 Microsoft Office 的宏指令设计中也是 Visual Basic 的发挥场所，同时在 ASP 中也有 Visual Basic 的影子，但是 Pascal 已完全看不到应用的地方了。

PHP 是属于网页后端的程序设计语言，几乎都是在网页服务器中执行，PHP 这么受欢迎的原因，有很大一部分是因为许多有名的 CMS 系统（如 WordPress、Joomla、Drupal、OpenCart）现在还是由 PHP 建构而成，不过有一部分系统（如 WordPress）现在也有了转换程序设计语言的预兆，所以 PHP 是否能够持续占据此排行榜就难以预料了。而 JavaScript 则是刚好相反，它是在浏览器中执行的语言，有 Google 公司的 AngularJS 这个 Framework 的支持，以及 NodeJS 后端 Framework 和教育用嵌入式 micro:bit 的蹿红，在未来的数年内稳定地留在榜内是绝对没有问题的。

Ruby 和 Python 这两种程序设计语言目前在网络上都拥有非常活跃的社区和拥护者，不只在前端处理数据，即使当作后端的网页系统设计语言也各自有 Ruby on Rails 和 Django Framework 作为其后盾，各大云计算系统（如 Google Cloud Platform、Microsoft Azure、Amazon AWS、Heroku、DigitalOcean、Linode 等）对于这两种程序设计语言以及 Framework 的支持也不敢怠慢。选定这两种语言之一作为学习的对象，日后程序要上线到这些云计算系统成为网络服务就完全无后顾之忧了。

1-4　学习程序设计需要知道的逻辑概念

在 1-2 节了解了通过程序设计可以让生活上的工作事项自动化，提升工作的效率，大幅简化日常事务的工作流程，甚至可以凭借计算机的运算能力解决人工解决不了的问题，提升自己解决问题的能力。那么，如果要学习程序设计，需要知道哪些逻辑概念呢？主要有以下几点：

1. 要会分析问题是什么、要被处理的对象是什么以及预期得到什么结果。
2. 知道如何把数据抽象化成计算机可以处理的格式。
3. 设身处地地推想逻辑。
4. 了解输入和输出的概念以及注意事项。
5. 掌握控制程序流程的各种方法和技巧。
6. 不要"重新发明轮子"，即不要重复做前人做过的事情。

在解决问题之前，当然要知道将被解决的问题是什么，要解决这个问题需处理哪些数据，以及处理这些数据之后，预期要有什么样的结果。计算机科学领域习惯把解决问题的程序称为系统。一个简单的数据处理模型如图 1-3 所示，输入数据，然后加以处理，最后输出数据。

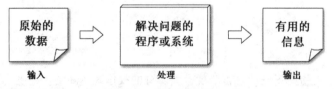

图 1-3　数据处理模型

解决问题的第一步是"设计规格"的任务，明确地知道这个程序或系统要扮演的功能和角色，才有办法真正开始进行计算机科学领域中所说的 SA（System Analysis，系统分析）和 SD（System Design，系统设计）的工作，也就是真正去分析和设计如何具体有效地解决详述于规格中的问题。初学者要学会程序设计，因为要解决的问题都很小，所以不用急着学会 SA 和 SD 的方法与技巧，第一步是明确理清问题的本质和要被处理的对象。

抽象化是学会程序设计最重要的概念之一。例如，有一个题目如下：

程序 1-1

请设计一个小学生加法的测验程序，此程序需随机产生两个整数，并使用程序代码计算两数相加的结果，再列出算式询问受测者，接收受测者输入的答案并对比和正确答案是否相同，按照答对或答错的不同情况给予受测者适当的回应。

按照题目的叙述，事先随机产生两个整数，因为这两个整数在产生之前也不知道是多少，因此要准备两个变量（可以看作用来存放数据的容器），可以命名为 x 和 y，或者命名为 num-x 和 num-y，计算出来的解答也要有一个变量来存放，可以取名为 a、answer 或 num-ans。另外，受测者的输入答案可以命名为 r 或 reply。

简单地说，能够把问题中描述的数据找出来，然后分别以适当命名的变量或常数（在后面的章节会详细解释变量和常数）来代表，以方便接下来的运算，这个过程就是数据的抽象化。只有所有的数据都被适当地表示在程序中，才有办法处理这些数据。当然，数据不会都这么简单，例如要对从文件中读取出来的所有英文字符串出现的次数进行统计与分析，就需要用更复杂的数据结构（如列表（List）或字典（Dict））来表示。

正确地表示数据之后，程序设计者在考虑如何处理这些数据时，要把自己设想为被程序指挥的计算机，当接收到数据时，要模拟计算机处理这些数据及运算。

如程序 1-1 所示，随机产生整数是由程序调用系统的内建函数来实现的，所以是程序（计算机）去调用自己原有的内建函数。而有了分别存放在 x 和 y 中的两个随机整数之后，还要用 answer = x + y 这行指令来计算正确的答案并先存放着，接下来处理受测者的输入，也是使用一个名为 input() 的内建函数接收受测者输入的数值，把这个数值存放在变量 r 中，做完对比之后，如果是一样的（answer == r），就输出"回答正确"的信息，否则告知受测者此题回答错了。在设计程序执行流程的过程中，都是以计算机为中心来设想的。

如之前所言，把自己的思考逻辑设想为计算机程序，就会有清楚的输入和输出的概念。把数据输入计算机程序中处理时，获取要处理数据的操作被称为"输入"，而要把处理好的信息显示在屏幕上或写到磁盘文件中就是"输出"的操作。

同样的概念也适用于在程序中和用户互动的代码段。在大多数情况下，因为要解决的问题比较复杂，所以程序会被分割成许多代码段，如果这些代码段是可以被重复使用的，就把这些代码段设置为以后可以被调用的名字，将它设置成一个模块（可以是函数或类的类型）。然而，这些模块每一次执行的时候可能需要处理的是不同的数据，因此模块本身也会设计输入（接收参数）和输出（返回值）的机制以方便每一次的调用。

了解了输入和输出的概念之后，接下来要掌握控制流程。读者可以回想一下，程序可以简单地看作一个"脚本"，而这个脚本就是要拿给计算机去按部就班地执行的指令集合。开始指令是一行一行地按照顺序执行，但是并不是每一次执行都是这样的情况，就如程序 1-1 的例子，每一次执行的时候随机产生的整数 x 和 y 并不都一样，而受测者（执行程序的人）也不是每一次都会答对，答对有答对要执行的代码，答错有另外响应的代码。此外，逻辑上预期受测者会回答一个整数，但若受测者回答的是小数，或者直接按 Enter 键而没有任何输入值，程序也要能够应对这种情况才行。

这些就是程序设计人员预先要想好的情况，所有在程序执行中可能会发生的情况，程序设计人员都必须预先想好并写在"脚本"中，告诉计算机遇到什么样的情况就要执行所对应的程序代码，这就是程序的流程控制。几乎所有的程序设计语言都会提供程序控制流程（如 if/else、for/while/foreach）给设计程序的人使用。

对于初学者来说，事先想好各种情况，然后设想遇到什么情况要如何处理，再把这些处理的方式用流程控制指令描述出来，只要能够活用流程控制的描述方法，就可以解决大部分程序问题。

最后一点，就是不要重新发明轮子。道理很简单，世界上需要解决的问题很多，但是大部分问题都不是有史以来第一次出现的，也就是要解决的问题其实在世界上的某处已经有人解决过了。

对于初学者来说，既然有人解决了，只要直接拿来使用就好，不需要自己重新再设计一遍。

早期的程序设计语言对于现成的解决方案是以链接库（大部分都是静态链接库）的方式来存储的，为了能够使用这些现有的程序代码，还要经过许多复杂的设置才行，而且这些现有的链接库并没有公开且一致的传播渠道，对于初学者来说，很难实时获得相关的信息。所幸现在的程序设计语言和操作系统（包括 Python、Ruby、JavaScript、Perl 等）都已有在线安装与更新链接库机制，对于连接到因特网的计算机，通过 brew、pip、gem、npm、apt-get、yum 等指令，只要网络上有，就可以马上安装到本地计算机中，而且可以立即使用，十分方便。

要养成一个习惯，使用程序解决问题之前，先分析以了解要解决的问题是什么，然后想想解决此问题的过程中需要面对哪些情况，每一种情况打算如何处理，处理的方法在网络上是否有解决方案和现成的链接库。如此，大部分工作上的小问题就可以迎刃而解。

1-5 本书的结构及内容说明

任何学习都是要通过不断地练习才能够达到熟练的程度。所幸程序设计只要坐在计算机前就可以完成，不需要面对别人的眼光以及汗流浃背，这也是作者喜欢计算机相关工作的原因之一。

生活和工作上本身就有许多事务可以通过程序来帮我们自动解决，希望通过 Python 的高弹性与简易性，让读者在学习每一个 Python 的技巧和链接库模块之后可以马上运用到日常工作流程自动化的实际事务上。作者建议的学习 Python 的方式是自己动手设计并执行书中提到的每一个范例程序，可以触类旁通，如果把某一处改成其他内容，会有什么结果，如果要加上一个小功能，那么要如何变更程序的设计等，充分运用这些修改及扩充功能可以让你更快地掌握 Python 程序设计的相关技能。

第 2 章会快速地为读者导览 Python 程序设计语言的相关话题，以便对 Python 这个越来越受欢迎的程序设计语言有一个概括性的了解。为什么要选用 Python，如何运用交互式界面创建出马上就可以看到成果的应用程序，将会在第 2 章简单介绍。

第 3 章会引导读者在自己的计算机中建立可以执行 Python 的环境、体验 Python 高度自由弹性的程序开发环境，只要有计算机，不管使用的是哪一种操作系统，随时随地都能够拥有开始编写程序的环境。第 4 章则是教读者们如何站在巨人的肩膀上，借助前人的智慧结晶来协助解决个人程序上的问题。

第 5 章开始就是充满挑战的课程。从第一个程序开始，详细解析设计程序的要诀，并开始介绍 Python 的语法以及设计和编写程序的注意事项。此外，对于中文字符串处理会遇到的问题，也会在此章中教读者如何解决。第一个个人挑战的小程序——猜数字游戏程序——让读者体会实现一个完整程序的流程。

第 6 章和第 7 章是非常重要的部分，分别是数据结构和程序控制流程。计算机科学家 Prof. Nikiklaus Wirth 曾说"程序 = 数据结构 + 算法"，所以学会如何表达抽象化的数据以及如何把算法运行的过程描述出来，基本上就会编写出非常多有用的程序。

工作中要处理的对象大部分都是以文件或是数据库的形式存储在磁盘驱动器上，如何处理文件和磁盘，以及如何存取数据库是第 8 章的主要内容。此外，越来越多的人在工作中使用的数据存放在于网络上,第 9 章和第 10 章导引读者通过简单的方式连接到网站以获取需要的数据,剖析网页数据格式及内容,并进一步地控制浏览器,以便仿真网络用户的操作方式简化获取非结构化或受保护数据的流程,同时从网页上提取的数据或信息,可以把它们存储到数据库中,在这两章中也介绍了操作 MySQL 数据库的方式、使用 PHP 读取数据的方法以及一些操作系统自动化执行程序的设计方法。

由于实时网络 NoSQL 数据库的风行,在大数据的时代下更显现出它的重要性,在第 11 章的内容中针对其中的佼佼者做了完整的说明,让读者可以充分使用和发挥实时数据库的威力。

第 12 章主要的内容聚焦在将前面学习到的技巧应用于解决工作或生活中遇到的问题上。其中非常受欢迎的另外一个 NoSQL 数据库 MongoDB 也会在这一章中加以介绍。同样都是应用问题,第 13 章则是集中在如何处理图像数据和图像文件。一些有用的小工具会在此章中介绍,让读者可以马上运用。

最后,读者可能会想要使用 Python 语言来建立属于自己独有的网站,在第 14 章和第 15 章中会详细介绍最有名气的 Flask 以及 Django Web Framework,包括设计、开发以及免费部署到 Heroku 等方法,都会在这两章中完整地加以说明。学完本书的下一步进修计划会在第 16 章中给出建议,同时我们还会教大家如何很快地使用 Scrapy 这个爬虫框架建立一个自己的爬虫程序,以及在嵌入式系统 BBC micro:bit 上使用 MicroPython 来开发嵌入式系统的专用程序。

以上丰富的内容,是不是让你跃跃欲试,想要马上开始学习 Python 了呢?翻到下一章,我们马上开始学习吧!

第 2 章

快速了解 Python 程序设计语言

※ 2-1　Python 简介
※ 2-2　学习 Python 的重要性
※ 2-3　Python 2 和 Python 3 的差异
※ 2-4　Python 的应用领域
※ 2-5　习题

2-1　Python 简介

2-1-1　Python 的历史沿革

　　Python 这个英文单词的意思是蟒蛇，但是发明人命名的时候并没有这个想法，甚至一开始心里还有些抗拒大家总是把这个语言和"蛇"联想在一起。根据 Python 创作者 Guido van Rossum（个人介绍网页：https://www.python.org/~guido/）的亲身说法，其实取这个有趣的名字，是源自于他自己喜爱的一个 20 世纪 70 年代英国的电视喜剧节目 Monty Python's Flying Circus。最初版的 Python 大约在 1990 年初面世，而第一个公开发行的版本在 1991 年 2 月 20 日发行，版号为 0.9.0。Python 在发布之后就受到网络社区的关注，相关的社区和讨论组如雨后春笋般接连出现。2000 年 10 月 16 日发布 2.0 版本，2008 年 12 月 3 日发布 3.0 版本。在笔者编写本书第 1 版的时候，Python 2.7 版本还非常受大家的欢迎，有许多大型的程序包项目还不支持 3.x 版本，不过在编写本书第 2 版的时候（2017 年末），几乎所有的程序包项目以及各大主机、操作系统已经接受 Python 3.x 版本了，所以可以说 Python 3.x 目前已经顺利地完成了交接的工作。

2-1-2 Python 的重要性

为什么 Python 程序设计语言如此受欢迎呢？如果读者手上正好有 Mac OS 或 Linux 操作系统的计算机，可以很简单地在这两种操作系统的终端环境（Terminal）下输入"python –version"指令（也可以输入"python3"来执行 3.x 版），再按 Enter 键，就可以马上了解了。这两种操作系统早就内建了 Python 的执行环境，有许多这两种操作系统内建的公用程序和组件就是使用 Python 编写的。意思是说，如果你使用的是这两种操作系统，不用安装，马上可以动手设计 Python 程序。创作者发明这种语言一个重要的动机就是想创造一种高级程序语言和 UNIX-Based 操作系统 Shell 语言中间的胶水语言，没想到因为高级易懂、容易上手的特性，以及强大的执行功能和在各个操作系统平台之间的高兼容性及可移植性，让 Python 成为当今业界（只要需要用到计算机的地方）非常受欢迎的语言。

再来看几个例子，以了解 Python 目前在信息产业中受重视的程度。Google Cloud 云服务是企业界经常拿来放置网站和执行高级运算的地方，其 Google App Engine 提供可部署的程序设计语言，Python 就是其中之一，如图 2-1 所示。

图 2-1　Google App Engine 提供可部署的程序设计语言

在微软这个软件界的超级巨人力推的 Microsoft Azure 云计算平台与服务中，Python 语言的后端网站 Framework 也名列其中，请参考图 2-2。

不同于一般的程序设计语言一开始要准备非常复杂的执行环境，执行 Python 非常容易，如前面所述，在 Mac OS 和 Linux 操作系统的终端程序（相当于 Windows 的命令提示符）中执行 python 或 python3 指令，就会进入 Python 的解释环境，可以执行大部分的 Python 程序。我们可以在任何操作系统中找到集成开发环境的 IDE 程序（例如 IDLE、IPython、Microsoft Visual Studio Express），安装完毕之后即可开始设计 Python 应用程序，或者到 https://ideone.com/、http://pythonfiddle.com/、https://repl.it/languages/python3 之类的网站以在线方式设计 Python 应用程序，上手非常容易。

图 2-2　Microsoft Azure 云服务可以建立 Web 应用程序的程序设计语言

2-1-3　Python 程序设计基本元素

为了方便 Python 程序设计的示范，本小节整理了编写 Python 程序时的一些基本元素，让初学者可以马上开始做些简单的练习。

第 1 章介绍过了，程序（Program）是由一行行语句（Statement）组成的。因为 Python 程序也可以在解释器环境（Shell）下一行一行地输入，所以有时我们也会把每一行输入的语句称作指令（Command）。因此，在执行 Python 程序的时候，可以选择一次执行一行，看完结果之后输入下一行语句再执行，也可以在一个文本文件中编写完全部的程序，然后一次性执行完毕。

Python 是一个解释型的语言，无论是用上述哪种方式执行程序，所有输入的程序语句行在没有特别指定执行的流程和顺序的情况下，都会按照顺序依次从第 1 行、第 2 行往下执行，每次只执行一行，遇到问题就会显示错误信息而立刻停止。

所有要被拿来运算和处理的数据都必须存放到"变量"中，而变量是以英文字母、数字以及下画线的组合来命名的。每一个变量除非特别指定，不然都是以一开始给它值的那个数据的类型来决定变量的数据类型。而等号"="就是一个为变量设置数据值（即赋值）的符号（注意：如果要比较两个数或两个变量的值是否相等，Python 和许多现代的程序设计语言都是使用"=="两个等号）。变量赋值的范例如下：

```
a = 10
```

表示把 10 这个数值（显然是整数）存放到一个叫作 a 的变量中，以后除非对变量 a 的值有更改操作，否则在程序结束之前，a 的内容始终都是 10 这个数值。

如果一次要给两个以上的变量赋值，就用逗号分开。一行语句即可，但是要确保赋值号左右两边的变量和数值按序对应，例如：

```
a, b, c = 10, 20, 30
```

表示把 10、20、30 这 3 个整数分别存放到变量 a、b、c 中。对变量进行赋值也可以通过询问用户的方式来"输入"，例如：

```
age = input("请输入你的年龄：")
```

上面这行语句会在计算机的提示符处先显示"请输入你的年龄："这个字符串，再把用户输入的值存放到"age"这个变量中。

给变量赋值之后，可以通过四则运算等数学算式进行计算，例如：

```
y = a + ( b * 20) - c * 2
```

上例中计算出来的结果会被存放在变量 y 中，可以通过 print 语句显示变量的值，例如：

```
print(y)
```

在计算的过程中，如果需要根据某些变量值的不同而调整程序执行的流程，这种情况叫作条件判断（Decision）。在 Python 中可以用 if 和 else 来安排条件判断之后的程序走向，例如：

```
a, b = 10, 50
if a > b:
    print("a 比 b 大")
else:
    print("a 小于或等于 b")
```

在上述例子中，先给 a 和 b 这两个变量赋值，然后用 if 和 else 判断二者的大小关系，再根据它们之间的关系决定执行哪一条语句，对应显示哪句话。这里有两个重点：一是在 if 和 else 之后加上冒号"："，表示接下来缩排的内容是依附于此指令的语句区块，而同一个缩排层级的语句表示处于同一个语句区块内的语句。如果希望在 if 语句的条件判断结果成立时除了打印"a 比 b 大"这段文字之外，还要再多执行一些操作，那么后续要执行的语句也要和 print("a 比 b 大")这行语句一样进行缩排，例如：

```
a, b = 10, 50
if a > b:
    print("a 比 b 大")
    z = b - a
    print(z)
else:
    print("a 小于或等于 b")
```

更多细节请参考本书后续章节的内容。

2-1-4　Python 程序易用性示范

为了方便初学者了解 Python 描述问题及解决问题的简易性，先来看一个简单的程序。

程序 2-1

题目：请设计一个简单的程序询问用户的年龄，如果年龄大于等于 18 岁，就告诉他今年成年了，如果小于 18 岁，就告诉他还差几岁才成年。

程序：

```
# coding=utf-8
age = int(input("你的年龄是："))
if age >= 18:
    print("恭喜！你成年了。")
else:
    diff = str(18 - age)
print("要年满 18 岁才成年，你还差 " + diff + " 岁")
```

执行结果：

> $ python3 2-1.py
> 你的年龄是：25
> 恭喜！你成年了。
>
> $ python3 2-1.py
> 你的年龄是：16
> 要满 18 岁才成年，你还差 2 岁

我们在这个例子中使用 Python 3 命令来执行 Python 3 解释器，在 Linux 操作系统中默认安装了 Python 3。如果读者使用的是 Mac OS 或 Windows 操作系统，建议安装第 3 版的 Python 解释器，以便支持 Python 3。

此外，第一行的#coding 是为了让程序中使用的中文可以被 Python 解释器接受，另一种写法"# -*- coding: utf-8 -*-"也是经常使用的，两者都行。

语法非常简单，整个逻辑即使是初学者也很容易看懂。程序首先要求用户输入年龄，然后把它转换成整数存放到变量 age 中，接着检查 age 的值，如果超过 18 岁（大于等于），就显示信息 A（恭喜！你成年了。），如果不到 18 岁，就先计算出差多少岁，并存放在 diff 变量中，再显示信息 B（也就是告诉用户还差多少岁到 18 岁）。

如果你没有任何程序设计的经验，还没有程序语句语法的概念，以至于看不懂这些程序语句，不要担心，这里只是让读者先对 Python 有一个大概的了解，在本书后面的章节会逐步教大家熟悉这些语句和语法。

如果你曾经学习过其他的程序设计语言，在学习的过程中一定会发现传统的程序设计语言对于变量的类型非常严谨，导致在处理一些日常生活中的数据时变得束手束脚，例如在处理日期的时候就很麻烦。但是在 Python 中，日期的处理与操作非常容易，我们来看一个和日期计算有关的有趣例子。

程序 2-2

题目：让用户输入出生月和日，然后计算接下来的生日距离今天还有多少天。

程序：

```
import datetime
```

```
today = datetime.date.today()
month = int(input("请问你是在哪一个月份出生："))
day = int(input("请问你的出生日是几号："))
birthday = datetime.date(today.year, month, day)

if birthday < today:
    birthday = datetime.date(today.year+1, month, day)

diff = birthday - today
if diff.days == 0:
    print("不会吧！今天是你的生日，祝你生日快乐！")
else:
    print("哇！再过 " + str(diff.days) + " 天就是你的生日了！")
```

运行结果一：

    $ python3 2-2.py
    请问你是在哪一个月份出生：12
    请问你的出生日是几号：25
    哇！再过 9 天就是你的生日了！

运行结果二：

    $ python3 2-2.py
    请问你是在哪一个月份出生：12
    请问你的出生日是几号：16
    不会吧！今天是你的生日，祝你生日快乐！

运行结果三：

    $ python3 2-2.py
    请问你是在哪一个月份出生：2
    请问你的出生日是几号：1
    哇！再过 47 天就是你的生日了！

    先输入出生月和日，分别放在 month 和 day 两个变量中，利用 datetime.date 把年月日组合成一个日子放在变量 birthday 中，然后用"比较大小"的方式检查今年的生日是否已经过了，如果还没有过，就计算今年的生日到今天还有多少天，如果今年的生日已经过了，就计算明年的生日和今天的差距。最后显示出适当的信息即可。短短的几行程序，既容易懂又相当实用，日期的操作不用特别去管它的数据类型和结构，直接用加减法来处理就好了。

    学会了如何通过 Python 来处理日期，等日后再学会如何用程序来寄信的话，就可以通过这种方式把朋友的生日都记录下来，让你的程序可以在朋友生日的当天或前一天就主动帮你寄出信件或个性化信息，你的人际关系可以因此进一步发展，这也是学习程序设计的好处之一。

2-2　学习 Python 的重要性

正如在前面的章节所描述的，Python 除了已经是目前很受欢迎、系统支持度很高的程序设计语言之外，在设计的时候就已顾及"优雅""明确""简单"的原则，只要遵循一些基本的原则，即使是初学者也可以"写出一手"好程序。

此外，高度的系统可移植性使得各大操作系统纷纷支持 Python 程序的执行，甚至成为内建的系统组件之一，在大部分操作系统（除了 Windows 外）中，几乎不用安装就可以马上开始编写 Python 程序，减少了许多初学者的困扰。不像 Java 或 C 等程序设计语言要安装大型的集成开发环境，或被环境变量 PATH 等搞得头晕，只要在终端程序上输入"python"（如果要执行第 3 版的 Python，就输入"python3"）指令，就可以进入 Python 的交互式执行环境，在不同的计算机中，操作的方式几乎一样，不用再重新适应新的操作环境。

读者应该留意到在程序 2-2 中的第一行语句 import，这条语句可以为程序加载所需要的链接库，而这些链接库源于 Python 社区的热情贡献，几乎想得到的应用（图像处理、大数据分析、网页数据获取与操作、像人一样操作浏览器或应用程序）都有人准备好了，通过 import 加载之后，只要短短几行指令就可以执行许多传统的程序设计语言要编写几百行甚至上千行的程序。

对初学者而言，除了网络上活跃的社区提供的丰富的数据可供随时查阅之外，交互式的解释器接口让你在编写较大的程序之前可以在解释器中加以测试，查看自己的想法是否正确，非常适合练习之用。

基于以上几个原因，选用 Python 作为初学或日后就业用的程序设计语言，或者让工作和生活上的事务处理自动化（自动找数据、自动寄信、自动过滤文件、批量整理文件、定期检查相关数字等），都会是明确的抉择。

2-3　Python 2 和 Python 3 的差异

对于初次学习 Python 语言的朋友来说，有一个令人烦恼的问题就是到底是学 Python 2 还是 Python 3。主要的原因是 Python 语言在进入第 3 版的时候，基于性能优化等相关问题的考虑，决定不完全向下兼容第 2 版。这使得一些 Python 2 的程序和链接库模块在 Python 3 中无法顺利　　执行。

这还不是令人苦恼的主要原因。主要的问题在于，Python 在第 2 版时就非常受欢迎，以至于成为许多系统的组件之一，然而大部分系统内建的版本还是第 2 版的（笔者的 Mac OS 10.11.1 版的 Python 使用的就是 2.7.10 版， Linux Ubuntu 14.04.3 版使用的是 2.7.6 版），没有更新的主要原因是许多系统组件还是使用这些版本的 Python 写成的，随意更新版本会造成一些操作系统的程序无法正常运行。

也就是说，因为操作系统的关系，Python 2.x 版的程序仍旧可以持续使用很长一段时间。如果要在你的操作系统执行 Python 3.x 版，那么大部分操作系统都要另外安装 Python 3 才行。

不过，在笔者开始编写本书（2017 年末）时，各大操作系统已经陆续默认加载了 Python 3，许多大型程序包不仅全面支持 Python 3，还宣布未来将不再支持 Python 2，再加上大型的科学计算程序包 Anaconda 在安装时做了非常大的改进，无论是在 Windows 还是 Mac OS 上都可以顺利地安装第 3 版所需的解释器和程序包。基于目前这种变化，本书之后的所有内容、范例程序、相关开发环境以及程序包，除非特别注明，否则都默认是以 Python 3 编写的。

截至笔者编写本书的时候，Python 的最新版分别是 Python 3.6.3 和 Python 2.7.14。

2-4　Python 的应用领域

Python 的应用领域十分广泛，操作系统工具、网站后台、科学计算、网络数据搜索与分析、大数据分析、图像处理、游戏软件、虚拟机部署与运用、软件测试、自动文件处理等都可以应用 Python。程序可大可小，可以是短短的几行程序，通过解释器完成（例如找出硬盘中所有重复的图像文件并加以分类整理，或者为所有的图像文件加上水印，等等），也可以是一个完整正式运营的商业网站或实验室里面的一个大型科学实验计划。

如前面的章节所述，Python 已经成为许多操作系统的主要组件之一了，而有许多网站的后端（搭配 Django Framework，参见第 15 章）也是使用 Python 写成的，比如知名的 Pinterest、Instagram、Disqus 等。在大数据分析的应用方面，位于欧洲的 CERN 的大型强子对撞机计划实验室也使用 Python 来开发其中的重要计划，还有前几年很有名的火星无人探测车后端所使用的集群计算机也大量地运用 Python 语言来运行。

Python 的 OpenCV 链接库模块在很多图像处理的项目和研究计划中帮了学者们很大的忙。如果有大量的多维数组和矩阵运算，NumPy 链接库也非常受欢迎。作为数据分析的工具，Pandas 是这方面最受欢迎的程序包，还有最近非常热门的机器学习，Google 公司的 TensorFlow 和 Python 的 Scikit-Learn 也有很多用户。要制作精美的统计图表，有 Matplotlib 和 Seaborn 可以使用。云计算开源项目 OpenStack 和软件测试工具 Jenkins 都有 Python 的影子。你可能也有注意到，知名的 3D 动画软件 Maya 的扩充功能也支持 Python Script，很多朋友家里常用文件的点对点下载工具程序 BitTorrent 也是以 Python 语言来开发的。

更多详细的数据请参考以下网址中的列表，里面整理了非常多的使用 Python 语言可以支持的项目、链接库以及软件系统：https://en.wikipedia.org/wiki/List_of_Python_software。

例如程序 2-3，只要短短的三行，就可以把任一指定的网页文件截取下来（新浪网移动版的新闻网页）。

程序 2-3

```
import requests
www = requests.get("http://mobile.sina.com.cn/")
print(www.text)
```

再加上文件存储的操作和操作系统定时执行的自动化功能，能做的事已经非常多了。这些功能将会在本书后续的章节中逐步呈现。赶快加入我们，一起开始 Python 的学习吧！

2-5 习题

1. 请到网络上搜索 Python 的发展历史。
2. Python 有哪些重要的社区？请列举出至少 3 个社区的网址。
3. 请找出至少 3 点 Python 2 和 Python 3 不一样的地方。
4. 请找出至少 3 个使用 Python 语言开发的项目。
5. 以你的观察，请比较说明 Python 和你之前学习的程序设计语言不一样的地方。

第 3 章

建立可以开始编写程序的 Python 环境

* 3-1 马上使用 Python 编写程序
* 3-2 安装 Python 3.x 窗口环境
* 3-3 简单且易上手的 IPython Notebook 以及 jupyter
* 3-4 程序代码编辑器的介绍
* 3-5 在 Linux 虚拟机中运行 Python
* 3-6 习　题

3-1　马上使用 Python 编写程序

如果你的计算机是 Mac OS 或 Linux 操作系统，直接找到终端程序（Terminal），在命令提示符中输入"python"指令就可以进入 Python 的交互式解释执行环境（如果要执行 Python 3，就输入"python3"指令）。使用 Windows 操作系统的朋友可以直接在浏览中执行 Python 程序，本节后面会加以介绍，读者也可以直接前往 3.2 节学习如何快速地在操作系统中安装 Python 解释器以便开始编写程序。

要在 Mac OS 中进入终端程序，只要同时按"Ctrl+空格"键，就会出现如图 3-1 所示的搜索框。

此时再输入 terminal 字符串，当出现 terminal.app 时再按 Enter 键就可以了。Linux 的用户对于终端程序应该不陌生。进入终端程序之后，在提示符处输入"python"（或"python3"），如图 3-2 所示。

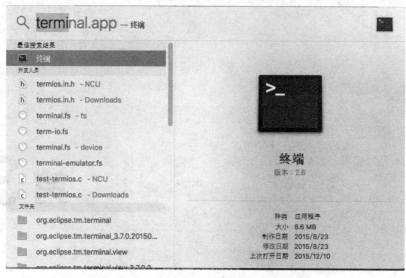

图 3-1 使用 Mac OS 的搜索框执行终端程序

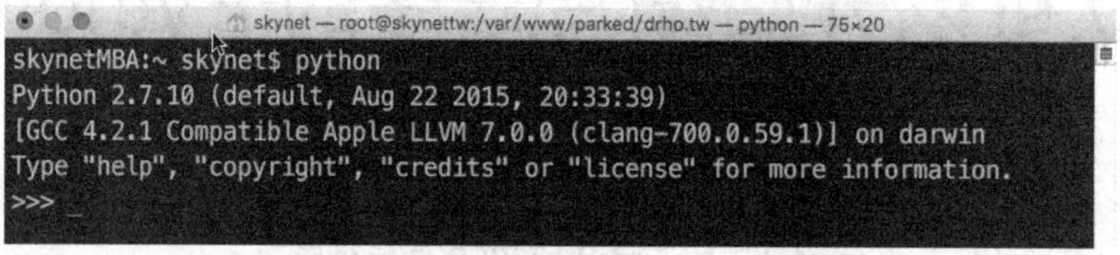

图 3-2 在终端程序中输入 Python 指令

在交互式的 Python 环境中，第一行出现的是版本信息（图 3-2 所示的是 2.7.10 版）。">>>"符号是 Python 解释器环境的提示符，可以在此符号后输入 Python 的任何指令。离开此环境回到操作系统命令提示符的方法是输入"exit()"指令，注意后面的括号要一起输入才行。

在此环境中，输入任何合法的 Python 指令，如果没有输出数据的必要，系统就不会显示任何的信息（正所谓"没有消息就是好消息"），反之，如果输入的指令或格式有错误，马上就会显示错误信息并指出错误的地方和错误的原因。以图 3-3 的操作为例，我们使用 import requests 导入 requests 链接库模块，因为语法没问题而且该模块也在系统中，所以不会有任何信息出现。

持续输入"a = 3""b = 2"以及"c = a * b"，分别给变量 a 和变量 b 赋值，并把 a 和 b 相乘，然后把结果存放到 c 中，因为指令都正确无误，所以 Python 解释器不会回应任何信息。直到只输入"c"这个变量时，因为没有任何操作，只是单纯输入一个变量的名称就按下了回车键，这时 Python 解释器会认为我们是想要知道 c 的内容，所以就把 c 的内容（也就是数值"6"）显示出来。

如果我们还好奇变量"c"的类型（在后面的章节中会详细说明数据和变量的类型）是什么，只要使用"type(c)"指令，解释器就会把"c"的类型（int，整数）显示出来，信息是"<type 'int'>"。

最后，我们做一个小小的实验，因为变量"c"是整数，所以我们编写一行语句把这个整数和另一个字符串""error""加在一起，打算把结果存放到变量"d"中。显然这两个变量的类型不同，不能直接做加法运算，因此解释器会显示 TypeError 错误信息，如图 3-3 所示。

还记得一开始导入的 requests 吗？第 2 章介绍的程序 2-3 可以拿来试试看。因为 import requests 已经输入，就不用再输入一次了，直接输入：

```
www=request.get("http://mobile.sina.com.cn/")
```

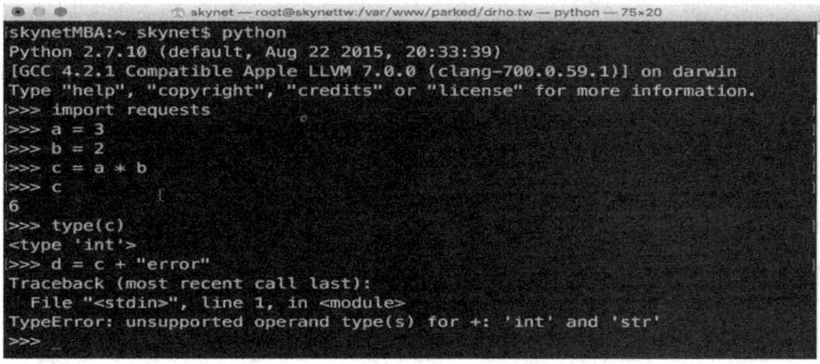

图 3-3 Python 解释器环境的操作实例

然后输入"print(www.text)",按 Enter 键之后等一小段时间,就可以看到这个网页的源代码。图 3-4 所示是指令运行结果的一部分内容。

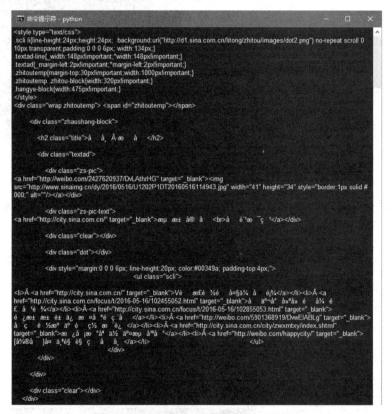

图 3-4 程序 2-3 运行结果的一部分内容

因为还没有对下载的文章格式进行处理,所以看到的是网页中含有 HTML 格式的源代码。在 Python 中删除这些不相关的内容十分容易,在第 10 章会有详细的教学。

虽然 Python 解释器十分容易上手,但是如果要编写稍微大一些的程序,就要能够编辑和修改,直接使用解释执行的环境并不好操作,因此这个解释器大多数情况下都是用来测试自己的想法,以及通过使用一些好用的 Python 链接库进行交互式的系统管理。平时的程序设计还是要通过文本编辑器编辑输入程序代码之后保存成一个文件,再于终端程序的命令行中以"python 你的程序.py"的方式来执行。因为 Python 的源程序使用的是标准文本文件(会产生自己的格式的 Word 就不行),

所以任何文本编辑器（包括 Windows 的记事本）都可以拿来用，只是因为编写程序时最害怕出现语法错误，一些好用的文本编辑器（以编写程序为主，所以又被称为程序编辑器或程序代码开发编辑器）会比 Windows 的记事本好用得多，这些会在 3-3 节中详细介绍。

浏览器的功能越来越强大，现在已经出现了许多可以直接在浏览器上编写程序的服务，其中的免费版本非常适合初学者使用。有一个服务还不错，进入 https://repl.it/ 之后，选择 Python 3 语言，即可看到如图 3-5 所示的 Python 程序编写界面。

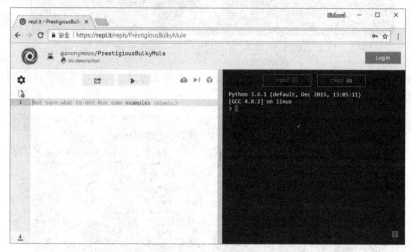

图 3-5　在 repl.it 中的 Python 程序编写界面

这个服务非常方便，它是以网站的形式来提供编写和执行程序的环境，因此只要使用浏览器就可以执行。也就是说，无论你使用的是什么操作系统，只要能够使用浏览器上网，不用安装任何程序开发环境，在这个网站上就可以编写 Python 程序。

第二个适合初学者的原因在于，它把屏幕页面分成两部分，我们可以在右侧直接操作解释器，前面所介绍的指令和操作方式在这里全部都可以使用（其实它就是 Python 的直接"翻译官"），左侧则是文本编辑环境（在输入指令的过程中还有提示信息，也会自动进行缩排，非常方便），可以在这个文本编辑环境中编写程序，然后单击上方的运行按钮就可以运行整个程序，并在右侧输出结果。图 3-6 是一个打印九九乘法表的程序范例。

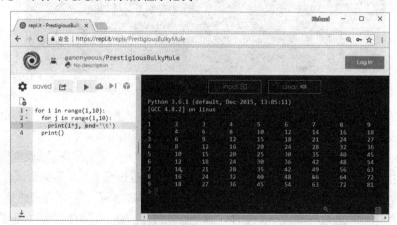

图 3-6　在 repl.it 中编写并打印九九乘法表的 Python 程序

不过，由于是网络应用，因此需要存取计算机本地的文件时，绘图或上网提取数据非常不便，甚至会受到限制。

下一节将先介绍没有内建 Python 的 Windows 操作系统如何安装 Python 解释器，以及如何在 Mac OS 操作系统中安装 Python 3 以及相关的程序环境。

3-2 安装 Python 3.x 窗口环境

3-2-1 Windows 的 IDLE 窗口环境

在安装之前请注意，除非硬盘空间非常有限，否则笔者建议直接安装 Anaconda 程序包，该程序包会自动选择安装适合的 Python 版本，这样会省去我们后续寻找程序包来安装的大量时间。Anaconda 程序包的官方网址为 https://anaconda.org/，直接下载安装适用于 Python 3.6 版本的程序包即可。如果打算直接安装 Anaconda 程序包，可跳过此节的说明。

由于 Windows 没有内建 Python，因此必须从 Python 的官方网站（https://www.python.org）下载最新版的程序安装之后才能够使用。Python 的官方网站首页如图 3-7 所示。

图 3-7　Python 官方网站首页

在官方网站首先单击"Downloads"菜单，就可以进入下载软件的页面。这个网站会根据当前的操作系统显示对应的应用程序。以 Windows 10 为例，看到的是如图 3-8 所示的页面。

正如第 2 章中说明的，Python 官方网站当前有两种版本可以下载，如果没有特别的需求，就选择最新的 3.x 版本下载安装。安装时的第一个屏幕显示界面如图 3-9 所示。

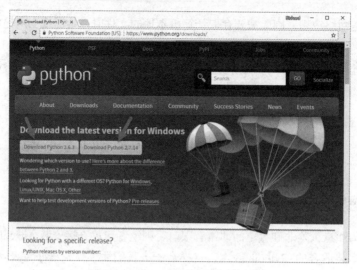

图 3-8　Python 官方网站的下载页面

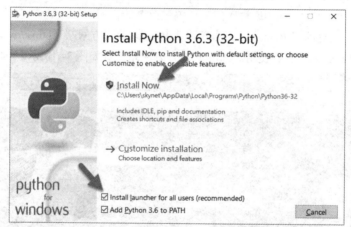

图 3-9　在 Windows 中安装 Python 3.6.3 版时的屏幕显示界面

在安装时别忘了勾选界面下方的两个复选框，然后单击"Install Now"即可进行安装。图 3-10 所示是安装中的屏幕显示界面，图 3-11 所示是安装完成后的屏幕显示界面。

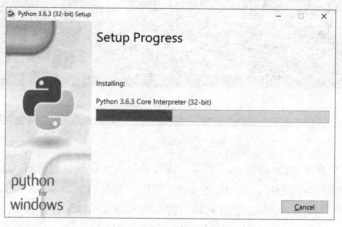

图 3-10　安装中的屏幕显示界面

要顺利执行 Python 程序，需要设置好 PATH 环境变量，因此遇到图 3-11 中的说明时，需要单击"Disable path length limit"，以便让 PATH 环境变量可以顺利地指向 Python 的可执行文件。

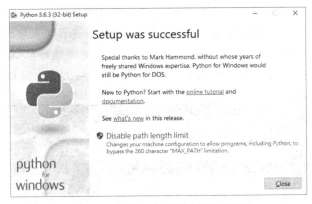

图 3-11　安装完成后的屏幕显示界面

在最新版的 Python 中，不只安装了 Python 语言需要的所有程序，还安装了新增模块用的 pip 以及集成的窗口开发环境 IDLE，如图 3-12 所示。

图 3-12　Python 程序包安装之后的相关程序列表

在顺利完成安装之后，可以重新启动计算机，让所有的设置生效。接下来，在 Windows 的命令提示符下输入"python"，就可以和 3-1 节中说明的一样，进入 Python 的解释执行环境，如图 3-13 所示。

图 3-13　在 Windows 的命令提示符下执行 Python 解释器

看起来和在 Mac OS 下没什么不同，不过，这里的是 3.6.3 版本。只要进入 Python 的解释执行环境，就都是兼容的，因此在前一节中执行过的程序在这里一样可以执行。

除了在命令提示符的交互式界面中执行程序之外，其实在 Windows 环境下使用 IDLE 集成窗口环境还是比较方便的。不过在进入 IDLE 之前，请先在命令提示符下用"exit()"离开 Python 解释器，回到命令提示符的时候，输入"pip install requests"指令，这行指令的详细用法后续会详细说明，此处只是从网络上下载并安装 requests 模块。安装的过程如图 3-14 所示。

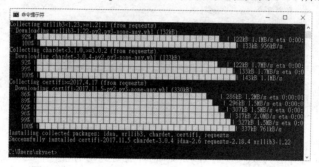

图 3-14　pip install requests 安装过程的屏幕显示界面

此时结束命令提示符，回到 Windows 桌面，在程序集中执行 IDLE（Python 的集成开发环境），就可以看到如图 3-15 所示的简易窗口程序。

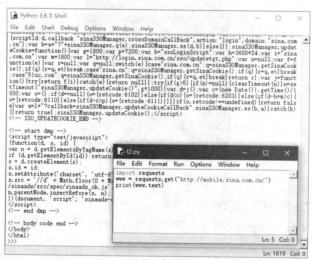

图 3-15　IDLE 执行时的屏幕显示界面

IDLE 的操作方式在后面会有比较详细的说明，此处只是先让读者了解使用 IDLE 时可以开一个窗口，它会启用一个简易的程序编辑器，让我们在其中输入要被执行的 Python 程序代码，按下执行按钮之后，程序会在 Python 3.6.3 Shell 窗口中执行并输出结果。

3-2-2　Microsoft Visual Studio 的 Python 开发环境

有一些朋友习惯使用微软的产品 Visual Studio 来开发程序，微软公司也提供了免费的 Visual Studio Community 2017 供下载，如果读者的计算机速度够快且硬盘够大，可以去下载安装，不过

第 3 章　建立可以开始编写程序的 Python 环境 | 27

安装的时间不太短。在图 3-16 所示的网页中可以下载免费的 Visual Studio Community 2017 和 Visual Studio Code，网页地址为 https://visualstudio.microsoft.com/zh-hans/downloads/。

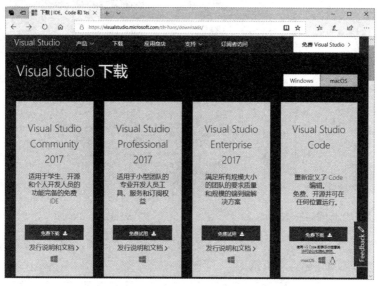

图 3-16　Visual Studio 开发软件的下载页面

在安装 Visual Studio Community 2017 的过程中，一开始会看到如图 3-17 所示的程序包安装界面，在这个界面中可以看到 Python 开发工具的安装选项。

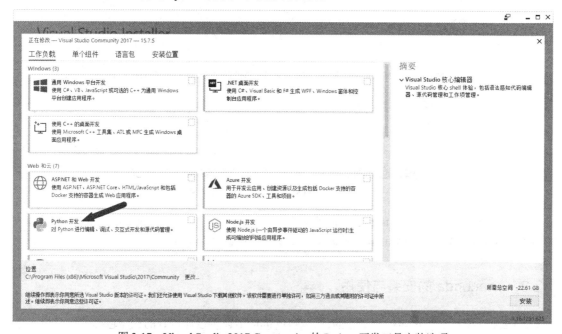

图 3-17　Visual Studio 2017 Community 的 Python 开发工具安装选项

单击"Python 开发"选项之后，右侧窗口出现摘要内容，如图 3-18 所示。

在勾选所需要的选项之后，单击"安装"按钮，即可开始此开发环境的安装工作。安装完毕之后，进入 Visual Studio 的开发环境，当新建项目时，就可以看到 Python 的选项，如图 3-19 所示。

 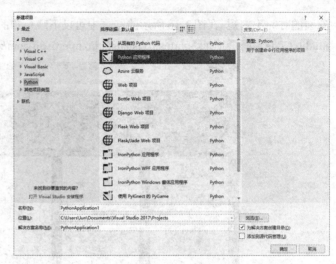

图 3-18　Python 开发可以选择的安装选项　　　图 3-19　在 Visual Studio 中新建 Python 的开发项目

只要选择"Python 应用程序",接着在下方为项目取一个名字,就可以在 Visual Studio 中编写你的 Python 程序了,如图 3-20 所示。

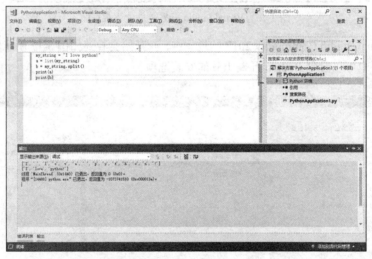

图 3-20　在 Visual Studio 中编写 Python 程序

如果你使用的是旧版的 Visual Studio,可能还需要到 https://github.com/Microsoft/PTVS 下载微软的 Python Tools for Visual Studio,详情请参考该网站上提供的说明。

3-2-3　Anaconda 的安装与使用

Anaconda 一直是 Python 中重量级的程序包,Python 中许多设计良好的程序包都被集成在一起,只要安装 Anaconda,大部分会使用到的 Python 程序包都包含在内,就不需要再使用 pip 逐一安装各个程序包了。对于所有支持的程序包,我们可以通过网址:https://docs.anaconda.com/anaconda/packages/py3.6_win-64 查询到。当然,代价是占用一定的硬盘存储空间。本小节将说明如何在自己的操作系统中安装 Anaconda 这个庞大但非常实用的 Python 程序包。

首先前往 Anaconda 的官方网站，如图 3-21 所示。

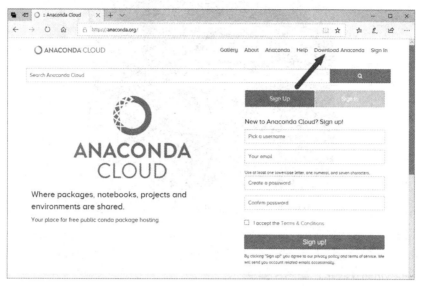

图 3-21　Anaconda 的官方网站首页

如图 3-21 所示，直接单击"Download Anaconda"，无论是 Windows 10 还是 Mac OS 操作系统，下载得到的文件就是可执行的安装程序，只要执行该安装程序并按照步骤进行安装即可。在 Windows 10 操作系统中，在安装过程中会看到如图 3-22 所示的设置界面，保持默认设置即可。

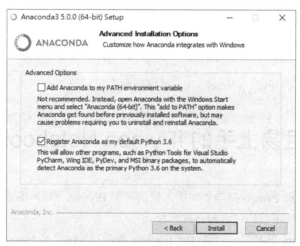

图 3-22　保持默认设置

在安装完毕之后，可到 Windows 10 操作系统的应用程序中找到如图 3-23 所示的程序集。

在图 3-23 所示的这些应用程序中，如果读者需要执行的是 Python 的解释器，选择执行 Anaconda Prompt 就会进入命令提示符，然后执行 python 或 ipython 指令即可。在该命令行提示符环境中，也可以通过 pip 或 conda 指令再安装其他所需的程序包。如果要使用 jupyter notebook（在 3-3 节介绍），那么可以在图 3-23 所示的程序清单中直接选择执行 Jupyter Notebook，或者到 Anaconda Prompt 的命令提示符下，切换到自己的 Python 程序文件夹中，再使用 jupyter notebook 命令启动 IPython Notebook。

图 3-23　在 Windows 10 中安装 Anaconda 3 5.0 版之后的程序清单

若是在 Mac OS 环境中，安装好 Anaconda 之后，则可以在终端程序中直接使用 Anaconda 的所有功能，Mac OS 原有系统中是 Python 2.7 版本的解释器，而现在输入 python 命令之后，即可启动 Anaconda 的 Python 3 版本，如图 3-24 所示。

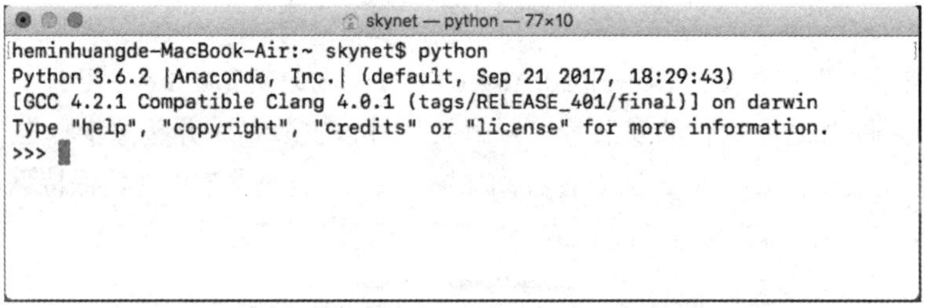

图 3-24　在 Mac OS 中执行 Anaconda 的 Python 解释器

要在终端程序中启动 IPython Notebook，可以在命令提示符下直接执行 jupyter notebook 命令。

3-3　简单且易上手的 IPython Notebook 和 jupyter

本节要介绍的是目前 Python 初学者使用人数最多的 IPython 和 IPython Notebook，这也是笔者强烈建议初学者使用的程序设计练习和开发环境。

这是一个名为 jupyter 的项目，它源自于 IPython 的项目（网址是 https://ipython.org/）。jupyter 的官方网址是 http://jupyter.org/，网站页面如图 3-25 所示。

在网站中包含有关 IPython（jupyter）Notebook 的详细教学内容与说明，同时提供了安装指南，并说明了 IPython 和 jupyter 之间的关系。简单地看，IPython 是一个强化过的 Python 解释器界面，只要在命令提示符环境下或 Mac OS 的终端程序中执行"ipython"指令，即可进入其集成操作系统指令的交互式环境，不过它不是 Python 默认的程序包，因此在使用之前必须先安装才行。和一般的 Windows 或 Mac OS 的应用程序不同，支持 Python 的程序和程序模块几乎都是通过 pip 自动化安装指令来完成的。

第 3 章　建立可以开始编写程序的 Python 环境 | 31

图 3-25　jupyter 项目的网站页面

如果你已经按照 3-2 节的介绍安装好了 Anaconda，那么你的系统中就应该已经包含 IPython，不需要再另行安装。如果你只安装了 Python 解释器，那么可以选择再回去安装 Anaconda，或者参照以下步骤安装 IPython 程序包。安装 IPython 的方式很简单，只要在命令提示符下输入以下指令即可：

```
pip install ipython
```

如果是在 Mac OS 环境下，就要多加一个 sudo 指令：

```
sudo pip install ipython
```

如果还想多加上 Notebook 的功能，就需要使用以下指令来安装：

```
pip install jupyter
```

同样地，Mac OS 的用户别忘了加上 sudo。pip 指令会自动地根据要安装的目标程序或程序模块到因特网上去搜索然后下载，所以在安装的过程中会看到下载进度和安装的信息。如果我们要安装的程序需要使用一些相关的程序而当前的系统中没有，pip 也会把这些相关的程序一并下载并加以安装。

IPython 安装完成之后，只要在命令提示符中输入"ipython"，就可以进入其加强型的交互式界面（在 Mac OS 中直接前往终端程序，在其中执行 ipython 命令，如果是在 Windows 操作系统中且已经安装了 Anaconda，那么先执行 Anaconda Prompt 以进入可以执行 Python 命令的命令提示符环境，而不必使用操作系统原本提供的 CMD 命令提示符环境）。在 IPython 中，不只可以使用标准 Python 解释器中的所有功能，还新增了许多指令（魔术命令，magic command），包括清除界面的"clear"和查看当前目录下所有文件的"ls"指令。图 3-26 是 IPython 在 Windows 10 的 Anaconda Prompt 中执行时的界面。

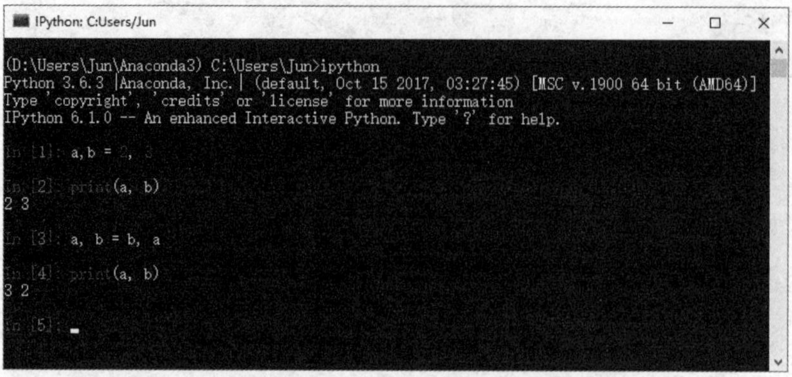

图 3-26　在 Windows 10 下 IPython 的执行界面

如图 3-26 所示，笔者示范了进入 IPython 界面之后执行一些指令的情况。在这个例子中，我们分别把变量 a 和变量 b 赋值为 2 和 3，再使用 print 函数把它们的值打印输出，然后使用指令"a, b = b, a"互换这两个变量的值，最后把互换后的值打印输出。下面把这个小程序整理出来，如程序 3-1 所示。

程序 3-1

题目：编写一个程序，分别设置变量 a、b，显示出给它们赋的值，互换它们的值之后再显示一次这两个变量的值。

程序：

```
a, b = 2, 3
print(a, b)
a, b = b, a
print(a, b)
```

如果图 3-26 所示，我们是在交互式界面中以交互方式完成了这个程序的执行，如果程序的内容需要修改，就必须再重新输入一遍，这样并不方便。所幸在 IPython 中只要执行"edit"指令，就会打开默认的文本编辑器（在 Windows 环境下是"记事本"程序，在 Mac OS 环境中则是 vi 程序，可以通过修改系统环境变量 EDITOR 来改变默认的文本编辑器）。在程序编辑完成之后存盘，回到 IPython 环境中立即执行。执行过程如图 3-27 所示。

如图 3-27 所示，先以"edit 3-1.py"创建一个程序文件，在编辑器中输入"程序 3-1"的内容之后保存，再退出编辑器回到 IPython 界面时，立刻就会执行刚编写好的程序 3-1（3-1.py），用"ls"指令查看文件，我们可以看到 3-1.py 已被存入硬盘的目录中了，如果日后再次执行该程序，直接输入"run 3-1.py"命令即可。如果要对这个程序进行编辑和修改，就再执行"edit 3-1.py"指令以启动编辑器，以便重新编辑 3-1.py 这个程序文件。

以上是非常简单的 IPython 设计程序的流程。如果要编写的程序比较长，vi 编辑器或"记事本"程序其实并不够用，除了 3-4 节介绍的功能型程序编辑器之外，jupyter 还内建了一个以浏览器环境为编辑界面的 IPython Notebook 功能，是初学者常用于编写 Python 程序的环境，在命令行下执行"ipython notebook"指令即可进入（新版已改为 jupyter notebook 了），如图 3-28 所示。

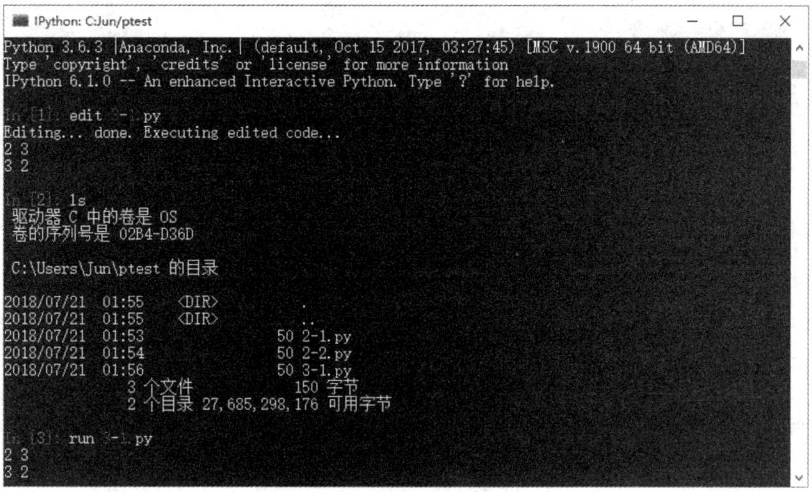

图 3-27　在 IPython 中启用默认的程序编辑器

图 3-28　IPython Notebook 的编辑环境

　　Notebook 是早期的 IPython 的功能之一，这部分功能后来被移到 jupyter 计划中，所以在浏览器的上方看到的标题就是 jupyter 这个项目的名字。注意，浏览器网址栏为 localhost:8888/tree，此为本地服务器的端口号，代表安装了 jupyter 之后，它在本地计算机中安装了一个简易的网页服务器，用来提供 Python 程序设计的界面，而第一页出现的屏幕显示界面即为当前所在目录下的所有文件列表，方便我们进行程序文件的管理。笔者建议初学 Python 程序设计的读者可以在自己的 C 磁盘驱动器或 D 磁盘驱动器的根目录中创建一个专门用来练习 Python 的文件夹（可以取名为 pytest 或 mypython 等），然后在 Anaconda Prompt 命令提示符环境中使用 cd\pytest 指令移到这个文件夹之下再执行 ipython notebook 指令，这样便于管理自己练习用的所有 Python 程序文件。

　　在图 3-29 所示的列表中，只要单击任一程序文件，jupyter 就会打开一个新的分页让我们编辑这个程序文件。

　　不过 IPython Notebook 有其自己的单元格式，所以我们以另一个例子来示范如何使用。请回到如图 3-28 所示的主页，单击右上角的"New"按钮，并选择"Python 3"选项，如图 3-30 所示。

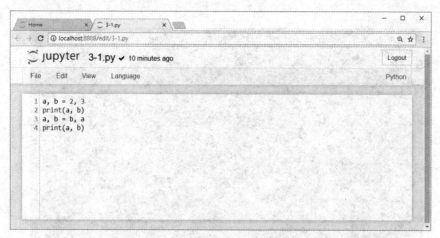

图 3-29　在新的分页中打开 3-1.py 文件来编辑这个 Python 程序

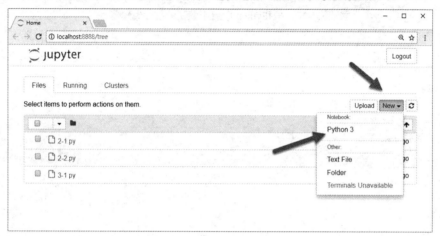

图 3-30　单击 New→Python 3

随后，jupyter 会打开一个新的 Notebook 界面，如图 3-31 所示。

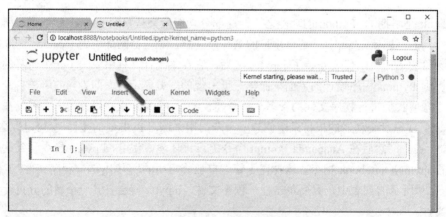

图 3-31　在 jupyter 的 Notebook 中新建的程序

在图 3-31 箭头所指的地方可以为此 Notebook 重新命名，单击默认的 Untitled 文件名之后，会出现一个询问新名称的对话框，如图 3-32 所示。

第 3 章 建立可以开始编写程序的 Python 环境 | 35

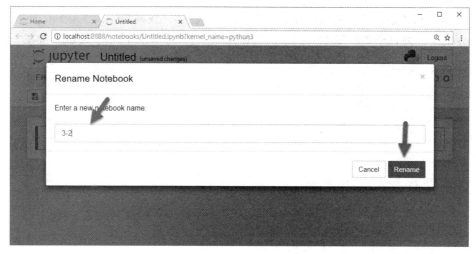

图 3-32 为新的 Notebook 取一个新的名字

在这里更名为 3-2。然后在此 Notebook 的程序编辑区中输入程序 3-2 的内容，如图 3-33 所示。

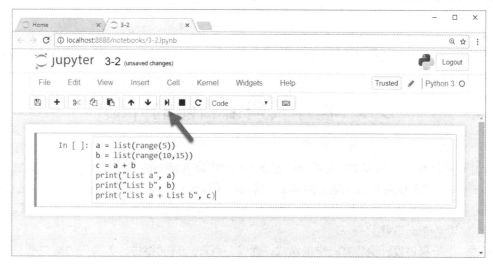

图 3-33 在程序编辑区输入程序 3-2 的内容

程序 3-2

题目：请创建两个 list，分别是[0,1,2,3,4]和[10,11,12,13,14]，然后将这两个 list 相加之后，再分别列出所有的 list。

程序：

```
a = range(5)
b = range(10,15)
c = a + b
print("List a", a)
print("List b", b)
print("List a + List b", c)
```

程序编写完成之后，单击图 3-33 中箭头所指的运行按钮（或按 Shift + Enter 组合键），就可以运行此程序，运行的结果如图 3-34 所示，所有的输出会和原有的单元格（Cell）放在一起。

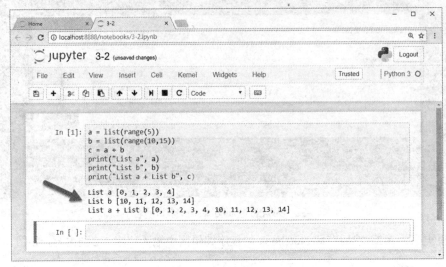

图 3-34　程序 3-2 的运行结果

jupyter Notebook 还有许多功能（如绘图等），等到本书后续的章节中范例应用到时再详细说明。

3-4　程序代码编辑器的介绍

Python 的源代码是标准文本文件，若想要在程序中加入额外的支持链接库，则可以使用 pip 指令，在程序中只要使用 import 指令即可添加链接库（模块），而不需要复杂的链接（linking）程序，因此任何的标准文本文件编辑程序（即使是 Windows 默认的最为简单的"记事本"程序）都可以拿来编辑 Python 程序代码。

不过，由于程序设计语言有一定的格式，尤其是程序代码的缩排、关键词的高亮度提醒以及各种各样的大小括号和单双引号成对的问题，因此当要编写的程序比较长的时候，还是建议使用比较专业的程序代码编辑器比较方便。因为它们不仅可以协助我们进行自动缩排，还可以进行简单的语法检查，甚至是提供可输入命令及参数的说明，在开发大型程序时非常方便。

3-4-1　Notepad++的安装与应用

专业的程序代码编辑器种类非常多，有 UltraEdit、PSPad、Notepad++、TextWrangler、Sublime Text、Aptana Studio 等，每一种都有其各自的优缺点，其中 Notepad++由于具有中文界面，而且程序文件较小，比较适合初学者使用。Notepad++的网址为 https://notepad-plus-plus.org，网站首页如图 3-35 所示。

图 3-35　Notepad++网站首页

在首页左下角单击"download"按钮，会出现如图 3-36 所示的页面。

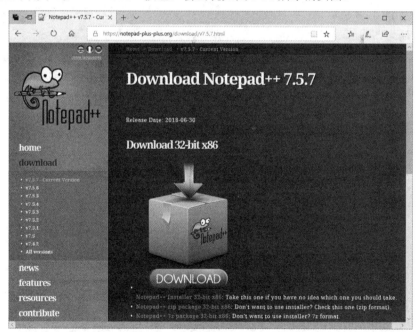

图 3-36　Notepad++的下载页面

在图 3-36 所示的下载页面中，单击"DOWNLOAD"按钮下载即可安装。安装完成之后，运行 Notepad++。Notepad++的界面和记事本程序很像，但是多了很多菜单选项。其中在"设置"菜单中可以设置 Notepad++程序的显示外观，如字体与颜色等，读者可根据自己的喜好进行设置。而在开始编写程序代码之前，要先到"语言"菜单中找到"Python"选项，如图 3-37 所示。

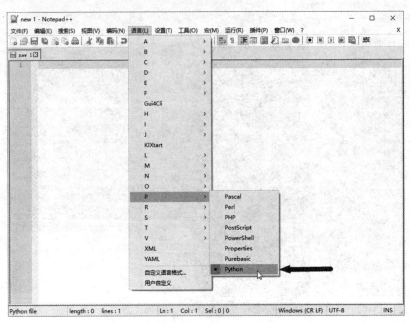

图 3-37　设置默认的程序设计语言为 Python

设置好程序设计语言的种类，开始编写程序，编辑完成之后别忘了存盘，存盘的功能都在"文件"菜单中，如图 3-38 所示。

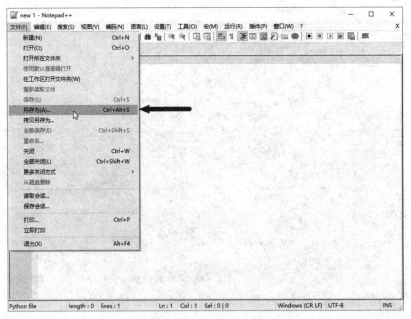

图 3-38　Notepad++的文件菜单

存盘的时候，默认是在 Notepad++的安装目录中，但是笔者建议集中管理程序代码，例如把它们都存放在某一个磁盘驱动器的文件夹下（例如 D:\MyPython），日后要运行程序时，就来此文件夹查找。如图 3-39 所示，我们编写了一个简单的程序，然后把它以 test.py 为名存放在 D:\MyPython 之下，接着到"运行"菜单中选择"运行"选项，此选项也可以通过直接按 F5 功能键来代替。

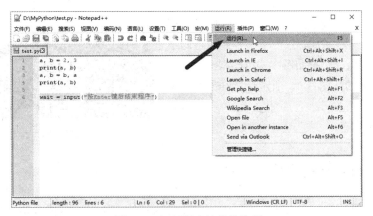

图 3-39　运行程序的菜单选项

按 F5 键之后,可以看到"运行"对话框,如图 3-40 所示。

在这里有两种选择,一种是如图 3-40 所示,输入 "cmd" 指令,Notepad++会马上帮我们启动 Windows 操作系统下的"命令提示符"环境,让我们直接在命令行提示的状态下,以 DOS 指令的方式运行程序,运行程序的方法就像在前面章节中所介绍的,在提示字符下输入 "python test.py" 指令。不过,这种方法要确定在命令提

图 3-40　Notepad++的"运行"对话框

示符的环境中可以顺利地运行 Python,也就是在 PATH 环境变量中要事先设置正确的 Python 可执行路径才行。笔者的做法是直接启动 Anaconda Prompt 准备好可以执行 Python 命令的环境,并把工作目录切换到对应的程序文件所在的位置,需要测试 Python 程序时直接运行程序即可。

但是,还有更方便的方法,就是不要进入命令提示符环境,直接把指令输入这个对话框的文本框中,如图 3-41 所示。

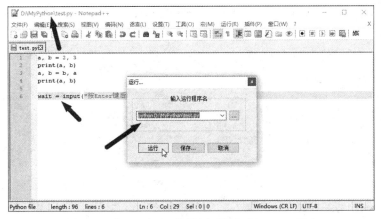

图 3-41　在"运行"对话框中直接运行 Python 程序

使用此方法别忘了指定完整的路径名称,同时要事先设置好正确的 Python PATH 环境变量,并在程序的最后一行输入:

```
wait = input("按 Enter 键后结束程序")
```

这一行等待用户输入的语句可以避免程序结束之后运行界面马上就被关闭，以至于看不到运行的结果。上述小程序的运行结果如图 3-42 所示。

正如你所看到的，图 3-42 所示运行结果的显示界面要等用户按 Enter 键之后才会关闭，并回到 Notepad++ 的编辑界面。

图 3-42　程序运行的结果

3-4-2　TextWrangler 的安装与应用

Notepad++ 功能不是最强大的，但因为程序小且执行快，所以非常适合初学者使用。不过，Notepad++ 目前并没有 Mac OS 版本，如果读者是 Mac OS 的用户，而且尚无自己习惯使用的程序代码编辑器，那么建议你安装 TextWrangler。此程序可以在 App Store 中免费获取，如图 3-43 所示。

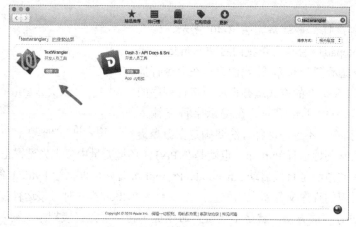

图 3-43　在 App Store 中免费获取 TextWrangler

执行 TextWrangler 之后，可以先到 View→Text Display→Show Fonts 选项中调整字体的大小，如图 3-44 所示。

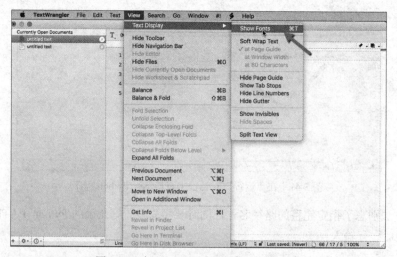

图 3-44　在 TextWrangler 中变更字体大小

接下来就如一般的程序代码编辑器一样，可以开始编辑程序代码。与之前介绍的 Notepad++ 不一样的地方在于，在这个程序的第一行可以通过加入"#! /usr/bin/python"或"#! /usr/bin/python3"让编辑器知道要运行哪一个版本的 Python，这种方式是 Linux 为基础的操作系统的习惯用法，而且在这些程序代码还没有存盘之前就可以运行，如图 3-45 所示。

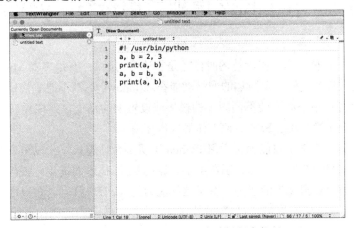

图 3-45　在 TextWrangler 中编辑程序代码

而要运行这段程序代码，单击"#!"→Run 选项即可，如图 3-46 所示。

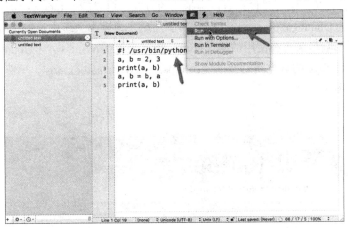

图 3-46　TextWrangler 运行程序的方法

运行结果则是用另一个窗口来显示的，如图 3-47 所示。

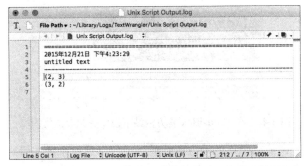

图 3-47　"图 3-46"程序的运行结果在另一个窗口显示出来

除了本节所介绍的通用型程序代码编辑器之外，还有许多 Python 专用的 IDE 集成开发环境，不过对于初学者来说，一开始先用简单的程序就够用了。

3-5 在 Linux 虚拟机中运行 Python

Windows 的用户在使用命令提示符的时候总是有诸多的限制，有很多在 Mac OS 和 Linux 上简便的安装程序或链接库的方法以及附加的网络功能在 Windows 下都不能直接使用。此外，有时为了避免在学习的过程中不小心安装不同版本的模块或设置上的错误，造成原有的操作系统发生问题，希望能够有一个干净且不会影响其他工作的操作环境。

对于初学者来说，当然不可能为了学习 Python 再买一台计算机，所以最方便的方法就是在自己的计算机中再安装另一个操作系统。现在由于计算机 CPU 技术的进步，大部分读者目前正在使用的计算机均有所谓"虚拟化"的能力，有了这种能力的 CPU，就可以在自己当前的操作系统中（无论是 Linux、Windows 还是 Mac OS）另外安装一个以上的全新的操作系统（Linux、Windows 以及 Mac OS 都可以），不用重新启动，几个不同的操作系统可以同时运行，只要你的机器性能够好即可。

因此，有些读者会在初学程序设计时以虚拟化的方式在自己的 Windows 操作系统下安装 Linux 操作系统（其中安装 Ubuntu Workstation 的最多），然后在该操作系统中设置运行环境并编写程序，以避免所做的设置影响当前正在使用的操作环境。接下来说明 Windows + Ubuntu 的安装步骤。

首先，到 VirtualBox 的官方网站（网址：https://www.virtualbox.org/）免费下载 VirtualBox 虚拟机管理系统，如图 3-48 所示。

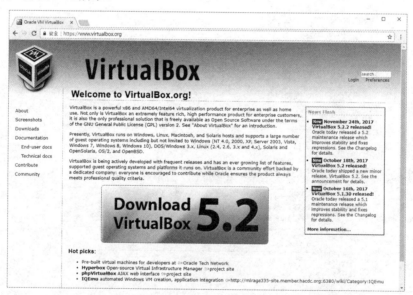

图 3-48　在 VirtualBox 官方网站下载免费的虚拟化程序

进入下载页面之后，在箭头所指的地方下载适用于各自操作系统的管理程序，如图 3-49 所示。

安装完 VirtualBox 并运行之后，显示的主界面如图 3-50 所示。

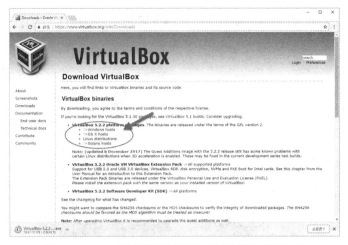

图 3-49　有许多不同的操作系统可以使用的管理程序

图 3-50　VirtualBox 管理程序的主界面

在主界面中，单击左上角的"新建"按钮创建一台新的虚拟机，但是在此之前请先准备好 Ubuntu Workstation 操作系统的光盘映像文件。Ubuntu 操作系统的简体中文站的网址为 https://cn.ubuntu.com/，如图 3-51 所示。

图 3-51　Ubuntu 操作系统简体中文站首页

在首页单击"桌面系统"选项，就会显示如图 3-52 所示的页面。

图 3-52　Ubuntu 桌面操作系统的下载页面

单击"下载 Ubuntu"按钮，显示出 Ubuntu 最新版本的下载页面，如图 3-53 所示。

请选择 Ubuntu 桌面版本、18.04 LTS 版本以及 64 位架构，单击"64-bit PC（AMD64）desktop image"链接即可。下载的文件（*.iso）很大，大约 1.8GB 左右，这个文件就是在 VirtualBox 中安装时要使用的光盘镜像文件，不需要刻录成光盘，这个格式文件可以直接使用。单击 VirtualBox 主界面左上角的"新建"就会出现如图 3-54 所示的界面。

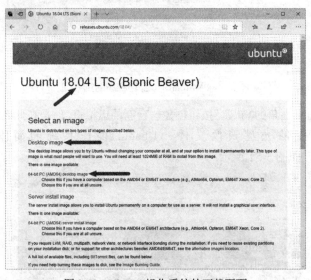

图 3-53　Ubuntu 操作系统的下载页面

如图 3-54 所示，设置虚拟机的名称，选择"Linux"类型和"Ubuntu（64-bit）"版本，最后单击"下一步"按钮开始安装 Ubuntu 18.04 桌面版。一开始要先设置虚拟机所要使用的内存大小，一般来说 1024MB 就够用了，这部分内存会占用主操作系统的内存空间，根据经验，这部分内存的大小不要超过原计算机总内存大小的二分之一。我们建议在三分之一以下更好，在图 3-55 所示的例子中，我们选用了 1024MB（也就是 1GB 的内存大小）。

接着设置要使用的硬盘容量，对于 Ubuntu 来说，只要 10GB 就够用了，如果你的虚拟机打算安装 Windows 操作系统，可能 40GB 左右才够用。如图 3-56 所示，我们选用默认的 10GB 空间。

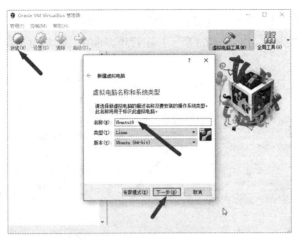

图 3-54　在 VirtualBox 中新建虚拟电脑，即虚拟机

图 3-55　设置虚拟机的内存大小

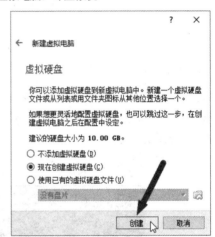

图 3-56　创建虚拟机的虚拟硬盘

接下来设置虚拟机的硬盘使用方式，全部使用默认值即可，如图 3-57～图 3-59 所示。

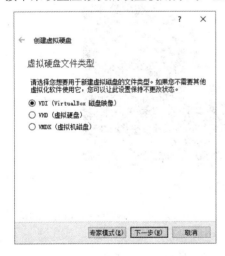

图 3-57　设置虚拟机所使用的硬盘文件类型

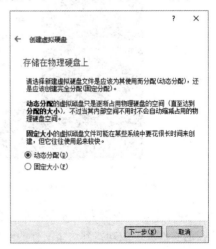

图 3-58　设置虚拟机分配硬盘空间的形式

硬盘创建完成之后，就在自己的计算机中创建了一台虚拟计算机，回到 VirtualBox 管理界面中，即可看到该虚拟机的名称，如图 3-60 所示。在管理界面中，仍然可以调整硬件的相关设置（如 CPU、内存、网卡等）。

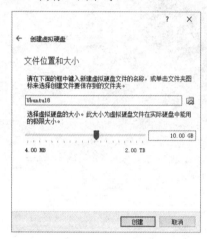 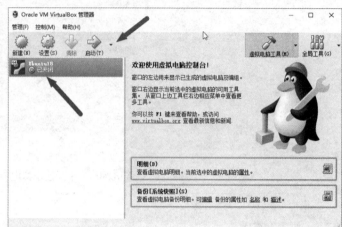

图 3-59　选择硬盘所要创建的硬盘位置和大小　　　图 3-60　虚拟机创建完毕之后的管理界面

在管理界面中，只要单击刚刚创建好的虚拟机，再单击"启动"按钮，即可启动此虚拟机（就像我们对实体计算机按下电源开关一样，但是这台计算机还没有安装任何操作系统），启动后会看到如图 3-61 所示的界面。

图 3-61　启动虚拟机的第一个界面

在图 3-61 中，单击箭头指向的按钮，随后就可以设置我们之前所下载的 Ubuntu 18.04 的 ISO 文件所在的文件夹，成功找到这个文件的结果，如图 3-62 所示。

接下来单击"启动"按钮，即可看到如图 3-63 所示的 Ubuntu 安装界面。

第 3 章 建立可以开始编写程序的 Python 环境 | 47

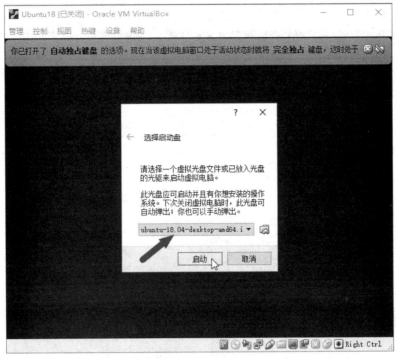

图 3-62 设置好要安装的操作系统对应的 ISO 文件所在的位置

图 3-63 Ubuntu 18.04 的安装界面

习惯使用中文的读者可以到左侧的语言列表中选择中文（简体），然后单击"安装 Ubuntu"按钮，进入 Ubuntu 系统的安装过程，如图 3-64 所示。

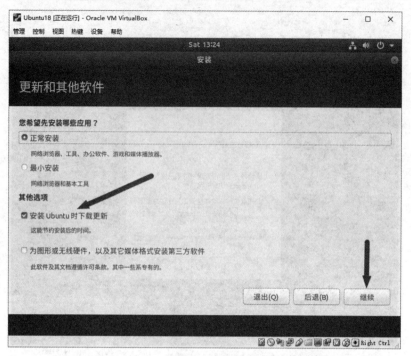

图 3-64　安装 Ubuntu 操作系统过程中的第一个设置界面

单击"继续"按钮,进行磁盘驱动器的设置,也是全部使用默认值即可,如图 3-65 和图 3-66 所示。

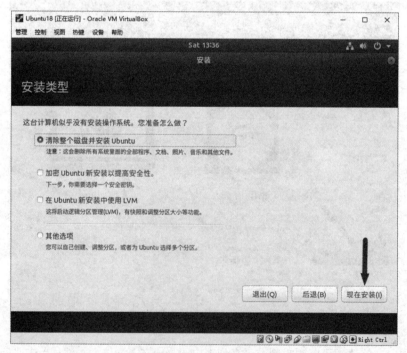

图 3-65　确定要在此虚拟机的磁盘中安装 Ubuntu

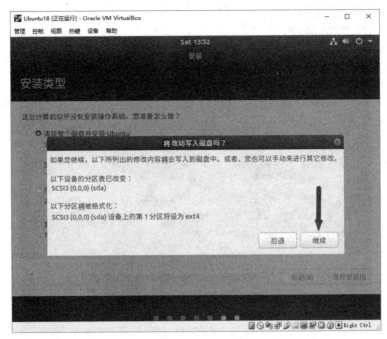

图 3-66　再一次确定要进行磁盘数据的写入操作

在正式安装系统之前，主机名和管理员账号的设置也是很重要的，如图 3-67 所示。

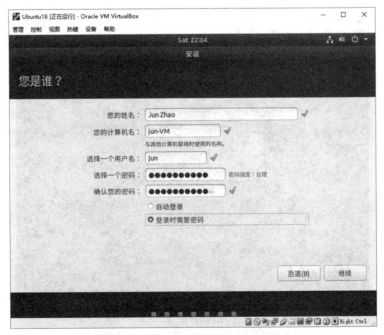

图 3-67　设置虚拟机操作系统的名称和管理员账号及其密码

全部设置完成之后，即可进入系统的实际安装阶段，屏幕显示界面如图 3-68 所示。

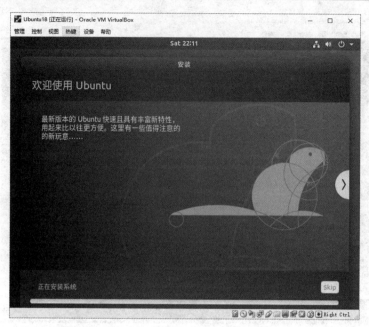

图 3-68　Ubuntu 操作系统安装过程的屏幕显示界面

过一段时间（一般会超过 20 分钟）之后，等系统安装完成，根据提示重新启动虚拟机，就会出现如图 3-69 所示的 Ubuntu 桌面版的登录界面。

图 3-69　Ubuntu 18.04 桌面版的登录界面

使用之前设置的密码登录即可进入 Ubuntu 18.04 桌面版本的桌面，在搜索框输入"term"，如图 3-70 所示。

单击图 3-70 中箭头所指的"终端"程序（Terminal）以便启动它，"终端"程序启动后的界面如图 3-71 所示。

图 3-70　应用程序的搜索界面

图 3-71　在 Ubuntu 的终端程序中执行 python3 指令

只要出现"终端"程序就可以使用 Python 程序了。如图 3-71 所示，输入"python"指令，马上会进入 Python 2.7 的交互式程序运行环境（注意：在 Ubuntu 18.04 LTS 中默认是不包含 Python 2 版本的，请用"sudo apt install python"指令重新安装一下。而输入"python3"指令，就会进入 Python 3.6 的交互式程序运行环境，由此可见 Python3 是 Ubuntu 操作系统的内置组件。

接下来，我们要更新系统的链接库，并安装 Python 的程序包管理程序，由于 Ubuntu 是权限管理严谨的 Linux 操作系统，在安装程序之前需要取得系统权限，因此在执行 apt-get 安装程序包的指令之前，别忘了加上 sudo 指令。第一步先执行 sudo apt-get update（在 Ubuntu 18 版之后，其实 apt-get 可以简写成 apt），更新系统相关文件和设置。

如图 3-72 所示,在"终端"程序中输入"sudo apt －y install python3-pip"为新建立的系统安装 Python 3 的 pip 链接库管理工具,然后使用"sudo pip3 install jupyter"把前文提及的 IPython 和 IPython Notebook 都安装到 Ubuntu 操作系统中。安装 jupyter 的步骤如下:

图 3-72　使用 apt 指令安装 pip3 程序包

```
sudo apt -y update
sudo apt -y install python3-pip
sudo pip3 install jupyter
```

上述安装步骤完成之后,执行 ipython 即可直接进入 Python 3.6 版的交互式程序设计环境,而读者也可以通过该桌面环境执行其他的 Python 程序功能。

在本节中安装的 Ubuntu 18.04 LTS 桌面版是全功能的 Linux 操作系统,详细的操作方法已超过本书的范围,有兴趣的读者请自行参阅 Linux 系统管理相关的书籍。

3-6　习　　题

1. 在计算机中建立 Python 3 的运行环境。
2. 在计算机中安装 Anaconda 程序包。
3. 安装一个适合用来编辑 Python 程序的程序代码编辑器。
4. 比较 IDLE 和所安装的程序代码编辑器的优缺点。
5. 练习安装虚拟机并建立 Python 的运行环境。

第 4 章

Python 程序包管理与在线资源

* 4-1　Python 程序包管理工具
* 4-2　Python 虚拟环境的设置
* 4-3　高级程序包安装实践
* 4-4　Python 的在线资源与支持
* 4-5　习题

4-1　Python 程序包管理工具

早期设计程序和开发软件的时候，如果需要利用现有的（别人开发好的）链接库，就需要先获取该链接库的安装程序，并正确地把该链接库安装在自己的计算机中，在创建新程序的时候，还要能够正确链接到才行。现在不同了，几乎所有现代的程序设计语言都具备自动联网的程序包管理工具，也就是说，平时别人开发好的程序包是放在网络上的某个固定的文件仓库（Repository，这些仓库是由该程序设计语言的项目网站管理的）中，需要的时候再通过指令把它们下载到自己的计算机中，自动完成安装，之后在自己编写的程序中就可以简单地导入使用。

Python 的自动化安装程序包管理程序主要有两种，分别是 easy_install 和 pip。读者可以在命令提示符（或"终端"程序）中执行"easy_install –version"和"pip –version"检查在当前的操作系统中是否已经安装了程序包管理程序。这两种程序包管理工具的安装和使用方法分别在 4-1-1 小节和 4-1-2 小节中介绍。

4-1-1 easy_install 的安装与使用

如果在你的计算机中找不到 easy_install 程序，只要前往网址 https://pypi.python.org/pypi/setuptools 下载一个名为 ez_setup.py 的程序（在网页的链接处右击，再选择"另存为"进行下载），然后通过 Python 解释器执行"python ez_setup.py"命令即可完成安装。以下要执行的命令，如果是在 Mac OS 操作系统下，别忘了在 easy_install 之前加上 sudo 指令，即以管理员的权限来操作。

easy_install 的使用方法很简单，语法如下：

```
easy_install [程序包名称]
```

默认情况下会安装这个程序包的最新版本，但如果打算指定程序包版本（有时有些程序包会因为改版过度，使得程序中的其他程序包变得不能兼容，这时就要指定版本号以避免此类情况的发生），也可以把程序包的版本编号设置在程序包名称的后面，同时不要忘了加上引号：

```
easy_install '[程序包名称]==[版本号]'
```

如果不指定特定的版本号，而是要求在某一个版本号以后或以前的版本，也可以用关系符号表示：

```
easy_install '[程序包名称]<=[版本号]'
```

有安装的命令，当然也会有删除的命令。用 easy_install 命令删除程序包的方法如下：

```
easy_install -m 程序包名称
```

如果想要列出当前系统中已安装的程序包，就需要先安装 yolk 工具，然后通过 yolk 来查询：

```
easy_install yolk
yolk -l
```

yolk 还有许多功能，只要输入 yolk 命令，不加任何参数，就会显示出 yolk 的用法，细节就不再介绍了。

4-1-2 pip 的安装与使用

和 easy_install 相比，笔者较常使用 pip 安装 Python 的程序包。如果计算机中当前没有 pip 程序包管理程序，可以先安装 4-1-1 小节介绍的 easy_install，然后以如下指令安装 pip：

```
easy_install install pip
```

pip 的用法和 easy_install 类似，安装程序包的方法如下：

```
pip install [程序包名称]
```

在安装程序包时，可以同时指定版本：

```
pip install '[程序包名称]==[版本号]'
```

当然，也可以使用关系运算符指定较新或较旧的版本：

```
pip install '[程序包名称]>=[版本号]'
```

若要删除指定的程序包,则使用 uninstall:

```
pip uninstall '[程序包名称]'
```

若要查看当前系统中已安装的程序包及其版本,则可使用 list 指令:

```
pip list
```

有时想要升级某些已安装的程序包,可以使用 install,再加上-U 参数:

```
pip install -U '[程序包名称]'
```

pip 还可以查询某一程序包的相关信息,使用 search 即可:

```
pip search [程序包名称或关键词]
```

其他的高级功能也可以使用 help 来查询:

```
pip help
```

4-2 Python 虚拟环境的设置

Python 分为第 2 版和第 3 版,有些程序项目需要使用到第 2 版,有些则需要使用到第 3 版。此外,不同的程序开发项目有可能需要不同版本的程序包,如果把这些全部放在一起,显然会造成一些程序开发上的混淆,因此就有了所谓的"虚拟环境(Virtual Environment)"的机制。意思是说,可以通过一些设置上的改变,在同一个操作系统中可以随时转换不同的 Python 开发环境,而在虚拟环境中不需要管理员权限即可安装程序包,便于学习或开发不同需求的项目。

Python 的虚拟环境主要放在一个文件夹中,通过特定的程序管理该文件夹的程序包以及使用的 Python 解释器版本。因此,在开发程序之前,要先创建一个专用的文件夹,启用虚拟环境管理程序设置并声明此文件夹为虚拟环境,日后在此文件夹中做的任何程序包安装都只有在此文件夹中有效,而不会影响原本操作系统中的其他程序包版本。

Python 中当前最常被使用的虚拟环境为 virtualenv。下面分别介绍如何在 Mac OS 和 Windows 操作系统下安装并使用虚拟环境。

4-2-1 在 Mac OS 中安装 virtualenv

安装的方法很简单,只要使用以下指令:

```
sudo pip install virtualenv
```

过一小段时间就可以完成 virtualenv 虚拟环境管理程序的安装。安装完成之后,可以通过"virtualenv –version"查看 virtualenv 的版本。

要使用虚拟环境,只要使用以下指令即可:

```
virtualenv [要创建的文件夹名称]
```

此指令会顺道创建该文件夹，并在此文件夹中加上必要的程序和数据文件。创建好的文件夹里会有一些虚拟环境所需要的程序，其中最重要的就是在 bin/文件夹下的 activate，这是启用虚拟环境的主程序。此外，如果系统中有两个以上的 Python 版本，在创建虚拟环境文件夹的同时，也可以指定要使用哪一个版本的 Python。例如，笔者的 Mac OS 计算机中有两个版本的 Python，默认是第 2 版，而第 3 版的 Python 则是放在/usr/local/bin/python3 中，如果要创建的虚拟环境要使用 Python 第 3 版，就需要使用以下指令：

```
virtualenv -p /usr/local/bin/python3 [要创建的文件夹名称]
```

文件夹创建之后，切换到该文件夹中，然后执行以下指令即可进入一个独立的 Python 虚拟环境：

```
source bin/activate
```

图 4-1 所示为操作的过程记录。

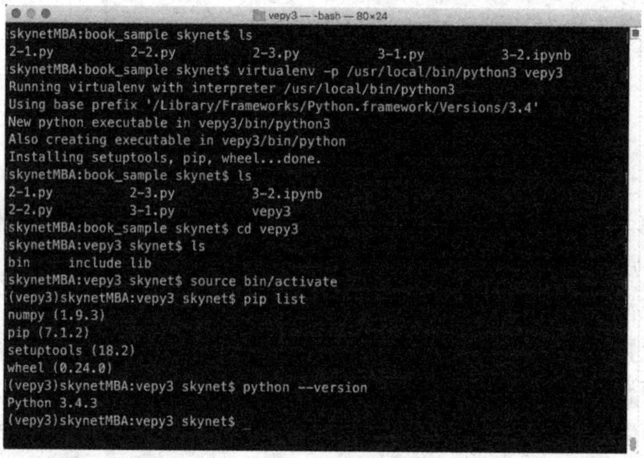

图 4-1　Python virtualenv 的操作过程

在图 4-1 中，我们通过 virtualenv 指令创建了一个名为 vepy3 的文件夹，切换到该文件夹之后，再以 source bin/activate 启用虚拟环境。进入虚拟环境之后，在命令提示符前面均会有"(vepy3)"字样，提醒用户当前是在哪一个目录下的虚拟环境。

由于在创建这个虚拟环境的时候使用的是 Python 第 3 版，因此在此环境下执行"python –version"得到的自然是第 3 版的版本号。此外，由于是一个全新的干净环境，因此使用"pip list"指令列出所有当前可以使用的 Python 程序包时，只看到了 4 个程序包。意思是说，在此开发环境中，若需要其他的程序包，则要另行安装，而在此环境下安装的程序包，也仅能在此环境下使用。若要离开此虚拟环境，只要执行"deactivate"指令即可。

4-2-2　在 Windows 中安装 virtualenv

在 Windows 中安装 virtualenv，一样可以使用 pip 程序包管理程序。首先进入 Windows 的命令提示符，然后输入以下指令：

```
pip install virtualenv
```

接下来通过 virtualenv 创建虚拟环境用的文件夹：

```
virtualenv [要创建的文件夹名称]
```

同样，要让此虚拟环境文件夹可以使用，需要切换到该文件夹中，在"Scripts"文件夹下会有一个 activate.bat 批处理执行文件，执行这个文件就可以进入虚拟环境：

```
Scripts\activate
```

整个过程如图 4-2 所示。

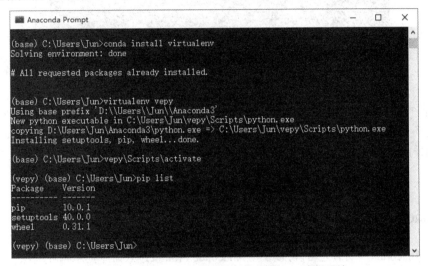

图 4-2　在 Windows 操作系统下安装 Python 虚拟环境

在图 4-2 的步骤中创建了 vepy 虚拟环境用的文件夹，然后切换到该文件夹，再执行 Scripts\activate 即可启用虚拟环境 vepy，同样在命令提示符前的括号内可以看得出来。为了确定真的是在虚拟环境中，执行"pip list"命令列出当前的程序包列表，可以看出只有默认的 pip、setuptools 以及 wheel。

要离开虚拟环境，输入"deactivate"指令即可。学会创建虚拟环境之后，笔者建议日后在练习新的程序时尽量使用 virtualenv 创建和启动文件夹，以免因为操作失误而不小心更新了原本不该更新的程序包版本。

4-3　高级程序包安装实践

虽然大部分 Python 程序包的安装都非常容易，只要通过 pip 就可以轻松完成，但是对于复杂的程序包却没有那么简单。例如，在旧系统中使用"pip install numpy"，可能会发现无法安装，并产生如图 4-3 所示的错误信息（不过，现在新的操作系统和 4-3-1 节将要介绍的新的 Anaconda 版本已经解决了大部分问题，如果读者可以顺利安装 Anaconda 5.0 以后的版本，本节的内容就可以跳过）。

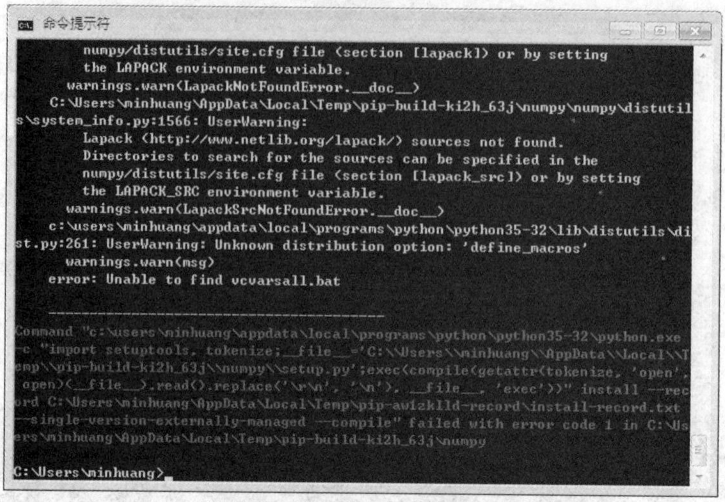

图 4-3　使用"pip install numpy"所产生的错误信息

解决这一类问题必须通过官方网站建议的安装方式，补上所需要的相关链接库才行。在第 3 章已经介绍了 Anaconda 的安装与使用，在 Anaconda Prompt 命令提示符下，是使用"conda"指令进行程序包管理的，一般来说，如果安装的是最新版的 Anaconda，这些程序包基本上就一同被直接安装好了，不需要分别再单独安装。

4-3-1　conda 程序包管理程序的使用

在完成 Anaconda 的安装之后，可以使用 Anaconda Prompt 进入命令提示符环境，然后通过 conda（注意，是通过 conda 而不是 pip，如果我们在虚拟环境中要使用模块，那么还是使用 pip 来安装）安装 NumPy 和 Matplotlib（如果系统里面没有的话），过程如图 4-4 所示。

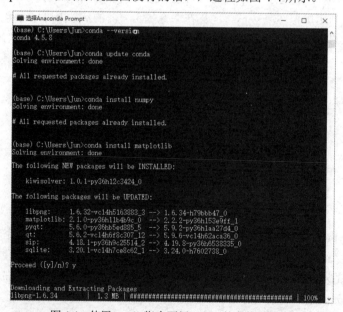

图 4-4　使用 conda 指令更新 conda 并安装 NumPy

如图 4-4 所示，大部分程序包笔者已经安装过了，但是如果有新的版本，仍然可以选择进行更新。如果需要更新或安装新的程序包，conda 会先进行询问，得到用户回答 y 之后才会继续执行更新的操作。

在大多数情况下，安装了 Anaconda 之后，常用的程序包均会被一并安装到系统中，因而直接使用即可。

4-3-2 使用 Matplotlib 绘制精美数学图形

前面 4-3-1 小节已经安装了 NumPy 和 Matplotlib，本小节来做些有趣的练习，利用这两个程序包绘制出各种各样精美的数学图形。NumPy 和 Matplotlib 函数的有关细节会在后续的章节中详细说明，在本小节读者只需要直接输入程序执行即可。

程序 4-1 是绘制 SIN 函数图形的程序。

程序 4-1

题目：请绘出一个从 0 度到 360 度完整的 SIN 函数图形。
程序：

```
import NumPy as np
import matplotlib.pyplot as plt
x = np.arange(0,360)
y = np.sin( x * np.pi / 180.0)
plt.plot(x,y)
plt.xlim(0,360)
plt.ylim(-1.2,1.2)
plt.title("SIN function")
plt.show()
```

运行程序 4-1 之后，Python 会在操作系统中另外打开一个图形窗口，然后把图形描绘上去，其运行结果如图 4-5 所示。

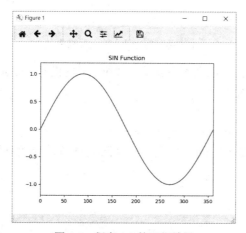

图 4-5　程序 4-1 的运行结果

matplotlib.pyplot 有许多参数可以设置，同时也没有限制图形的绘制数量。因此，在程序 4-2 中，我们再加上一个 COS 函数图形，并且使用不同的颜色来表示。

程序 4-2

题目：请绘出一个从 0 度到 360 度完整的 SIN 函数和 COS 函数叠加的图形。
程序：

```
import NumPy as np
import matplotlib.pyplot as plt
x = np.arange(0,360)
y = np.sin( x * np.pi / 180.0)
z = np.cos( x * np.pi / 180.0)
plt.plot(x,y,color="blue")
plt.plot(x,z,color="red")
plt.xlim(0,360)
plt.ylim(-1.2,1.2)
plt.title("SIN & COS function")
plt.show()
```

程序 4-2 的运行结果如图 4-6 所示。

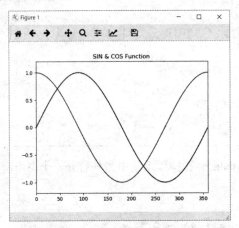

图 4-6 程序 4-2 的运行结果

此外，此类型的图表一定要放上图例以及 x 轴和 y 轴的说明才能够更清楚地表达图形的含义，程序 4-3 就是加上图例的示范程序。

程序 4-3

题目：请绘出一个从 0 度到 360 度完整的 SIN 函数和 COS 函数叠加的图形，并加上图例以及 x 轴和 y 轴的说明。
程序：

```
import NumPy as np
import matplotlib.pyplot as plt
```

```
x = np.arange(0,360)
y = np.sin( 2 * x * np.pi / 180.0)
z = np.cos( x * np.pi / 180.0)
plt.plot(x,y,color="blue",label="SIN(2x)")
plt.plot(x,z,color="red",label="COS(x)")
plt.xlabel("Degree")
plt.ylabel("Value")
plt.xlim(0,360)
plt.ylim(-1.2,1.2)
plt.title("SIN & COS function")
plt.legend()
plt.show()
```

程序 4-3 的运行结果如图 4-7 所示。

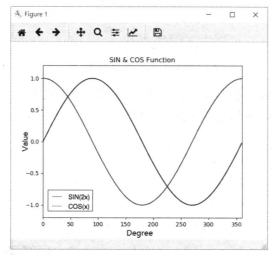

图 4-7　程序 4-3 的运行结果

详细的函数用法及说明请参考后续章节的内容。

4-4　Python 的在线资源与支持

Python 之所以受欢迎的另一个原因是丰富的在线资源以及支持。在网络上有非常多的热心人士制作了许多非常好用的程序包，这些程序包在大部分情况下，只要使用 pip 就可以安装，然后在自己的程序中使用 import 指令导入程序中就可以加以运用。

4-4-1　搜索 PyPI 相关信息的方法

几乎所有的主流程序包都集中在 https://pypi.python.org/pypi。图 4-8 所示是 PyPI 的主页面。

图 4-8　PyPI 的主页面

如网页上所说明的，到目前为止，在此网站上的程序包数目已多达 124 193 个。在首页的左上角处有一个选项是"Browse packages"，通过此选项可以按照分类查看的方式浏览所有可以使用的程序包，如图 4-9 所示。

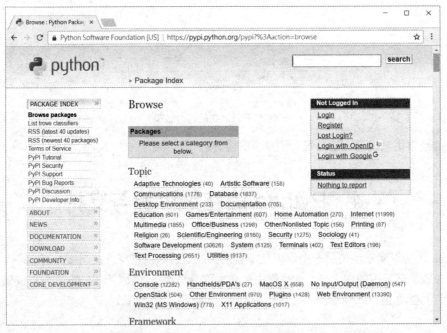

图 4-9　通过 Browse packages 分类查看所有可用的程序包

程序包非常多，使用浏览的方式并不容易找到想要的程序包，如果有特定的关键词，就可以在右上角输入，以便进行搜索。

4-4-2 产生数独题目的程序包的应用

要找可以产生数独题目的程序包，在搜索框输入"sudoku"，再单击"search"按钮，如图 4-10 所示。

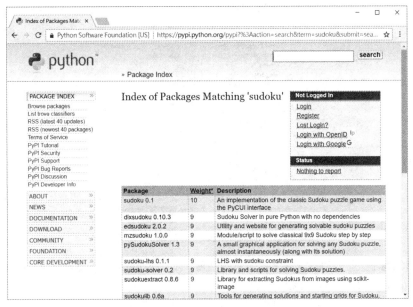

图 4-10　搜索与数独相关的程序包

在列出来的程序包中，其中有一个 sudoku_maker 可以用来产生数独题目，单击此程序包，可以看到对此程序包的说明，如图 4-11 所示。

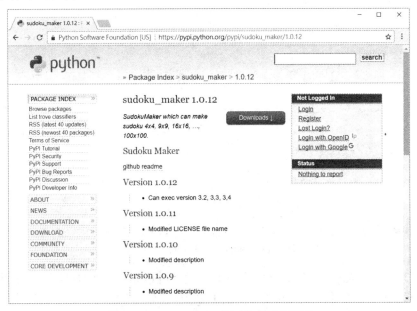

图 4-11　sudoku_maker 程序包的说明界面

单击"Downloads"按钮之后，会被引导到程序包下载的页面，如图 4-12 所示。

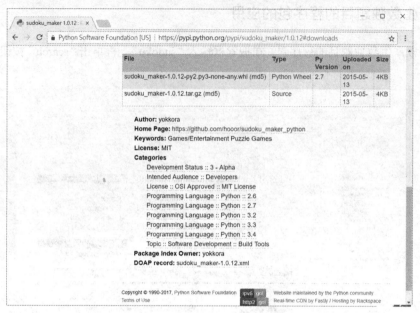

图 4-12　sudoku_maker 程序包的下载页面

但是不用急着下载，可以先前往笔者提供的网页（网址为 https://github.com/hooor/sudoku_maker_python）看看使用说明，如图 4-13 所示。

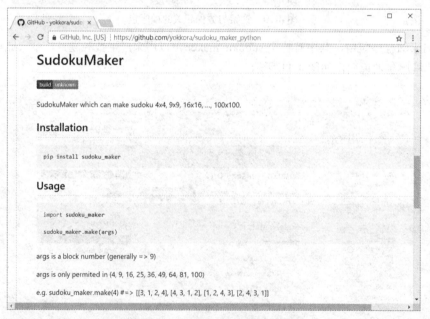

图 4-13　sudoku_maker 的使用说明

在图 4-13 中可以看到，要安装 sudoko_maker，使用 pip 指令安装即可，而且还提供了使用方法的说明。按照使用说明，我们就可以很容易地在自己的计算机中生成数独的题目，如图 4-14 所示。

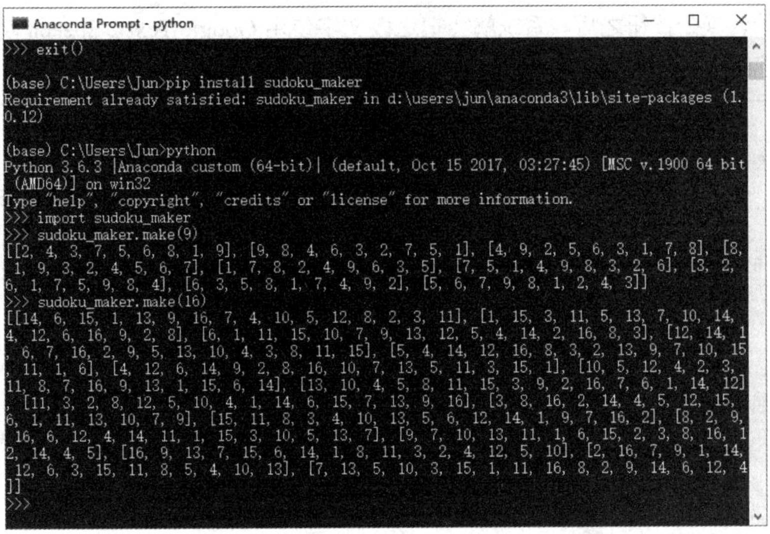

图 4-14 使用 sudoku_maker 生成数独题目

在 PyPI 中有非常多好用的程序包可以使用，建议读者在有具体编写程序项目的想法之前，除了通过 Google 等搜索引擎查找之外，也可以把一些想要开发项目的关键词放在 PyPI 上查找，在列出所有相关的程序包之后，再把觉得可能是我们要找的对象所对应的程序包名称到 Google 上搜索一下，看看有没有更多的介绍与说明，相信这样做对提高程序项目开发的速度非常有帮助。

4-4-3 Google 文字转语音程序包的应用

我们再来看一个运用 Google Text 2 Speech 的例子。在开始使用这个模块之前，请先前往 http://min-huang.com/gtts 看一下整合这个模块到网站中的范例，这个网站是以 Django 开发（后面会介绍如何使用 Django 开发网站）的，进入此网站之后，可以看到如图 4-15 所示的页面，在此页面中我们已经加入了一小段待转换成语音的文字内容。

图 4-15 Google Text 2 Speech 语音转换测试网站

单击"开始转换"按钮之后，系统就会把这段文字使用 Google Text 2 Speech 功能转换成 MP3 文件，供用户下载使用，如图 4-16 所示。

图 4-16　MP3 转换成功后的页面显示

此时单击"下载 MP3 文件"按钮，就可以听到这段 MP3 语音文件的声音，也就是著名的 Google 小姐念出这段文字的声音。

像这种程序功能看起来好像有一些困难，但是它本身只是 Google 公司所提供的一个 API 服务，通过 gTTS 模块，在 Python 中只要短短的几行命令就可以完成。首先到 gTTS 的程序包模块网页（网址：https://pypi.org/project/gTTS/），如图 4-17 所示。

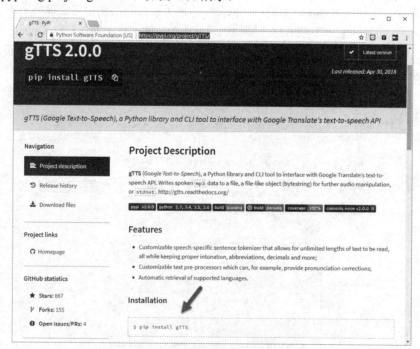

图 4-17　gTTS 2.0.0 的网页页面

如同网页上的说明，只要使用 pip install gTTS 即可顺利把模块安装到虚拟环境中，安装完毕之后，此模块有附赠的一个命令行程序，不需编写程序，直接在命令提示符的环境中即可产生语言文件：

```
C:\scrapy>gtts-cli "Hello world, this is a test voice" --output hello.mp3
```

上述这行指令会在同一个文件夹下产生一个 hello.mp3 文件，通过媒体播放器即可播放"Hello world, this is a test voice"这一句文字转换之后的计算机语音。至于在程序中的使用方法，以下程序代码可以达到同样的目的：

```python
from gtts import gTTS
tts = gTTS("Hello world, this is a test voice")
tts.save("hello.mp3")
```

其他详细的功能在官方说明网页中有详细的介绍（网址为 http://gtts.readthedocs.io/en/latest/），例如想要让它讲中文，可以加上 lang 参数加以设置，代码如下：

```python
# -*- coding: utf-8 -*-
from gtts import gTTS

tts = gTTS("我也可以讲中文了", lang='zh-cn')
tts.save("chinese.mp3")
```

如果打算让这个程序不只是保存到文件中，而且可以即时播放出这段语言，只要再加上 playsound 模块（pip install playsound）即可，程序语句如下：

```python
# -*- coding: utf-8 -*-
from gtts import gTTS
import playsound

msg = [
"我也可以讲中文了",
"所以，如果有什么需要我念的文章",
"只要把它放在这个程序里，",
"我就可以一句一句地把它念出来"
]

i=0;
for m in msg:
    print(m)
    tts = gTTS(m, lang='zh-cn')
    tts.save("{}.mp3".format(i))
    playsound.playsound("{}.mp3".format(i))
    i+=1
```

在上面这个程序中，把所有想要转换成语音的文字放在 msg 列表变量中，然后这个程序就会一句一句地把保存到语音文件里的语音念出来，十分有趣，读者一定要试试看。

4-4-4 寻求在线支持

在程序设计语言中有一个重要的概念是"不要重复发明轮子",所有别人已经做过做好的程序包,找到适合的拿来使用,这样可以大大地提升项目的开发速度,提升工作效率。

最后,如果对于 Python 的学习与应用有什么问题的话,可以到网上的 Python 社区去看看,网址如下。

官方网站英文社区:https://www.python.org/community/。
中文社区:http://www.python88.com/。

要学好 Python,建议经常加入网上较活跃的 Python 社区进行经验的交流和分享。如果有问题的话,可以在上面发问,寻求高手帮忙解答,同时可以认识更多同样使用 Python 的网友。

4-5 习　　题

1. 使用 pip 安装 requests、pillow 以及 Beautiful Soup 4。
2. 使用 Matplotlib 和 NumPy 程序包绘制抛物线函数的图形。
3. 使用 Matplotlib 和 NumPy 程序包绘制利萨如曲线(Lissajous)。
4. 请找出 3 个 Python 在线教学网站。
5. 要查询 Python 语法,通常要到哪一个网站去查询呢?

第 5 章

开始设计 Python 程序

* 5-1 jupyter 的介绍与使用
* 5-2 程序的构想与实现
* 5-3 猜数字游戏
* 5-4 习题

5-1 jupyter 的介绍与使用

5-1-1 IPython

编写 Python 最快的方式就是进入命令提示符（终端程序），然后运行"ipython"（默认版本）、"ipython2"（强制运行第 2 版）或"ipython3"（强制运行第 3 版），直接进入 IPython 的交互式界面（或称为交互式环境）。在 IPython 界面中，除了可以使用 Python 本身的指令之外，也可以使用一些 magic 命令，这些 magic 命令是一些以"%"开头的增强版命令，可以使用"%lsmagic"列出所有可以使用的%magic 指令，而输入"quickref"会出现使用 IPython 的快速参考指引。这些在搜索引擎上都可以查到，读者可自行到网络上查询。

在 IPython 交互式界面中（此界面在不同的操作系统下均相同），每当输入一行命令或语句后，按 Enter 键就会立刻执行，如果有输出就会显示，没有输出则不会有任何信息。但是，如果遇到的是"if"条件判断语句或重复执行的循环语句"for"，那么在还没有完成整个命令之前按 Enter 键，系统则会自动缩排，以便让我们输入未完成的语句。如图 5-1 所示就是使用 for 循环打印所有字符串中水果名称的例子。

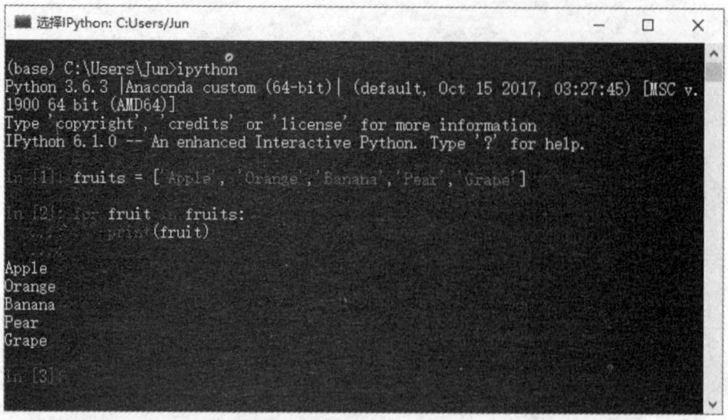

图 5-1　使用 for 循环打印所有字符串中的水果名称

如图 5-1 所示，在指令"print(fruit)"前面的"..."表示自动缩排，也就是前一行语句尚未完成，需在此行中继续输入的意思。

所有被设置过的值均会被记在内存中，直到被更改或退出 IPython 交互式环境为止。大部分附加的函数或者方法都要被导入之后才能够使用，例如要查询当前使用的版本，则要使用"sys.version"指令，但是如果你没有事先使用"import sys"导入，那么系统在看到"sys.version"时就会出现错误提示信息，如图 5-2 所示。

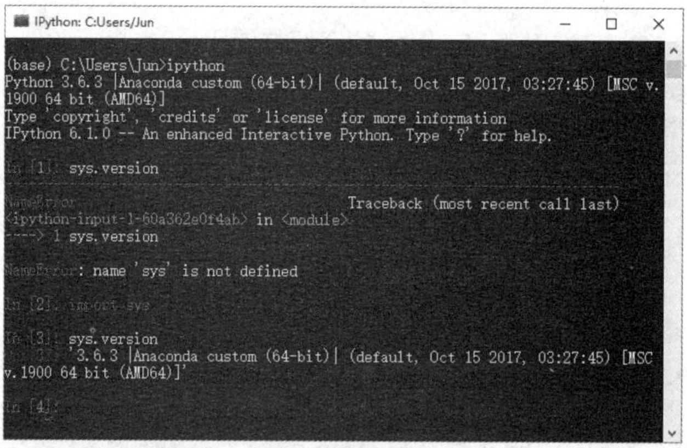

图 5-2　import 导入功能的操作示范

如果程序长一点，需要使用编辑器的话，执行"edit <<文件名>>"就会启动默认的编辑器打开指定的文件（位于当前文件夹下的）。如果文件不存在，就创建一个。在编辑器结束编辑之后，IPython 会自动运行该程序，并在交互式界面中输出运行的结果。

在 Windows 操作系统中，默认的编辑器是记事本，这个应用程序在编写程序的时候非常不方便。在 5-1-2 小节中，我们将说明如何使用 EDITOR 环境变量以使打开程序文件的编辑器设置为 Notepad++。

5-1-2　在 Windows 操作系统中变更 IPython 的默认编辑器

在 3-4 节中，我们介绍了如何在 Windows 操作系统中安装 Notepad++作为程序代码编辑器，在本节中我们将说明如何让这个编辑器成为 IPython 的默认程序代码编辑器。当用户在 IPython 的交互式环境中进行 edit 设置时，IPython 就会去找一个叫作 EDITOR 的环境变量，如果在此变量中指定了某一个可执行程序，就会去执行该程序，否则执行默认值（在 Windows 中默认的编辑器是记事本程序，而在 Mac OS 中则是 vi），所以，我们只要设置好 EDITOR 的环境变量值就可以了。

在 Windows 10 操作系统中，设置环境变量的位置位于"设置"→"关于"→"系统信息"的"高级系统设置"中，如图 5-3 所示。

图 5-3　设置 Windows 10 环境变量的地方

单击"高级系统设置"选项之后，就会进入"系统属性"对话框，可以看到右下方的"环境变量"按钮，如图 5-4 所示。

单击"环境变量"按钮即可看到如图 5-5 所示的"环境变量"对话框。

图 5-4　"系统属性"对话框　　　　　图 5-5　"环境变量"对话框

单击图 5-5 中箭头所指向的"新建"按钮，即可出现如图 5-6 所示的对话框。

接下来要去找 Notepad++的完整执行路径，可以到"开始"程序清单的应用程序菜单选项中寻找 Notepad++程序，找到后右击该程序，在弹出的快捷菜单中选择"属性"选项，就会出现如图 5-7 所示的应用程序信息。

图 5-6　"新建用户变量"对话框　　　　图 5-7　"Notepad++属性"对话框

把图 5-7 所示的对话框中"目标"的内容复制下来，粘贴到变量值处即可，别忘了要把双引号删除，如图 5-8 所示。

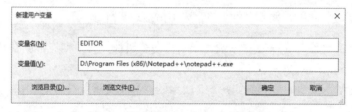

图 5-8　新建一个 EDITOR 环境变量

在单击所有"确定"按钮之后，设置就完成了。不过要注意，环境变量只有在启动命令提示符环境的初始阶段才会被初始化，所以如果我们正位于命令提示符的环境中，就要先退出，再重新进入一次命令提示符（Anaconda Prompt）环境，之前设置的环境变量才会生效。如果一切都设置正确的话，下次我们再于 IPython 中执行 edit 指令时，就可以顺利进入 Notepad++编辑器了。

5-1-3　jupyter notebook 的操作

jupyter 的 notebook 功能是以本地计算机浏览器（建议使用 Google 公司的 Chrome 浏览器）作为编辑以及执行 Python 程序的环境，它非常适合初学者练习 Python 程序，本小节将对 jupyter 进行详细的解说。在学习本节内容之前，请读者确认是否按照第 3 章的内容安装好了 jupyter 环境（如果安装了 Anaconda，jupyter 也会被一同安装进去）。

无论你是在 Windows 还是 Mac OS 操作系统之下，只要在命令提示符（或终端程序界面）中输入"jupyter notebook"，系统就会执行一个简单的网页服务器，然后通过默认的浏览器开启 jupyter 的界面。输入该指令之后，命令行执行的状态如图 5-9 所示。

第 5 章　开始设计 Python 程序 | 73

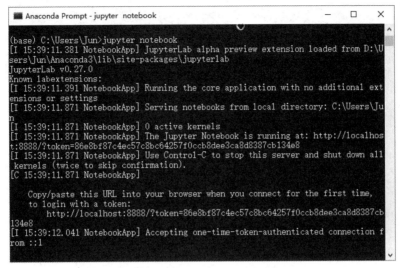

图 5-9　执行 jupyter notebook 命令之后的命令提示符环境

jupyter notebook 的 Home 页面如图 5-10 所示。

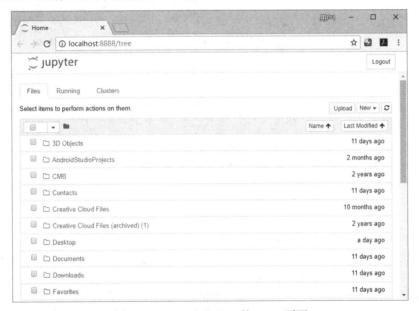

图 5-10　jupyter notebook 的 Home 页面

刚进入 jupyter 的界面时会显示当前所在的文件夹的目录列表，笔者建议大家在执行 jupyter notebook 之前，先使用 cd 指令把当前的工作目录切换到平常自己放置 Python 程序代码的目录（例如 D:\myPython），这样就比较容易管理自己的程序代码。

在 Home 页面中，可以在浏览器中直接打开进行编辑。若要创建程序或其他的文件，则要通过右上角的"New"按钮，选择要添加的文件类型，如图 5-11 所示。

除了新建 Python 程序之外，还可以新建文本文件（Text）和文件夹（Folder）。如果你在系统中同时安装了 Python 2 和 Python 3，也可以选择使用不同版本的 Python。我们这里选择的是"Python 3"，如图 5-12 所示。

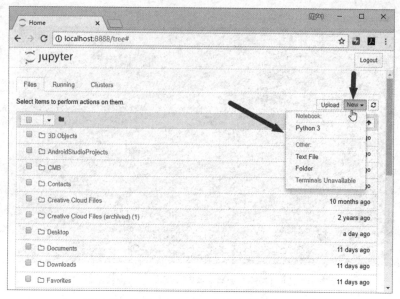

图 5-11　在 jupyter notebook 中新建程序的方法

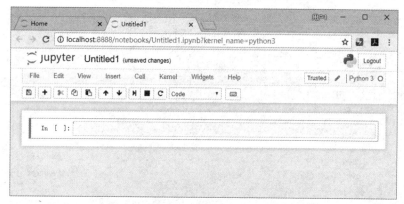

图 5-12　新建 Python 3 程序后开始编辑

在图 5-12 中，中间的文字框（在 jupyter 中称为 Cell）就是可以输入 Python 程序代码的地方。但是第一步请先在上方的文件"Untitled1"处单击一下，以便更改文件名，如图 5-13 所示。

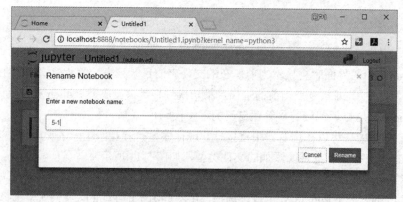

图 5-13　在 jupyter 中更改文件名

系统会先出现一个更名的对话框，在输入文件名之后（不需指定扩展名），单击"OK"按钮即可。接着，请输入"程序 5-1"的内容。

程序 5-1

问题：请新建一个程序，可以从多个水果名称中随机选择一个并显示出来。
程序：

```python
import random

fruits = ['Apple', 'Orange', 'Banana', 'Pear', 'Cherry']
cf = random.choice(fruits)
print("Today's fruit is :" + cf)
```

在文字框（标示为 In[]的文字框）中输入程序，要特别注意的地方是，水果名称使用的是单引号，用双引号也可以，但是一定要成对出现。所有的水果名称是以"中括号"把它们设置为同一个列表变量 fruits 的内容（把所有要处理的数据放在同一个变量中，然后以 0, 1, 2, ...当作索引值的类型，即为列表 list）。此外，如果是在 Python 2 中，在 print 后并不需要使用小括号。输入程序的过程中，注意不要有拼字错误的情况发生，标点符号的使用也要注意。输入完毕之后的结果如图 5-14 所示。

图 5-14　在 jupyter 中输入 Python 程序

接着，单击图 5-14 中箭头所指的"运行"按钮来运行程序，也可以用快捷键 Ctrl + Enter 或 Shift + Enter 来运行，差别在于程序运行完毕之后，前者的光标会移到下一个 Cell，而后者则是停留在当前的 Cell 中。图 5-15 所示是运行的结果（使用 Ctrl + Enter）。

在 jupyter notebook 中，每增加一个 Cell，在 Cell 前面就会有一个编号，在每一个 Cell 中都可以自由地编辑其内容，一般的流程都是以 Shift + Enter 来运行程序，并在此程序中持续地编辑、修改，直到程序正确无误为止。此外，在 Cell 中除了可以输入并运行程序之外，也可以编辑 Cell 的其他格式，在 Cell 菜单的"Cell Type"选项中可以看到对应格式的设置，如图 5-16 所示。

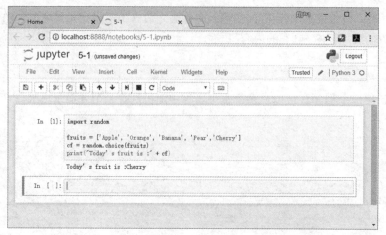

图 5-15　程序 5-1 在 jupyter notebook 中的运行结果

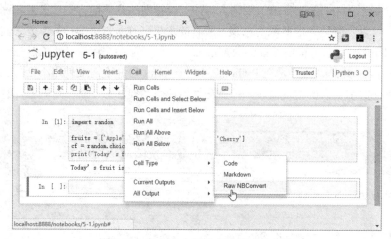

图 5-16　在 Cell 中切换文件格式的方法

这些格式包括 Code、Markdown 和 Raw NBConvert，这些格式主要用于把 jupyter 当作 Notebook（记事本）使用时，可以搭配程序代码进行一些文件上的整理，有兴趣的读者可以自行参考相关说明文件。

5-2 节将说明：当我们有一个想法要通过编写程序加以实现的时候，什么样的步骤比较好。

5-2　程序的构想与实现

5-2-1　理清问题的需求

简单地说，编写程序的主要目的就是为了解决问题。因此，在真正开始设计之前，"了解问题"是非常重要的第一步。在软件工程领域中有许多正规的方法协助系统分析人员了解并理清问题。对于初学者而言，编写小程序并不需要这么正式，但是能够具体地列出需要解决的问题，对开始设计程序以顺利解决问题依然非常有帮助。

因此，在开始动手编写程序前，需要先知道程序要解决的问题具体是什么、处理的对象有哪些、要处理的数据是什么类型的、这些数据存放在哪里、要如何输入计算机中、要进行什么样的处理、处理完毕之后要以何种方式呈现、处理过的数据是否需要存储、要存储在哪里……这些都是必须要回答的问题。

举例来说，假设我们要整理计算机某个文件夹中的所有图像文件，那么可以列出以下问题需求。

- 待解决的问题：对某个指定的文件夹中所有图像文件重新编号。
- 程序名称：resort.py。
- 对象：某一指定的文件夹内所有的图像文件（.png、.gif、.jpg）。
- 处理：把所有的图像文件的文件名全部按照编号重新命名，从001开始编号，不同的图像格式不另外编号。
- 运行结果：所有的图像文件都在重新编号之后存放于原有图像文件所在的文件夹下的 output 文件夹中。
- 注意事项：在运行程序时，需检查指定的文件夹是否已存在，并确保硬盘空间是否足够。此外，指定的文件夹下若已有 output 文件夹，则需显示信息，并改为 output1，以此类推。

这些方法并没有固定的形式和格式，但是写下来可以让自己的思路更清晰，也更能了解程序中要处理的具体内容。

5-2-2　数据结构

我们要了解问题并知道要解决的对象是什么，那么这些对象（数据）要以何种方式存放在计算机的内存或磁盘驱动器上呢？这就是数据结构要解决的问题。除了要知道以何种形式存放在内存中之外，如何有效率地存放以及读取也是一门学问。从这一节开始，内容因为牵涉变量以及类型的一些概念和操作，如果读者之前从来没有接触过程序设计语言，可以先在本书后面的章节学习关于变量类型以及 Python 基本运算的内容。

以 5-2-1 小节的内容为例，要对硬盘内某文件夹下所有的文件重新编号再存盘，那么在获取所有的文件名之后，这些名称要以什么形式存储在内存的变量中呢？在正常的情况下，每一个文件名都是一个字符串，而所有的文件名加在一起可以使用数组（Array）或列表（List）的方式存放在变量中。然而，在 Python 中有没有现有的函数帮我们获取某一特定文件夹下的所有文件名呢？在网络上搜索之后，找到了 glob 程序包。glob 程序包可以在指定具体的文件夹之后，返回该文件夹中所有指定的文件类型的文件名列表，并以列表类型返回。使用方法如下：

```
import glob
gif_files = glob.glob("*.gif")
jpg_files = glob.glob("*.jpg")
png_files = glob.glob("*.png")
imagefiles = gif_files + jpg_files + png_files
```

如上例，分别找出.gif、.jpg、.png三种类型的文件，然后把它们都加起来就可以了，因为列表类型的相加就是把所有的列表都串在一起。

有了这个 imagefiles 列表之后,接下来只要对这个列表进行处理就好了。

在此例中,我们设置了以下几个变量及其类型。

- 指定的输入文件夹:source_dir(字符串类型)。
- 输出用的文件夹(放在 source_dir 之下):target_dir(字符串类型,默认值是"output")。
- 存放所有图像文件名的变量:imagefiles(列表类型)。

5-2-3 算法与流程图

了解问题并知道如何存储要被处理的数据后,处理的方法和顺序是什么呢?这就是算法和流程图的作用。简单地说,算法就是要解决问题的处理方法。也就是以程序(或计算机)为中心去思考,为了解决问题,要以什么样的逻辑、顺序以及步骤执行每一个运算。以 5-2-2 小节的问题为例,执行步骤如下。

01 检查运行程序时是否指定了文件夹名称 source_dir。
02 检查指定文件夹的正确性(是否存在这个文件夹)。
03 搜索此文件夹中所有图像文件的文件名和文件大小。
04 检查硬盘空间是否够用。
05 设置要输出的文件夹 target_dir 为"output"。
06 检查在 source_dir 文件夹中是否有一个和输出文件夹 target_dir 同名的文件夹,如果没有,跳到第 8 步执行。
07 把 target_dir 的内容改为"output"后,数字加 1 回到第 6 步。
08 把 imagefiles 的文件一个一个地复制到 target_dir 中,并重新编号。

上面这些步骤基本上就可以把整个程序运行的主要流程表达出来了,细节部分可以用正规的流程图表示出来。在程序不是很复杂的情况下,使用流程图表达之后,程序大致上就已经完成一大半了。

表 5-1 说明几个比较重要的流程图符号所代表的意思。

表5-1 主要流程图符号的说明

符号	名称	说明
⬭	开始与结束	每一个程序或处理程序的开始与结束点的标记
▭	处理	执行处理的操作,通常是一行或连续几行程序语句
↘	流程顺序	决定程序的执行走向
◇	判断	按照某一个变量的内容来决定程序执行的分支
▱	输入	大部分用来表示要求用户输入数据的操作

(续表)

符号	名称	说明
	输出	报表输出信息，常用来表示要输出信息给用户

通过以上符号，可以把 5-2-2 小节的问题绘制成如图 5-17 所示的流程图。

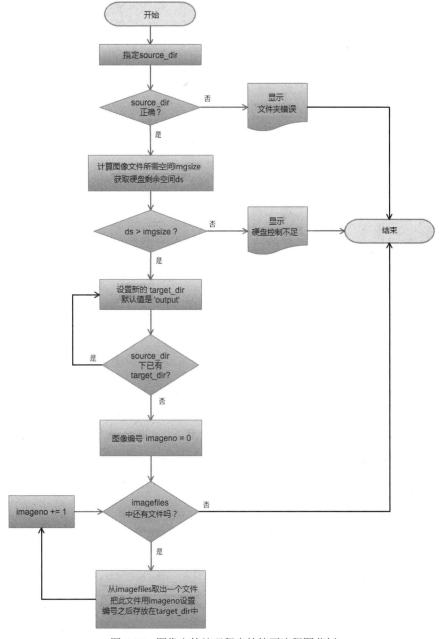

图 5-17　图像文件处理程序的简要流程图范例

有了此流程图之后，就可以进入编写程序的阶段了。

5-2-4 开始设计程序

根据前面的分析，得知本程序需要使用 glob 来读取指定文件夹中的所有文件名列表。此外，在 Windows 下获取磁盘空间大小的方法是（wmi 程序包需要在命令提示符中另外以 pip install wmi 安装之后才能够执行）：

```python
import wmi
c = wmi.WMI()
disk = c.LogicalDisk()[0]
freespace = disk.freeSpace
print(freespace)
```

上述程序执行结果如图 5-18 所示。

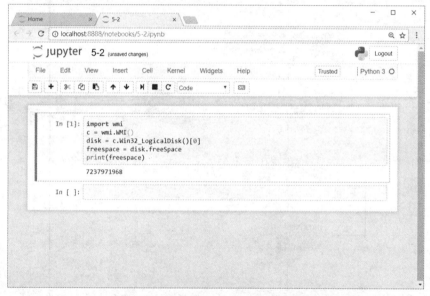

图 5-18　在 Windows 10 操作系统下获取可用磁盘空间的大小数值

在 Mac OS 以及 Linux 下获取磁盘空间大小的方法是：

```python
import os
disk = os.statvfs("/")
freespace = disk.f_bsize * f_blocks;
```

而获取单个文件大小的方法如下：

```python
import os
filesize = os.path.getsize(filename)
```

检查某个文件夹是否存在的方法为：

```python
os.path.exists(dirname)
```

创建文件夹的方法是：

```
os.mkdir(dirname)
```

复制文件的方法是：

```
import shutil
shutil.copyfile(src, dst)
```

其中，"src"为要被复制的文件名，而 dst 则是目标文件。

要把编号当作文件名，基本上只要设置一个用来记录编号的变量（例如 imageno），一开始设置为 0，每增加一个文件就把此数加 1，并在变成文件名之前把它从数值类型转换成字符类型即可。

完整的文件名本身有主文件名和扩展名两部分，程序要改变的是主文件名，而扩展名必须维持不变，因此需要有一个方法把文件名拆成主文件名和扩展名两部分，拆解完成之后，保留的扩展名和我们的 imageno 结合成新的文件名，成为要复制到目标文件夹中的文件名。

拆解文件名时，我们使用的是 os.path.split()函数和 os.path.splitext()函数，合并文件名和路径名称时，则使用 os.path.join()函数以保持在不同系统之间的兼容性（Mac OS、Linux 中的文件系统表示名称的方式和 Windows 中有许多不同之处，因此对于文件名的处理，简单地以字符串操作的方式来处理并不合适）。

根据以上分析，完成程序 5-2 的设计。

程序 5-2

问题：指定一个文件夹，把文件夹中所有的.jpg、.png、.gif 图像文件重新编号之后，再复制一份到此文件夹下的 output 文件夹中。

程序：

```
#coding=utf-8
import os, shutil, glob
source_dir = "images"
import wmi
c = wmi.WMI()
disk = c.Win32_LogicalDisk()[0]
free_space = int(disk.freeSpace)
png_files = glob.glob(os.path.join(source_dir,"*.png"))
jpg_files = glob.glob(os.path.join(source_dir,"*.jpg"))
gif_files = glob.glob(os.path.join(source_dir,"*.gif"))
all_files = png_files + jpg_files + gif_files

all_file_size = 0
#以下程序代码用来加总所有文件占用磁盘空间的大小
for f in all_files:
    all_file_size += os.path.getsize(f)

if all_file_size>free_space:
```

```python
    print("磁盘空间不足")
    exit(1)

#以下程序代码用来避免使用重复的 output 文件夹
target_dir = os.path.join(source_dir,"output")
if os.path.exists(target_dir):
    no=1
    target_dir = os.path.join(source_dir, "output"+str(no))
    while os.path.exists(target_dir):
        no += 1
        target_dir = os.path.join(source_dir, "output"+str(no))

os.mkdir(target_dir)
imageno = 0

for f in all_files:
    dirname, filename = os.path.split(f)
    _, extname = os.path.splitext(filename)
    targetfile = os.path.join(target_dir,str(imageno)+extname)
    shutil.copyfile(f, targetfile)
    print("{}=>{}".format(f, targetfile))
    imageno += 1
```

为了保持简洁明了的程序逻辑，在程序 5-2 中尽量使用简单的语法结构，避免过多的 Python 语言技巧。读者可以按照流程图上的逻辑对照此程序的执行流程。当然，其中一些函数的使用技巧以及程序流程控制初学的读者应该还不太熟悉，不过别担心，在接下来的内容中会逐一加以说明，如果目前还看不懂，可以先输入程序，再看看运行结果就好。图 5-19 是程序 5-2 的运行结果（在 jupyter notebook 中运行的输出结果）。

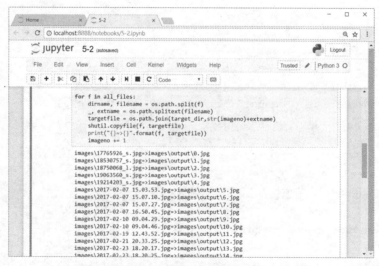

图 5-19　程序 5-2 的运行结果

回到 jupyter 的另一个 Cell 中执行%ls images\output 命令，可以看到运行结果如图 5-20 所示。

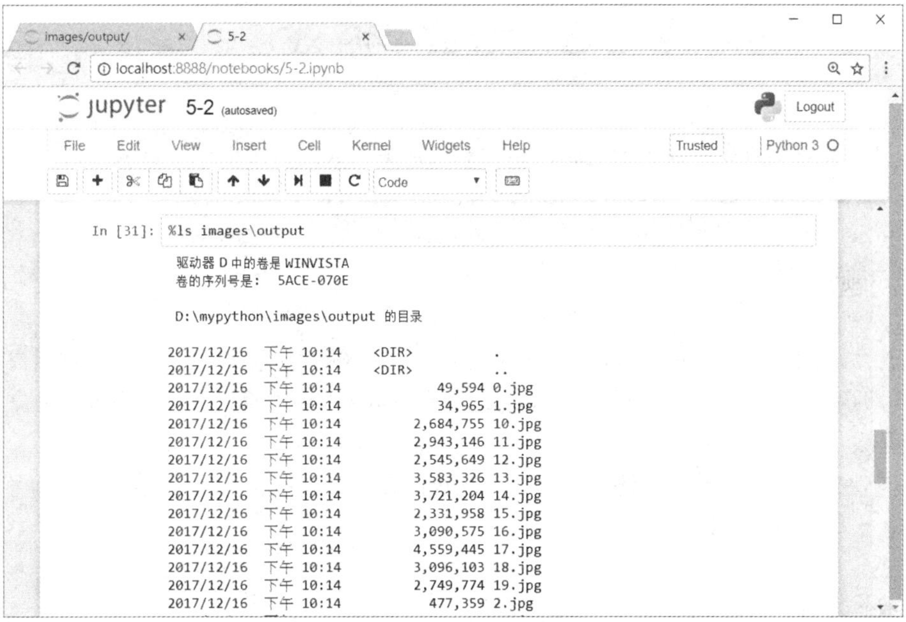

图 5-20　在 jupyter 的 Cell 中执行目录浏览的命令

5-2-5　调试

　　Python 是解释型语言，翻译一行就执行一行，因此在运行程序的过程中只要任何一行出现错误，程序就会立即显示出错误信息并停止执行。这种方式虽然在调试上比较低效（因为一次只会发生一个错误），但是很容易知道错误发生的原因以及位置。错误信息中指出了错误发生的行数，读者只要仔细阅读错误信息，通常很快就能够看出出错的原因，也可以把这段错误信息复制到网上的搜索引擎上去查找一下，以便获得更多有帮助的信息。

　　程序的错误主要分为两类，一类是语法错误，另一类是逻辑错误。程序的语法错误之一就是发生了拼写错误，例如指令的名称拼错了，或者变量的名称拼错了，此类错误只要细心检查就可以找出来。程序的语法错误还包括函数需要传入的参数个数以及类型错误，或者在操作变量时使用了不兼容的类型，这也是经常会发生的情况。为了避免此类情况发生，使用专业的程序代码编辑器可以解决大部分可能发生的语法错误。这类程序代码编辑器不但可以在编写的过程中协助补齐指令以及找出拼错的函数，即使是编程人员自行定义并输入的变量，也会在第一次出现时记录下来，下次再使用这个变量时会成为自动补齐辅助的一部分，在变量名很长的时候非常好用。

　　至于程序的逻辑错误，是编程人员解决问题的想法有问题，或对一些函数的执行内容有误解，使得整个程序的运行流程和预期的不一样，这是最不容易找出来的一类程序错误。例如，运算的过程中超过了数组的下标值（只有 10 个数组元素，存取时却超过了这个下标的边界值），或者在使用一个变量时没有设置正确的初始值，或者对于某函数或运算结果有误解，诸如此类等，以至于造成程序执行流程和想象的不同，而这些错误往往只能够靠个人的经验解决，多加练习才是学会程序设计最佳的途径。

5-3　猜数字游戏

本节以"猜数字游戏"为例示范如何通过需求定义、数据结构设计、算法以及流程图的设计来完成程序。

5-3-1　问题需求

此程序主要的功能在于和用户互动。一开始生成一个0~99的随机数字，然后让用户猜，如果猜中，就告诉用户猜中了，并询问是否要继续此游戏，如果猜错的话，那么必须告诉用户猜的数字是太大还是太小，继续让用户猜下去，直到猜中为止。

在用户决定结束游戏之后，还必须有一个统计的数据，包括总共玩了几次、每一次各猜了几次才猜中、平均猜中的次数等。

5-3-2　数据结构

此程序并没有复杂的数据，只需要使用一些简单的变量来记录在程序进行中需要的数据，整理到表5-2中。

表5-2　程序中要用到的变量

变量名称	说明
answer	记录每一次的答案（整数0~99）
guess	用户输入的数字（整数）
guess_count	记录此次猜测的次数（整数）
game_count	记录共玩了几次（整数）
all_counts	记录每一次游戏的猜测次数（以列表list存储）

此外，由于在输入显示信息的时候均是字符串形式的，因此在使用print输出信息的时候，要把整数转换成字符串，再串接到信息后面。

5-3-3　算法与流程图

由于程序的难度不高，因此直接写出如下算法。

（1）设置变量game_count=0。
（2）设置变量guess_count=0。
（3）产生一个0~99的随机整数，放到变量answer中。
（4）询问用户要猜的数字，并把猜测的数字放在变量guess中。
（5）如果guess等于answer，就前往第10步。

（6）如果 guess 大于 answer，就显示"你猜的数字太大了"，前往第 8 步。
（7）显示"你猜的数字太小了"。
（8）把 guess_count 加 1。
（9）前往第 4 步。
（10）显示"恭喜你，猜中了"。
（11）把 game_count 加 1。
（12）把 guess_count 的内容附加到 all_counts 列表中。
（13）询问是否要继续玩，如果回答"Y"，就回到第 2 步。
（14）显示出 all_counts 的内容。
（15）计算平均次数。
（16）结束程序。

流程图如图 5-21 所示。

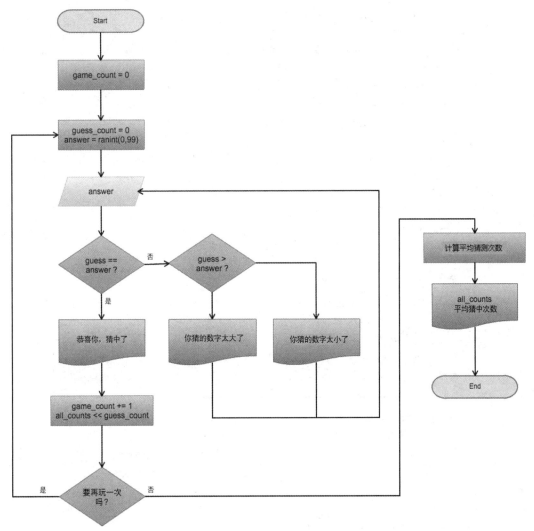

图 5-21　猜数字游戏的程序流程图

5-3-4 完成程序

程序 5-3

```
# _*_ coding: utf-8 _*_
# 程序 5-3 (Python 3 version)

import random

game_count = 0
all_counts = []
while True:
    game_count += 1
    guess_count = 0
    answer = random.randint(0,99)
    while True:
        guess = int(input("请猜一个数字(0-99)："))
        guess_count += 1
        if guess == answer:
            print("恭喜你，猜中了")
            print("你总共猜了" + str(guess_count) + "次")
            all_counts.append(guess_count)
            break;
        elif guess > answer:
            print("你猜的数字太大了")
        else:
            print("你猜的数字太小了")
    onemore = input("还要再玩一次吗(Y/N)？")
    if onemore != 'Y' and onemore != 'y':
        print("欢迎下次再来玩！")
        print("你的成绩如下：")
        print(all_counts)
        print("平均猜中次数" + \
              str(sum(all_counts)/float(len(all_counts))))
        break;
```

程序 5-3 的执行结果如图 5-22 所示。

第 5 章 开始设计 Python 程序

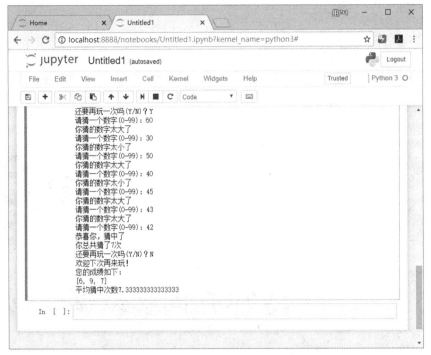

图 5-22 程序 5-3 的执行结果

这个程序可以在命令提示符的 ipython 环境下执行，也可以在 jupyter notebook 中执行，图 5-22 所示的页面即为在 juypter notebook 中执行这个程序的结果。

5-4 习 题

1. 请列出 5 个你在编写程序时常会遇到的语法错误。
2. 请列出 3 个你在编写程序时常会遇到的逻辑错误。
3. 程序 5-2 把所有的文件都复制一份。如果要改为不复制文件，而是以在原文件夹下更改文件名的方式完成同样的目的，你认为要如何修改？列出算法即可。
4. 请编写一个简约版的图像文件编码程序，执行之后会直接把所在文件夹下的图像文件重新编号，而不是另存盘到 output 文件夹中。
5. 修改程序 5-3，加入判断语句，如果猜测的数字和实际的答案相差不到 3，就将显示的信息改为"只差一点点"。

第 6 章

Python 简易数据结构速览

* 6-1 常数、变量和数据类型
* 6-2 Python 表达式
* 6-3 列表、元组、字典与集合类型
* 6-4 内建函数和自定义函数
* 6-5 单词出现频率的统计程序
* 6-6 习题

6-1 常数、变量和数据类型

6-1-1 常数和变量的差异

要学会程序设计，常数和变量的概念非常重要。在前面的章节中曾经简单阐述了一个概念，就是一个程序通常会有被处理的对象，而这些对象在被处理之前要以一些特定的类型存放在内存的某一个位置，需要的时候再拿出来处理。因为用内存的概念对人类来说并不直观，所以程序设计语言会为放置数据的那些内存位置都起一个名字，并把这个概念以"变量"来命名，主要的原因在于，放在这些位置的数据是可以随着处理的需求而被改变的。

相对于"变量"，另一种经过设置之后就不能被改变的数据称为"常数"。假设我们在 Python 程序中输入了如下变量赋值语句：

```
a = 38
```

在上面这一行语句中，a 这个名称被视为存储 38 这个数值的变量，而 38 这个数值一经写下来之后就只能是 38，不会有其他的意思，这就是常数。至于这个等号"="，初学者一定要特别注意，因为它指的是"赋值，设置值"的意思，也就是把右边的值"赋给"左边的变量，不是我们平时在数学上所了解的"等于"的意思。在 Python 程序设计中，要判断是否相等，要使用"=="两个等号，这个符号我们在后面的章节中会说明。

再看另一个设置字符串数据的例子：

```
msg = 'Hello Python'
```

在这一行语句中，msg 是用来存储"Hello Python"这串文字的变量，而"Hello Python"这一串文字也是字符串常数。在 Python 中，任一字符串的两侧既可以使用单引号，也可以使用双引号，同一个程序中也可以交替使用，但是在使用时一定要成对出现。也就是说，字符串前面使用单引号开始，后面就必须使用单引号结尾。

在双引号或单引号表示的字符串中间如果还有使用双引号或单引号，常见的方式就是用相同的引号配对，例如下面这个例子：

```
"She's a good girl"
```

把双引号当作字符串常数的起始和结尾符号，在其内可以自由地使用单引号。另外，也可以通过反斜线"\"（在此称为转义字符）的方式明确地指定一些特殊的符号，例如：

```
'She\'s a good girl'
```

因为变量的内容是可以随时改变的（在 Python 中，甚至变量的类型都可以随着赋值的类型而改变），所以下面的程序片段：

```
a = 38
b = 49
c = 13
d = a + b + c
```

可以为 a、b、c 分别赋值为 38、49、13，然后把这 3 个变量的值取出进行加法运算，之后再放到变量 d 中，很明显，d 的值应该是 100。如果把上述程序片段改为：

```
a, b, c = 38, 49, 13
a = a + b + c
```

执行完毕后，a、b、c 的值分别是 100、49、13。其中，变量 a 本来是 38，但是在执行第 2 行语句时被重新赋值为 100（把 a、b、c 3 个变量取出进行加法运算之后，再把结果赋值给变量 a）。

有了变量的概念后，对初学者来说就可以暂时先抛开计算机内存的想法，直接把变量当作一个可以存放数值的"容器"，因为使用这种"容器"之前不需要像其他传统的程序设计语言一样要事先声明并指定类型，所以在使用变量的时候，要知道自己在哪一个变量里面放了哪些内容，这时为变量取一个含有实际意义的名字就显得特别重要了。

6-1-2 变量的命名原则

在 6-1-1 小节中，变量都是以简单的英文字母来命名的，但是实践中这样命名并不是一个好习惯，主要原因是每一个数据其实在现实生活中都有其代表的意义（如程序 5-3 猜数字的程序内容），只有一个含有实际意义的变量名称才能让这个程序的执行逻辑和流程更容易被理解，如此不仅方便程序的设计，也便于日后的维护。

变量命名的原则除了使用英文字母（区分大小写字母）和数字之外，也可以使用下画线作为变量中不同文意的分隔符，但是自定义变量的第一个字母一定要是英文字母，后续的字符可以是英文字母、数字以及下画线符号（其他符号都不要使用），不能使用中文文字作为变量的名称，各个字符之间也不能够有任何的空格。

以程序 5-3 中用来存储待猜数字的变量为例，原先用的是 answer，可以改写为 randomNumber 或 answer_number，看你习惯用大小写还是下画线的方式来区分各个单词，两者均可。变量的名字不怕长，因为许多好的程序代码编辑器会在我们输入的时候快速取出变量名让我们选择，怕的是变量取名过于精简（太短或使用太多缩写）、过于模糊或使用了容易拼错的英文单词（难词或常使用复数形式的英文单词），别忘了，计算机是非常精确的，所以只要大小写不同或一两个字母拼错，都会被当作另一个变量。由于 Python 语言在使用变量之前不需要进行声明，因此任何误拼的变量名称都会被当成使用了一个新的变量，常常因此而造成程序执行错误是初学者常犯的错误之一。

为了统一变量命名的原则以及程序的编写规范，以便于不同的程序设计人员交流和维护，在 Python 的官方网站上（https://www.python.org/dev/peps/pep-0008/）有一份非常完整的程序编写规范可以遵循。如果是多人共同协作开发的项目或大型的程序开发项目，建议以此规范来编写程序，这样编写出来的程序易于团队协作以及日后的维护工作，许多软件公司甚至要求程序设计人员一定要使用此规范来编写每一个程序。

总之，变量的命名原则是，第一个字符使用英文字母，随后可以使用字母和数字，名字要明确、有意义，可以使用下画线分隔每一个英文单词，变量的名字长一点没有关系。

6-1-3 保留字

就像是日常生活中在替新生儿命名时，你不会为小孩子取名"先生""小姐""妈祖""关公"等一样，有些约定俗成的名词是不适合用来当作名字的。而 Python 也不例外，有许多词是原本在 Python 语言中就使用的（我们称它们为关键字（keyword）或保留字（reserved word），它们并不能拿来作为变量的名称，在为变量命名时一定要避免使用这些词。表 6-1 列出的所有英文单词都是不能用于变量命名的保留字。

表6-1　Python常用的保留字

acos	and	array	asin	assert	atan
break	class	close	continue	cos	Data
def	del	e	elif	else	except
exec	exp	fabs	float	finally	floor
for	from	global	if	import	in
input	int	is	lambda	log	log
log10	not	open	or	pass	pi
print	raise	range	return	sin	sqrt
tan	try	type	while	write	zeros

不同版本以及导入不同的链接库均会有一些保留字，为了避免命名上的冲突，建议在命名时多使用下画线来搭配有意义的单词。

6-1-4　基本数据类型

在前面的章节中讨论到存放在变量中的值可以是数值或字符串，这就是所谓的数据类型。不同的数据特性使用不同的数据类型来存储，方便后续的运算。对于数据类型最基本的认知就是数值和字符串，这是最基本的数据类型，而数值本身还可以区分为浮点数（就是带有小数的数值）和整数。在 Python 语言中，使用任何类型的变量都不需要事先声明，关键是看我们存放了什么样的数据到变量中。因此，在下例中，a 就自动被指定为整数（int）类型：

```
a = 38
```

如果是

```
a = 38.0
```

a 就会被设置为浮点数（float）类型。如果是

```
a = "38"
```

变量 a 就会成为字符串（str）类型。在 Python 的交互式运行环境中，随时可以通过 type() 查询任一变量当前的类型，例如：

```
(base) C:\Users\Jun>python
Python 3.6.3 |Anaconda custom (64-bit)| (default, Oct 15 2017, 03:27:45) [MSC v.1900 64 bit (AMD64)] on win32
Type "help", "copyright", "credits" or "license" for more information.
>>> a = 38
>>>type(a)
<class 'int'>
>>> a = 38.0
>>>type(a)
<class 'float'>
```

```
>>> a = '38'
>>>type(a)
<class 'str'>
>>>
```

为变量指定一个正确的类型非常重要，不然有时候会发生预想不到的计算错误。为了确保运算的正确性，可以通过 int()、float()、str() 进行类型上的转换（注意，以下为 Python 2.7 的操作示范，在 Python 3.x 中会自动转换合适的类型，故而选择的是 Ubuntu Linux 环境下的 Python 2.7 进行示范）：

```
$ python
Python 2.7.10 (default, Aug 22 2015, 20:33:39)
[GCC 4.2.1 Compatible Apple LLVM 7.0.0 (clang-700.0.59.1)] on darwin
Type "help", "copyright", "credits" or "license" for more information.>>> a = 38
>>> b = 5
>>> print a / b
7
>>>print float(a/b)
7.0
>>>print float(a)/b
7.6
>>>
```

如上例，a / b 的结果应该是 7.6，但在 Python 中如果一直使用整数运算，那么得到的结果会是整数 7。只有将其中一个变量先转换成 float 类型之后再计算才会得到正确的值。

同样的情况也发生在字符串和数值的类型转换上。如前面章节中的例子，当需要把计算所得的数值和字符信息一起显示出来的时候，也要先把数值转换成字符串之后再使用"+"号串接两个字符串。下面的例子均在 Windows 的 Anaconda Prompt 环境下的 ipython 中执行，读者只要在"In"的冒号后面输入指令即可（In 和 Out 及后面含有行号的中括号都是输入和输出的指示字符，读者不用输入）：

```
(base) C:\Users\Jun>ipython
Python 3.6.3 |Anaconda custom (64-bit)| (default, Oct 15 2017, 03:27:45) [MSC v.1900 64 bit (AMD64)]
Type 'copyright', 'credits' or 'license' for more information
IPython 6.1.0 -- An enhanced Interactive Python. Type '?' for help.

In [1]: pre_msg = "The sum is "

In [2]: sum = 1 + 2 + 3 + 4 + 5

In [3]: print(pre_msg + sum)
---------------------------------------------------------------------------
TypeError                                 Traceback (most recent call last)
<ipython-input-4-74676f2b7b5c> in <module>()
----> 1 print(pre_msg + sum)
```

```
TypeError: must be str, not int

In [4]: print(pre_msg + str(sum))
The sum is 15
```

在没有转换 sum 之前，使用 print（pre_msg+sum）会得到一个错误的信息，但是在使用 str(sum) 之后，问题就解决了。

此外，字符串类型搭配一些默认的处理函数、列表（list）等数据类型可以有非常多的变化，例如可以把字符串全部变成大写的（使用 upper 方法），把字符串拆成一个个字符组成的列表（使用 split 方法），或者把字符串的第一个字母变成大写的（使用 capitalize 方法）：

```
(base) C:\Users\Jun>ipython
Python 3.6.3 |Anaconda custom (64-bit)| (default, Oct 15 2017, 03:27:45) [MSC v.1900 64 bit (AMD64)]
Type 'copyright', 'credits' or 'license' for more information
IPython 6.1.0 -- An enhanced Interactive Python. Type '?' for help.

In [1]: quote = "how to face the problem when the problem is your face"

In [2]: quote.upper()
Out[2]: 'HOW TO FACE THE PROBLEM WHEN THE PROBLEM IS YOUR FACE'

In [3]: quotes = quote.split()

In [4]: for s in quotes:
   ...:     print(s.capitalize())
   ...:
How
To
Face
The
Problem
When
The
Problem
Is
Your
Face
```

有关字符串函数的使用方法以及程序内容的细节，将会在后续进行文字数据处理应用时做进一步的说明。

6-2　Python 表达式

6-2-1　基本表达式

表达式（Expression）是构成程序的基本元素，也是用来表达程序设计者意志的主要方式，就如同在写算术式子一样。在 Python 语言中，所有表达式的每一个符号所代表的意义以及运算的顺序必须保持一致，这样才能够正确地按照设计者的逻辑来运行程序。Python 主要的数学运算符号如表 6-2 所示。

表 6-2　Python 主要的数学运算符号

运算符号	功能	运算符号	功能
=	给变量赋值	+、-、*、/	加、减、乘、除
//	整除	**	次方
%	求余数	+、-	正数、负数

标准的表达式看起来像是这种形式：

```
a = 25 / 5 + 72 * 3 + 3 ** 3 + (76 % 9) // 2
```

每一个操作数有其运算的先后顺序（优先级），不过通过括号可以改变计算的优先级。这些优先级基本上是数学运算的常识，所以在此不特别说明，上述表达式的运行结果如下：

```
(base) C:\Users\Jun>ipython
Python 3.6.3 |Anaconda custom (64-bit)| (default, Oct 15 2017, 03:27:45) [MSC v.1900 64 bit (AMD64)]
Type 'copyright', 'credits' or 'license' for more information
IPython 6.1.0 -- An enhanced Interactive Python. Type '?' for help.

In [1]: a = 25 / 5 + 72 * 3 + 3 ** 3 + (76 % 9) // 2

In [2]: a
Out[2]: 250.0
```

有一点要特别说明，Python 的其中一个特色就是在给变量赋值时，左侧的变量可以超过一个，只要赋值号左右两侧的个数一致即可。例如，我们可以一次给 a、b、c 三个变量分别赋值 1、2、3，也可以使用 "a, b = b , a" 赋值语句交换两个变量的值。但是，如果赋值号左右的个数不一样，就会发生错误，并显示出提示错误的信息。

```
In [3]: a, b, c = 1, 2, 3

In [4]: print(a, b, c)
1 2 3
```

```
In [5]: a, b = b, a

In [6]: print(a, b, c)
2 1 3

In [7]: a, b = 1, 2, 3
---------------------------------------------------------------------
ValueError                                Traceback (most recent call last)
<ipython-input-7-f840016b8414> in <module>()
----> 1 a, b = 1, 2, 3

ValueError: too many values to unpack (expected 2)
```

除了算术运算之外，比较大小关系的关系表达式以及检测逻辑的逻辑表达式可用于主导程序的控制流程。就执行的优先级而言，算术表达式 > 关系表达式 > 逻辑表达式。如果不能确定顺序，就使用小括号确定运算的优先级。

6-2-2 关系表达式

比较两个变量之间的大小关系以改变程序的控制流程是非常重要的程序设计元素之一，通常关系表达式都会和 if/elif 流程控制指令搭配。

比较大小关系的表达式主要有表 6-3 所列的 6 个。

表 6-3 关系表达式符号以及其作用

运算符号	功能	运算符号	功能
<	小于	<=	小于或等于
==	等于	!=	不等于
>	大于	>=	大于或等于

比较特别的是 "==" 和 "!="，分别用来表示运算符两边的运算值或变量值是否相等或不相等，得到的结果会以 "True"（成立、真或是）或者 "False"（不成立、假或否）来表示。在关系运算符的两侧，可以是数据、变量或表达式。下面是一些比较运算的结果：

```
In [9]: a, b = 1, 2

In [10]: a == 1
Out[10]: True

In [11]: a != 1
Out[11]: False

In [12]: a == b
Out[12]: False
```

```
In [13]: a <= b
Out[13]: True

In [14]: a + 1 == b
Out[14]: True

In [15]: a == b / 2
Out[15]: True

In [16]: a + 1 != b / 2
Out[16]: True
```

搭配 if/elif 的关系表达式如下：

```
In [17]: a, b = 1, 2

In [18]: if a == b:
    ...:     print("a==b")
    ...: elif a > b:
    ...:     print("a>b")
    ...: else:
    ...:     print("a<b")
    ...:
a<b
```

6-2-3 逻辑表达式

当生活上有些问题有"是""否""而且""或者"这些情况时，需要使用逻辑表达式。例如，询问用户是否再让程序执行一遍时，可能会简单地使用 input 来获取用户的回复：

```
user_answer = input("Run the program again? (Y/N)")
```

虽然提示符要求用户使用大写字母来回答，但是在 user_answer 中仍然可能会收到小写的"y"，但是无论是大写的 Y 还是小写的 y，都必须视为肯定的回答，此时逻辑运算符号就派上用场了：

```
If user_anwer == 'Y' or user_answer == 'y':
```

当然，上述程序代码也可以有其他的判断方法（例如先把 user_answer 中的字符转换成大写的再进行比较），上面这种写法主要用于示范逻辑符号的使用。在 Python 程序中可以使用的逻辑运算符号如表 6-4 所示。

表 6-4 逻辑运算符号

运算符号	功能	运算符号	功能
and	且	or	或
not	否		

为了示范逻辑表达式和关系表达式的搭配使用，我们设计了一个根据用户输入的年龄来进行电影分级的例子：

```
# _*_ coding: utf-8 _*_

age = int(input("请输入你的年龄："))
with_parent = input("和父母一起来吗？(Y/N)")

if age >= 18:
    print("可以看限制级电影")
elif age >=12:
    print("可以看辅导级电影")
elif (age >= 6 and age < 12) and (with_parent=='Y' or with_parent=='y'):
    print("可以看保护级电影")
else:
    print("只能看普遍级电影")
```

请留意保护级电影那行语句，同时使用了括号以及关系表达式和逻辑表达式，这是一般程序设计中常见的用法。

6-3 列表、元组、字典和集合

6-3-1 列表与元组

不像其他的程序设计语言都有"数组"数据结构，在 Python 中是用列表（list）来扮演存储大量有序数据的角色的。虽然说是有序的，但是列表在存储上非常有弹性，不需要事先声明，也可以不用按照顺序存入数据，而且同属于一个列表中的数据也可以是不同类型的。

在使用列表的时候，只要在存储的多个数据两侧加上中括号就可以了（当然，如果要存储的数据是字符串类型，在字符的两侧还是要加上双引号或单引号），例如：

```
In [1]: a_list = [1, 3, 5, 7, 9]

In [2]: type(a_list)
Out[2]: list

In [3]: a_list[1]
Out[3]: 3

In [4]: a_list[5]
---------------------------------------------------------------------------
IndexError                                Traceback (most recent call last)
<ipython-input-4-c1f9ac3b6fee> in <module>()
----> 1 a_list[5]
```

```
IndexError: list index out of range
```

如上例，在 Python 的交互式环境中输入 a_list 这个变量，在为数据赋值的时候，在数据的两侧加上中括号，同时每一个数据项都是以逗号间隔的。用 type()函数检查 a_list 就可以得到列表类型的结果（标识符为 list）。所有的数据都被按顺序放入列表中，要取出时，只要在 a_list 这个列表变量中以中括号加上指定索引值即可。但是要注意一点，列表的索引是从 0 开始的，因此通过 a_list[1]实际上取得的是这个列表的第 2 个元素的值。当然，如果索引值超出列表的数据范围，就会发生错误，如上例中在 In [4]那一行中的输入。

除了给列表元素赋值之外，也可以把字符串存储到列表中，例如：

```
In [5]: str_list = ['P', 'y', 't', 'h', 'o', 'n']

In [6]: str_list
Out[6]: ['P', 'y', 't', 'h', 'o', 'n']

In [7]: str_list[0]
Out[7]: 'P'
```

还记得在前面的章节中使用的 split()方法吗？字符串经由 split()处理之后的类型就是列表，例如：

```
In [8]: str_msg = "I Love Python"

In [9]: b_list = str_msg.split()

In [10]: b_list
Out[10]: ['I', 'Love', 'Python']

In [11]: type(b_list)
Out[11]: list
```

如果要把一个英文句子拆成字符（字母）所组成的列表，使用 list()函数就行（此时 list()不是一个运算函数，而是一个列表的构造函数，也就是在构造一个列表类型时，要求使用字符串中的每一个元素作为该列表的初始值），例如：

```
In [12]: str_msg = "I Love Python"

In [13]: c_list = list(str_msg)

In [14]: c_list
Out[14]: ['I', ' ', 'L', 'o', 'v', 'e', ' ', 'P', 'y', 't', 'h', 'o', 'n']

In [15]: type(c_list)
Out[15]: list
```

同一个列表中可以有不同的数据类型，列表中也可以有其他的列表。例如，要统计一些关键词出现的次数，如果使用的是列表类型进行计数，那么操作如下（当然，这个例子以接下来要介绍的字典 Dict 类型来实现会更为适宜）：

```
In [16]: k1 = ['book', 10]

In [17]: k2 = ['campus', 15]

In [18]: k3 = ['cook', 9]

In [19]: k4 = ['Python', 26]

In [20]: keywords = [k1, k2, k3, k4]

In [21]: keywords
Out[21]: [['book', 10], ['campus', 15], ['cook', 9], ['Python', 26]]

In [22]: keywords[2]
Out[22]: ['cook', 9]

In [23]: keywords[2][0]
Out[23]: 'cook'

In [24]: keywords[2][1]
Out[24]: 9
```

由上可知，列表中还可以存放另一个列表，而要取出列表中的列表值，只要再多一个中括号索引值即可。当然，上述方法只是操作示范，实际使用时会搭配 for 循环以简化操作的步骤。

一个列表除了可以放在另一个列表中成为列表中的列表之外，也可以使用"+"运算符把两个列表放在一起，还可以检测某一个数据是否在列表中。延续上述的例子，执行以下操作：

```
In [25]: keywords
Out[25]: [['book', 10], ['campus', 15], ['cook', 9], ['Python', 26]]

In [26]: "Python" in k1
Out[26]: False

In [27]: "Python" in k4
Out[27]: True

In [28]: "Python" in keywords
Out[28]: False

In [29]: ["Python", 26] in keywords
Out[29]: True

In [30]: keywords + k1 + k2
```

```
Out[30]:
[['book', 10],
 ['campus', 15],
 ['cook', 9],
 ['Python', 26],
 'book',
 10,
 'campus',
 15]
```

注意 In [30]那一行的操作结果,后面加入的 k1 和 k2 是直接把它们的元素分别加入 keywords 列表中,而不是它们自己以整个列表的方式成为 keywords 中的一个元素。因此,在列表变量 keywords 的所有元素中,有的是列表类型,有的是字符串类型,还有的是数值类型。

6-3-2 列表的操作应用

列表类型除了 6-3-1 节的操作之外,有几个比较常用的操作方法和函数摘录于表 6-5 中(假设 lst 是列表变量,n、n1、n2 代表某一数值,s 是字符串变量)。

表 6-5 几个常用的操作方法和函数

列表表达式	操作结果说明
lst * n	把 lst 列表重复 n 次
lst[n1:n2]	把索引组 n1 到 n2 的列表内容取出,组成另一个列表
lst[n1:n2:k]	同上,但取出间隔为 k
del lst[n1:n2]	删除索引值 n1 到 n2 之间的元素
lst[n1:n2] = n	把索引值 n1 到 n2 之间的元素设置为 n
lst[n1:n2:k] = n	同上,但间隔为 k
del lst[n1:n2:k]	删除索引值 n1 到 n2 之间的元素,但间隔为 k
len(lst)	返回列表的个数
min(lst)	返回列表中的最小值
max(lst)	返回列表中的最大值
lst.index(n)	返回列表中第一次出现 n 的索引值
lst.count(n)	计算出 n 在列表中出现的次数

以下代码段是取出部分列表元素的例子,其中 range()函数会产生一个序列的数字(1 到 9),而 x[1:7]则表示取出第 1 个索引项的元素到第 6 个索引项的元素(小于 7),至于 x[1:7:2]则是以间隔为 2 的方式来取出元素值:

```
In [1]: x = list(range(10))

In [2]: x
Out[2]: [0, 1, 2, 3, 4, 5, 6, 7, 8, 9]
```

```
In [3]: y = x[1:7]

In [4]: y
Out[4]: [1, 2, 3, 4, 5, 6]

In [5]: z = x[1:7:2]

In [6]: z
Out[6]: [1, 3, 5]
```

以下代码段是用来示范计算元素出现个数的例子:

```
In [10]: msg = "Hello"

In [11]: lst = list(msg)

In [12]: lst
Out[12]: ['H', 'e', 'l', 'l', 'o']

In [13]: lst.index('e')
Out[13]: 1

In [14]: lst.count('l')
Out[14]: 2
```

为了更便利地操作列表,在表 6-6 中列出了常用的列表操作方法(method)(其中 lst 表示列表变量,x 表示列表元素或另一个列表变量,n 为数值):

表 6-6 操作列表常用的方法

方法的使用	运算结果说明
lst.append(x)	将 x 视为一个元素,附加到列表的后面
lst.extend(x)	将 x 中的所有元素(如果有的话)附加到列表的后面
lst.insert(n, x)	把 x 插入索引值为 n 的地方
lst.pop()	弹出列表中最后一个元素,可加参数指定特定的索引
lst.remove(x)	从列表中删除第一个出现的 x
lst.reverse()	反转列表的顺序
lst.sort()	将列表的元素内容加以排序

append()是把括号内的内容当作一个元素加到列表中,而 extend()则是把每一个元素分别加到目标列表中,它们之间的差别可参考下面的操作实例:

```
In [15]: lsta = [1, 2, 3, 4, 5]

In [16]: extb = [5, 5, 5]
```

```
In [17]: lsta.append(extb)

In [18]: lsta
Out[18]: [1, 2, 3, 4, 5, [5, 5, 5]]

In [19]: lsta = [1, 2, 3, 4, 5]

In [20]: lsta.extend(extb)

In [21]: lsta
Out[21]: [1, 2, 3, 4, 5, 5, 5, 5]
```

以下程序片段是 append()和 pop()的操作实例:

```
In [40]: ls = [0, 1, 2, 3, 4, 5]

In [41]: lst.append(9)

In [42]: lst.append('x')

In [43]: lst
Out[43]: [0, 1, 2, 3, 4, 5, 9, 9, 'x']

In [44]: lst.pop()
Out[44]: 'x'

In [45]: lst.pop(2)
Out[45]: 2

In [46]: lst
Out[46]: [0, 1, 3, 4, 5, 9, 9]
```

另一个和列表很像的数据结构是元组(tuple)。它的使用方法和列表基本上是差不多的,许多列表上的操作方式和方法也都可以应用在元组上,但是只要设置了元组的变量,其内容就无法修改了。因此,列表中的方法(method)只要是牵涉到修改列表内容的,包括变更存储元素顺序的方法(排序和反转等),都不能在元组变量上应用。

设置元组类型的变量使用的是小括号,但是要取出元组中的元素值,还是要用中括号才行,例如:

```
In [50]: tpl = tuple(range(10))

In [51]: type(tpl)
Out[51]: tuple

In [52]: tpl
Out[52]: (0, 1, 2, 3, 4, 5, 6, 7, 8, 9)
```

```
In [53]: tpl.sort()
---------------------------------------------------------------------------
AttributeError                            Traceback (most recent call last)
<ipython-input-53-097f20aeafcb> in <module>()
----> 1 tpl.sort()

AttributeError: 'tuple' object has no attribute 'sort'

In [54]: tpl[5]
Out[54]: 5

In [55]: tpl[5] = 10
---------------------------------------------------------------------------
TypeError                                 Traceback (most recent call last)
<ipython-input-55-b7cfdceae25f> in <module>()
----> 1 tpl[5] = 10

TypeError: 'tuple' object does not support item assignment
```

简单地说,元组类型的存在主要是执行速度上的考虑,因为其内容不能更改,所以内部结构简单,执行的性能会比较高。而且,正因为其内容不能被修改,所以将一些不想被修改的数据放在元组中会比较安心。

6-3-3 字典 dict

列表虽然好用,但是在有些情况下,如果能够不以数字为索引值来检索存储的数据,而改以"键(Key)"来作为索引,对于文字的查询与应用会非常方便。以 6-3-1 小节的例子来看,在记录关键词出现的次数时,使用以下方式操作会更方便和有意义:

```
In [57]: keywords={}

In [58]: keywords['book']=10

In [59]: keywords['campus']=15

In [60]: keywords['cook']=9

In [61]: keywords['Python']=26

In [62]: type(keywords)
Out[62]: dict

In [63]: keywords['Python']
Out[63]: 26
```

```
In [64]: keywords
Out[64]: {'Python': 26, 'book': 10, 'campus': 15, 'cook': 9}
```

要让变量可以成为字典类型，只要使用"{ }"大括号或 dict()构造函数即可。所以使用 keywords={}或 keywords=dict()，keywords 就会变成字典类型。只要是字典类型，要加入任何元素，均可以使用 keywords['campus']=10 这种形式进行设置。很明显，其索引值就是关键词（键，key），在此例子中为字符串 'campus'。用来表示星期几的中英文转换也可以通过字典来实现，程序代码如下：

```
In [66]: week=dict()

In [67]: week['Monday']='星期一'

In [68]: week['Tuesday']='星期二'

In [69]: week['Wednesday']='星期三'

In [70]: week['Thursday']='星期四'

In [71]: week['Friday']='星期五'

In [72]: week['Saturday']='星期六'

In [73]: week['Sunday']='星期日'

In [74]: week
Out[74]:
{'Friday': '星期五',
 'Monday': '星期一',
 'Saturday': '星期六',
 'Sunday': '星期日',
 'Thursday': '星期四',
 'Tuesday': '星期二',
 'Wednesday': '星期三'}

In [75]: week['Friday']
Out[75]: '星期五'

In [76]: week.keys()
Out[76]: dict_keys(['Monday', 'Tuesday', 'Wednesday', 'Thursday', 'Friday', 'Saturday', 'Sunday'])

In [77]: week.values()
Out[77]: dict_values(['星期一', '星期二', '星期三', '星期四', '星期五', '星期六', '星期日'])
```

因为字典主要的组成是键（key）和值（value），所以也可以单独把所有的键或值取出来，分别是 week.keys()和 week.values()。

几个比较重要的字典操作方法如表 6-7 所示。

表 6-7 操作字典类型的常用方法

方法的使用	运算结果说明
d.clear()	清除字典 d 的所有内容
d1 = d.copy()	把 d 的内容复制一份给 d1
d.get(key)	通过 key 取出相对应的 value
d.items()	返回 dict_items 格式的字典 d 的所有内容，它会把一个键和值对应成为一组 tuple，如(key, value) 在 Python 2.7 中则是返回以列表组成的 tuple
d.keys()	以 dict_items 的格式列出字典 d 的所有键 在 Python 2.7 中则返回列表格式
d.update(d2)	使用 d2 的内容去更新 d 相同的键值
d.values()	以 dict_items 的格式列出字典 d 的所有值 在 Python 2.7 中则返回列表格式

有一些在列表上可以使用的函数（如 len 用于计算个数，max 返回最大值，min 返回最小值），在字典上也可以使用。

6-3-4 集合 set

除了列表、元组、字典之外，Python 还有一个集合（set）的类型。集合也是以大括号的方式来设置数据的，但和字典不同的地方在于，如果单纯使用一个空的"{}"来给变量赋值，变量的类型就会被认定为字典类型，如果在大括号中只有值而没有键，就会被视为集合类型，例如：

```
a = {}
In [80]: type(a)
Out[80]: dict

In [81]: b = {1, 2, 3, 4, 5}
In [82]: type(b)
Out[82]: set

In [83]: c = set()
In [84]: type(c)
Out[84]: set

In [85]: d = {'a':1, 'b':2}
In [86]: type(d)
Out[86]: dict
```

如上例，因为 a={}，所以是字典类型，而 b 在声明的时候只有设置的值，而这些设置的值没有对应的键（key），因此是集合类型，但是 d 在声明的时候是以"键:值"的方式来声明的，所以是字典类型。

数学上的集合运算主要有"交集（AND，与）""并集（OR，或）"以及"异或（XOR，或称为对称差）"几种操作方式，在 Python 中分别对应符号"&""|"以及"^"，操作范例如下：

```
In [88]: a = {1, 2, 3, 4, 5}

In [89]: b = {1, 3, 5, 7, 9}

In [90]: a & b
Out[90]: {1, 3, 5}

In [91]: a | b
Out[91]: {1, 2, 3, 4, 5, 7, 9}

In [92]: a ^ b
Out[92]: {2, 4, 7, 9}
```

和前面几种类型一样，在集合中的元素也可以是不同的类型，而且集合内的元素本身没有顺序的概念，同一个元素只能在同一个集合中出现一次。此外，集合也有许多可以操作的方法（method），如 union、intersection 等，它们并不在本书讨论的范围，读者可自行参阅官方网站上的说明。

6-3-5 查看两个变量是否为同一个内存地址

先看以下操作：

```
a = [1, 2, 3]
In [94]: a = [1, 2, 3]

In [95]: b = [1, 2, 3]

In [96]: a == b
Out[96]: True

In [97]: a is b
Out[97]: False

In [98]: b = a

In [99]: a == b
Out[99]: True

In [100]: a is b
Out[100]: True

In [101]: b = a.copy()

In [102]: a == b
Out[102]: True

In [103]: a is b
Out[103]: False
```

一开始把变量 a 和 b 分别设置为列表[1,2,3]，用"=="检测其值是否相等，然后用"is"检测两者是否为同一个对象，显然它们的内容是一样的，但却不是同一个对象（没有占用同一块内存空间）。但是，如果先设置好 a，再把 a 赋值给 b，此时两个变量就属于同一个对象了，也就是占用了同一块内存空间。可是，如果使用的是后来的 a.copy()，那么就会复制成另一个副本，放在不同的内存空间中，形成不同的对象。这就是".copy()"和直接使用"="的不同之处。

这种情况在操作集合的时候要特别注意：

```
a = { 1, 2, 3 }
In [105]: a = { 1, 2, 3 }

In [106]: b = a

In [107]: a
Out[107]: {1, 2, 3}

In [108]: b.add(4)

In [109]: a
Out[109]: {1, 2, 3, 4}

In [110]: b
Out[110]: {1, 2, 3, 4}

In [111]: a is b
Out[111]: True
```

在此例中，我们先声明变量 a 为集合，其内容为{1, 2, 3}，然后把变量 b 也指向此集合。此时，在变量 b 中加入一个元素，变量 a 的内容也同时变了（因为指向的是同一个对象），即变成 a 和 b 同步被更改。为了避免这种情况，就要使用 .copy 方法：

```
In [113]: a = {1, 2, 3}

In [114]: b = a.copy()

In [115]: b.add(4)

In [116]: a
Out[116]: {1, 2, 3}

In [117]: b
Out[117]: {1, 2, 3, 4}

In [118]: a is b
Out[118]: False
```

同样的情况也会发生在列表中，但是基本的类型（如整数、浮点数以及字符串）不会发生这种情况：

```
In [120]: a = [1, 2, 3]

In [121]: b = a

In [122]: b.append(4)
```

```
In [123]: a
Out[123]: [1, 2, 3, 4]

In [124]: b
Out[124]: [1, 2, 3, 4]

In [125]: a = 'string 1'

In [126]: b = a

In [127]: a == b
Out[127]: True

In [128]: a is b
Out[128]: True

In [129]: b = b.upper()

In [130]: a
Out[130]: 'string 1'

In [131]: b
Out[131]: 'STRING 1'
```

6-4　内建函数和自定义函数

6-4-1　内建函数

虽然在之前的章节中没有正式提及函数（function），但是实际上在范例程序中已经使用不少函数了。许多特定的功能（例如把整数类型变量转换成字符串的 str()、计算变量内元素个数的 len()、返回最大值和最小值的 max() 和 min()）都是 Python 内建的函数，也就是不用导入任何外部模块即可调用的函数。

除了上述提到的几个函数之外，表 6-8 列出了一些在程序中比较常用的内建函数。

表 6-8　常用的内建函数

函数名称	使用说明
abs(x)	返回 x 的绝对值
all(i)	i 中所有的元素都是 True 才会返回 True
any(i)	i 中所有的元素只要有一个是 True 就会返回 True
bin(n)	把数值 n 转换为二进制数字
bool(x)	如果 x 是 False、None 或空值就返回 False
chr(n)	取得第 n 个 ASCII 码的字符
dir(x)	用来检查 x 对象可以使用的方法
divmod(a, b)	返回 a/b 的商和余数，以 tuple 的方式返回

(续表)

函数名称	使用说明
enumerate(x)	用枚举的方式把变量 x 中的索引值和值取出来，组合成 tuple，而 x 必须是 list、dict 这一类具有迭代特性的变量
eval(e)	求字符串类型的表达式 e 的值
float(n)	将变量 n 转换成浮点数类型
format()	字符串格式化符号输出映像
frozenset()	用来创建出不能被修改的集合变量
help(cmd)	查询任一指令或函数的用法
hex(n)	把数值 n 转换为十六进制数字
id(x)	取得变量 x 的内存地址
input(msg)	显示出信息 msg，并要求用户输入数据
int(a)	把变量 a 转换成整数类型
len(a)	计算变量 a 的长度，但 a 必须是可以计算长度的类型
max(a)	返回变量 a 中最大值的元素
min(a)	返回变量 a 中最小值的元素
oct(n)	把数值 n 转换为八进制数字
open()	打开文件
pow(x, y)	计算 x 的 y 次方
print()	输出函数
range(a, b, c)	返回 a 开始到 b-1、间隔为 c 的序列数字
round(n)	数值 n 四舍五入，取整数
sorted(a)	把 a 的元素排序
str(n)	把变量 n 转换成字符串类型
sum(a)	计算变量 a 中元素的总和
type(x)	返回变量 x 的类型

以下是不同进制数值转换的操作实例。

有兴趣的读者可以把上面的每个函数都在自己的 IPython 环境下练习看看，只有充分的练习才能够确实了解每一个函数的用途。下面仅举出一些比较有趣的例子。首先是不同进制数的数值转换的操作实例：

```
In [133]: a = 100

In [134]: bin(100)
Out[134]: '0b1100100'

In [135]: oct(100)
Out[135]: '0o144'

In [136]: hex(100)
Out[136]: '0x64'
```

format 函数搭配 print，可以在进行信息格式输出时变得更容易，例如：

```
In [137]: a = 50

In [138]: b = 100

In [139]: print("{}+{}={}".format(a, b, a+b))
50+100=150
```

如果要产生有序的数字列表，使用 range 就非常方便：

```
In [146]: a = range(1,10)

In [147]: list(a)
Out[147]: [1, 2, 3, 4, 5, 6, 7, 8, 9]

In [148]: b = range(5, 100, 5)

In [149]: list(b)
Out[149]: [5, 10, 15, 20, 25, 30, 35, 40, 45, 50, 55, 60, 65, 70, 75, 80, 85, 90, 95]

In [150]: c = range(1, 101)

In [151]: print("1+2+...+100={}".format(sum(c)))
1+2+...+100=5050
```

在上例中，我们使用 range 来产生 1 到 100 的整数列表，然后以 sum 函数计算总和，就可以得到 1 到 100 的总和为 5050，最后使用 format 的方式把想要输出的字符串和计算的结果整合。

要注意的是，在 Python 2 的时候，range() 所产生的数列直接就是以列表类型呈现的，但是在 Python 3 之后，它有自己的 range 类型，因此如果想要把 range() 所产生的数列当作列表数列来用，还需要再调用 list() 构造函数，把它转成真正的列表类型才行。

6-4-2 自定义函数

除了使用 Python 内建的函数之外，我们也可以自己定义函数。自定义函数是以 def 开头，空一格之后再加上这个自定义函数的名称，如果需要加上参数，就在函数名称的后面加上小括号，最后别忘了加上 "："，函数体内的程序代码也要有适当的缩排。函数定义完之后，函数并不会主动执行，它只有在程序中被调用才会执行，请看下面的例子：

```
In [11]: def add2number(a, b):
    ...:     return a + b
    ...:

In [12]: add2number(10,20)
Out[12]: 30
```

如上例，我们定义了一个名为 add2number 的自定义函数，然后设置此函数可以输入两个参数，分别是 a 和 b，进入这个函数后，把两数相加，再把结果返回给调用的变量或对象。函数只要定义一遍就可以在此程序的任何位置进行调用，因此，我们会把程序中经常重复使用的代码段定义为函数，以便简化程序代码的行数，同时增加程序的可读性。

在定义函数的参数时，有时候会有一些默认的值，可以使用"="在参数列表中赋值，如果在调用的时候没有给此参数赋值，那么该参数就会使用函数定义时设置的默认值。请看下面的例子：

```
In [13]: def draw_bar(n, symbol="*"):
   ...:     for i in range(0, n):
   ...:         print(symbol, end="")
   ...:     print()
   ...: 

In [14]: draw_bar(5)
*****

In [15]: draw_bar(10, '$')
$$$$$$$$$$
```

其中，在 print 后面加上 end=""的目的是让 print 在输出之后不要换行。不过，这个例子只是为了示范 print()输出字符串时的一些注意事项，实际上要输出动态长度的字符串，在 Python 语言中直接使用"symbol*n"就可以了。

如果函数的参数数量较多，就会不太容易记得各个参数的排列顺序。如上例，在调用时究竟是数字 n 先写还是符号 symbol 先写？为了避免出错，在调用的时候，也可以直接指定参数的变量名称，例如：

```
In [16]: draw_bar(symbol='#', n=10)
##########
```

只要在调用函数时指定参数名称，就不用管参数的顺序了。除此之外，在定义函数的时候，也可以让此函数接收没有预先设置的参数个数，定义方法是在参数的前面加上"*"：

```
In [18]: def proc(*args):
   ...:     for arg in args:
   ...:         print("arg:", arg)
   ...: 

In [19]: proc(1, 2, 3)
arg: 1
arg: 2
arg: 3

In [20]: proc(1, 2)
arg: 1
arg: 2
```

```
In [21]: proc("a", "b")
arg: a
arg: b
```

如上例所示，在函数 proc 中设置一个名为 args 的参数，在前面加上"*"，此时在主程序调用此函数时，Python 会以元组类型的方式接收所有调用的自变量，这时在处理 args 时，要把它当作元组类型的变量来处理。如此，无论你用哪些自变量来调用，在函数中都可以顺利地取得这些自变量的值来加以处理。

在实际运用上，自定义函数可能会比较复杂，除了在调用时传递进来的参数之外，也可以在函数内部声明（或自行定义）新的变量。需要注意的是，在函数内部声明的变量被称为局部变量，它们仅在这个函数被调用时的作用域内有效，在函数执行结束之后就消失了。如果在函数内部声明的变量名称和在函数外部声明的变量名称相同，那么在函数内部会以局部变量为优先。

程序 6-1

```
# 程序 6-1.py (Python 3.x version)
# _*_ coding: utf-8 _*_
def add2number(a, b):
    global d
    c = a + b
    d = a + b
    print("在函数中, (c={}, d={})".format(c,d))
    return c

c = 10
d = 99
print("调用函数前, (c={}, d={})".format(c,d))
print("{} + {} = {}".format(2, 2, add2number(2, 2)))
print("函数调用后, (c={}, d={})".format(c,d))
```

在上面这个例子中，c 是局部变量，而 d 是全局变量（使用 global 声明的变量即为全局变量）。也就是在函数内部执行的时候，这个 c 和函数外面的 c 是不相关的，所以在调用函数之前，c 的值是 10，在函数执行中，c 被设置为两数相加之和，在此例中为 4，离开函数之后，c 仍然为 10，并没有被改变（外面的小），两数的计算结果会通过 return 传递出来。但是 d 不一样，在函数内使用 global 声明要使用外面的 d 来存放计算的结果，因此在离开函数之后，d 的值被改变了。执行的结果如下：

```
In [24]: edit 6-1.py
Editing... done. Executing edited code...
调用函数前, (c=10, d=99)
在函数中, (c=4, d=4)
2 + 2 = 4
函数调用后, (c=10, d=4)
```

由于 Python 公用的资源非常多,因此自定义函数的命名尽量以完整的名称明确地表达此函数的用途,如果能够在定义函数内容之前以注释符号"#"说明此函数的用法(包括参数的个数、类型、目的以及返回值内容等),那么日后在使用时会比较方便。如果名字长一些的话,也不容易和其他用 import 导入的模块发生名字的冲突。

最后,Python 还提供了一个非常有趣、精简好用的一行自定义函数的方法 lambda,这是一种可以实现一行语句、用完即丢的自定义函数的方法(也称为行内函数)。用法如下:

lambda 参数 1, 参数 2, ... : 语句内容

上述定义其实就等于以下函数(但是,就如你所见,这个行内函数是没有名字的,也就是在定义时直接使用的行内匿名函数):

def　fun(参数 1, 参数 2, ...):
　　　return 语句内容

这种定义方式可以和 map 这一类函数一起使用:

```
In [50]: x = range(1, 10)

In [51]: y = map(lambda i: i**3, x)

In [52]: for i, value in enumerate(y):
   ...:     print("{}^3 = {}".format(i+1, value))
   ...:
1^3 = 1
2^3 = 8
3^3 = 27
4^3 = 64
5^3 = 125
6^3 = 216
7^3 = 343
8^3 = 512
9^3 = 729
```

上述程序片段先产生 1~9 的整数,然后调用 map 函数一次性地产生 1~9 的每一个数的 3 次方数并存放在 y 中,最后通过 for 循环把它们的值取出来。所以,x 的内容是 range 类型的 1~9(共 9 个数字),而 y 则是 map()函数类型的 1~729(也是 9 个数字)。

其中,在 map 函数中需要一个计算用的函数,我们就不另外定义了,而是利用 lambda 直接写一个计算 3 次方的小程序片段,放在 map 函数的第一个参数所在的位置。要特别注意的是,enumerate()所产生的值的第一个是索引值,是从 0 开始计算的,而我们在计算 map()函数时使用的输入数值是从 1 开始的,为了避免错误,在输出时,format()函数的 i 先做了加 1 的运算。

6-4-3　import 与自定义模块

在前面的程序中,经常会出现 import,把一些已经设计好的模块导入程序中以便调用。例如,

random 可以用来产生随机数，NumPy 以及 Matplotlib 可以协助我们利用 Python 很快地绘出数学函数图形等，这些就是模块的概念。

任何 Python 程序，只要写成模块形式，就可以通过 import 指令导入当前正在使用的程序中。一些由优秀程序设计人员所开发的公用模块，通过一个标准的程序放在 Python 网络模块的公共空间（文档库）之后，我们就可以使用 pip 这一类安装程序把所需要的模块下载并安装到自己的计算机中，再使用 import 导入，即可变成我们所开发的程序的一部分。

在程序编写一段时间之后，就会发现有许多自己开发的程序片段可能经常被自己引用，这时也可以把自己的函数编写成模块的形式存盘，日后再编写新的程序时，如果要用到这些函数，使用 import 导入这部分模块就可以了。当然，如果有一天你觉得自己编写的程序还不错，想要提供给网友使用，也可以公开。有关上传自己设置好的公用模块的方法及步骤，请参考 Python 官方网站上的说明文件。

要做成模块供自己日后或他人使用，和自定义函数的方法类似，只不过是要放在另一个独立的程序模块中（和主程序模块分开）。同时，为了管理方便，避免主程序模块和其他程序模块产生混淆，一般都会为自定义模块单独创建一个文件夹，在该文件夹中，除了自定义模块的程序之外，再加上一个_init_.py 文件，此文件可以放一些初始化的变量，或者不放任何东西。

假设要创建一个名为 draw_bar 的模块，我们可以创建一个名为 my_module 的文件夹，在此文件夹中分别放置_init_.py 和 draw_bar.py 两个文件。draw_bar.py 的内容简写如下：

```python
# draw_bar.py
def draw_bar(n, symbol="*"):
    print(symbol*n)
```

然后就可以在主程序 6-2 中，通过 from 和 import 来导入。其中，from 指的是文件夹名称，而 import 是实际的文件名。最后实际调用的时候，就是文件名再加上函数名称。

程序 6-2

```python
# 程序 6-2.py
from my_module import draw_bar as mydraw

mydraw.draw_bar(10, "$")
mydraw.draw_bar(6, "#")
mydraw.draw_bar(15)
```

在程序 6-2 的例子中还示范了 as 的用法，通过 as 可以为要导入的文件另外取一个别名，这样在接下来的程序中我们就可以用别名代替模块的名称。这个程序的运行结果如下：

```
In [8]: run 6-2.py
$$$$$$$$$$
######
***************
```

6-5 单词出现频率的统计程序

综合本章的内容，本节以一个统计单词在文章中出现频率的程序作为结尾。在这个程序中会以 open 函数打开一个文本文件（sample.txt），然后把这个文件中所有的文字都读取到一个变量 article 中。

在拿到 article 的所有文字内容后，还有一个操作要先执行，就是把除了字母和空格以外的所有符号都去除，在这里我们使用"正则表达式（regular expression）"来处理，详细的用法在后面的章节中会再加以说明。

去除了其他不相关的符号之后，再以 split 方法把所有的单词以空格为分隔符进行分割，设置为列表类型存放在 words 变量中。要统计单词出现的次数，最方便的方式是用字典类型来存放，因为可以使用单词作为 key，而其 value 就是出现的次数。因此，运用 word_counts = {} 声明 word_counts 为字典类型的变量，然后用"in"来检查每一个单词是否已在 word_counts 中，如果在，就把其值加 1，如果不在，就新增一个元素，以单词本身为 key，并将其初值设为 1。

通过 for 循环把所有 words 中每一个单词都检查一遍，为了避免大小写造成对比的问题，我们在这里调用 upper()字符串方法把所有的单词都变成大写，以便于比较与统计。

程序的最后要列出所有统计后的单词时，先以 keys 方法把 word_counts 中所有的键都找出来，再以此为根据找出所有对应的值，只有出现 1 次以上的单词才会显示出来。完整的程序代码如程序 6-3 所示。

程序 6-3

```
# _*_ coding: utf-8 _*_
# 程序 6-3.py
# 计算单词在文章中出现的频率
# 只列出出现超过一次以上的单词
import re

fp = open("sample.txt", "r")
article = fp.read()
new_article = re.sub("[^a-zA-Z\s]", "", article)
words = new_article.split()
word_counts = {}
for word in words:
    if word.upper() in word_counts:
        word_counts[word.upper()] = word_counts[word.upper()] + 1
    else:
        word_counts[word.upper()] = 1

key_list = list(word_counts.keys())
key_list.sort()
for key in key_list:
    if word_counts[key] > 1:
```

```
        print("{}:{}".format(key, word_counts[key]))
```

以下为程序 6-3 的运行结果：

A:7
AIR:2
AN:3
AND:3
AT:2
DEVICE:2
FLIGHT:2
FROM:2
GAGEY:2
IN:3
OF:3
ON:2
PLANE:2
SAID:2
THAT:2
THE:11
TO:3
TOILET:2
WAS:5

为了示范，本程序的写法并非最精简的。随着读者 Python 编程实力的增加，慢慢就会发现，其实在上面的范例程序中，有些地方可以用更有效率的方法来解决，大家可以等到在后面的课程中学到新的"技术"后再回来修改（留给读者日后自行练习）。

6-6 习　　题

1. 请使用程序 6-3 分析中文文件，并说明出现的问题以及解决方法。
2. 修改程序 6-3，改为以单词出现的频率高低排序之后再显示。
3. 请说明元组和列表的不同。
4. 请说明字典和列表的不同。
5. 请说明集合的主要用途，并举出一个应用实例。

第 7 章

程序控制流程

* 7-1 判断语句的应用
* 7-2 循环语句
* 7-3 例外处理
* 7-4 程序流程控制的应用
* 7-5 习题

7-1 判断语句的应用

程序设计最重要的部分之一就是流程控制,因为程序设计就是以自动方式处理生活上事务的流程,既然是自动化,当然要事先想好遇到各种情况时的应对方式,也就是事先告诉计算机,如果遇到一种情况,就用哪种方式处理,如果是另一种情况,就要用另一种方式处理。

这个"如果"的概念就是流程控制中最重要的指令之一——"if/elif/else"。也就是,如果遇到情况 A,就去执行针对 A 情况要执行的运算或操作,如果是情况 B,就执行针对 B 情况所需要的运算或操作,否则执行另外的操作。把上述内容转化为 Python 程序语句,可以表示如下:

```
if x == A:
    do something for A
elif x == B:
    do something for B
```

```
else:
    do something for else (也就是 C)
```

判断语句在编写的时候有几点需要注意，其一是一定要在 if、elif、else 指令的最后以冒号 ":" 结尾；其二是要执行的操作需要缩排一层（可以是 2 格空格或 4 格空格，也可以是一个 tab 制表符号，但是在整个程序中要统一），在同一层缩排中可以放置的语句数量并没有限制。而且这三个指令只要以 if 开头，后面并不一定要有 elif 和 else，有 if、if/else、if/elif/else 三种情况。其中的 elif 可以有无限多个，如程序 7-1 所示。

程序 7-1

```
# 程序 7-1.py (Python 3 version)
score = int(input("Please input your score:"))

if score >= 90:
    print("Grade A")
elif score >= 80:
    print("Grade B")
elif score >= 70:
    print("Grade C")
elif score >= 60:
    print("Grade D")
else:
    print("You fail the test!")
```

运行的结果如下：

In [2]: edit 7-1.py
Editing... done. Executing edited code...
Please input your score:78
Grade C
In [3]: run 7-1.py
Please input your score:20
You fail the test!

此外，在 if 和 else 内也可以有 if 和 else。例如，程序 7-1 就可以改为两层判断，如程序 7-2 所示。

程序 7-2

```
# 程序 7-2.py (Python 3 version)
score = int(input("Please input your score:"))

if score >= 60:
        print("You pass the test, and your grade is ", end="")
    if score >= 90:
        print("Grade A")
    elif score >= 80:
```

```
            print("Grade B")
        elif score >= 70:
            print("Grade C")
        else:
            print("Grade D")
    else:
        print("You fail the test!")
```

在程序 7-2 的例子中，先检查分数是及格还是不及格，如果及格，就再用另一组 if/elif/else 判断等级，如果不及格，就直接输出 "You fail the test" 的信息。只要程序的流程中有需要，那么加多少层判断语句都可以，但是层数越多，程序的可读性就越差。如果在设计的时候发现了太多层，还是要想办法再重新构想一下比较简单的流程。建议在程序设计中不要让嵌套超过 3 层。

程序 7-2 的运行结果如下。

In [3]: edit 7-2.py
Editing... done. Executing edited code...
Please input your score:90
You pass the test, and your grade is Grade A

In [4]: edit 7-2.py
Editing... done. Executing edited code...
Please input your score:80
You pass the test, and your grade is Grade B

In [5]: run 7-2.py
Please input your score:70
You pass the test, and your grade is Grade C

In [6]: run 7-2.py
Please input your score:40
You fail the test!

除了上述标准写法之外，如果只是用来判断类似两数大小并设置最大值的情况，也可以把 if 判断指令和要执行的语句写成一行，例如：

```
In [21]: a, b = 4, 8

In [22]: max_number = a

In [23]: if b > a : max_number = b

In [24]: max_number
Out[24]: 8
```

如果判断语句的结果是要设置一个值，还可以把 if/else 写成一行，进一步简化如下：

```
In [18]: a, b = 4, 8

In [19]: max_number = b if b > a else a

In [20]: max_number
Out[20]: 8
```

7-2 循环语句

循环语句就是让计算机重复"做事"的语句。Python 主要的循环语句有两种，分别是 while 和 for。两者的主要不同在于，while 循环并不预设重复的次数，而是判断某一事先设置好的条件，只有满足该条件时才会进入循环体，每执行一次之后，下次再进入循环体时，还要再重新测试一次条件，同样，还是只有满足循环的条件才会进入循环体。while 的基本用法如下：

程序 7-3

```
# 7-3.py (Python 3 version)

import random
x = random.randint(1,6)
print(x)
while x != 6:
    x = random.randint(1,6)
    print(x)
```

程序 7-3 是一个仿真掷骰子的程序，此程序会一直显示骰子的值，直到出现 6 为止，由于事先并不知道到底要掷几次才会出现 6，因此非常适合先使用 while 判断条件再决定要不要进入循环体中这种情况。

程序一开始就先显示一个 1 到 6 之间的随机数，然后列出来，如果这个值（放在 x 中）不是 6，就进入循环中再取一次随机数，一直到出现 6 为止，以下是运行的结果：

In [19]: run 7-3.py
5
6

In [20]: run 7-3.py
1
3
6

In [21]: run 7-3.py
4
2

1
6

对于那些已知重复次数（或者对于要操作的对象已知有固定的个数，例如针对某一个列表变量的值）的循环，使用 for 最为恰当。以下是 for 循环的标准用法：

```
In [1]: alist = [1, 3, 5, 8, 10]

In [2]: for item in alist:
   ...:     print(item, end="")
   ...:
135810
```

在上述程序中，因为取用的是某一个列表的内容，如果此列表没有在别的地方使用，其实也可以编写成如下形式：

```
In [4]: for item in [1, 3, 5, 8, 10]:
   ...:     print(item, end="")
   ...:
135810
```

因为列表中的个数已有定数，所以使用 for 可以按序把每一个元素都调出来处理。如果是字典变量也可以，不过使用上述同样的方法取出字典类型变量的值，默认情况下会列出该字典变量内所有的键（key）。如果要分别取出字典每个元素内的 key 和 value 值，就要搭配 items() 方法，如程序 7-4 所示。

程序 7-4

```
# 程序 7-4.py (Python 3 version)
stock = {'book':10, 'pen':3, 'eraser':6, 'ruler':2}

for key, value in stock.items():
    if value < 5:
        print("({},{})".format(key, value))
```

程序 7-4 的主要功能在于找出在库存 stock 中数量少于 5 个的项目，如果有这种项目，就把它们列出来。以下是运行结果：

In [5]: run 7-4.py
(ruler,2)
(pen,3)

和嵌套 if/else 一样，循环语句也可以放在另一个循环体内，这就是所谓的嵌套循环，一个比较有名的例子是打印九九乘法表，如程序 7-5 所示。

程序 7-5

```
# 7-5.py (Python 3 version)

for i in range(2,7,4):
    for j in range(1,10):
        print("{}x{}={:>2}   ".format(i, j, i*j), end="")
        print("{}x{}={:>2}   ".format(i+1, j, (i+1)*j), end="")
        print("{}x{}={:>2}   ".format(i+2, j, (i+2)*j), end="")
        print("{}x{}={:>2}   ".format(i+3, j, (i+3)*j))
    print()
```

在程序 7-5 中，我们使用了两个循环，外部循环只重复两次，以 i 为变量，第 1 次循环时 i 的内容为 2，第 2 次循环时 i 的内容是 6。由于 range(2, 7, 4)只会返回[2, 6]这个列表，只有两个值，因此在此例中，我们也可以直接使用[2, 6]取代 range(2, 7, 4)。

内循环以 j 为循环变量，从 1 到 9，通过 range()函数自动产生 1～9 的所有整数组成的列表，然后 for 就会在第 1 个列表元素值取出之后开始执行内循环，一直到所有的元素被取完为止。

在内循环体中，我们使用了 format 来设置显示的文字内容和格式，大括号"{}"可以指定要替代显示数值的位置，而"{:>2}"则是要求该数值要靠右对齐，并指定只给两个固定的位数显示。以下是程序 7-5 的运行结果。

In [8]: edit 7-5.py
Editing... done. Executing edited code...

2×1= 2	3×1= 3	4×1= 4	5×1= 5
2×2= 4	3×2= 6	4×2= 8	5×2=10
2×3= 6	3×3= 9	4×3=12	5×3=15
2×4= 8	3×4=12	4×4=16	5×4=20
2×5=10	3×5=15	4×5=20	5×5=25
2×6=12	3×6=18	4×6=24	5×6=30
2×7=14	3×7=21	4×7=28	5×7=35
2×8=16	3×8=24	4×8=32	5×8=40
2×9=18	3×9=27	4×9=36	5×9=45
6×1= 6	7×1= 7	8×1= 8	9×1= 9
6×2=12	7×2=14	8×2=16	9×2=18
6×3=18	7×3=21	8×3=24	9×3=27
6×4=24	7×4=28	8×4=32	9×4=36
6×5=30	7×5=35	8×5=40	9×5=45
6×6=36	7×6=42	8×6=48	9×6=54
6×7=42	7×7=49	8×7=56	9×7=63
6×8=48	7×8=56	8×8=64	9×8=72
6×9=54	7×9=63	8×9=72	9×9=81

在程序 7-5 中的 j 循环体中，读者一定注意到了那 4 行语句（第 5~8 行），其实内容很像，因

此可以进一步改写为 3 层循环嵌套的结构，请参考程序 7-6 的内容。

程序 7-6

```
# 程序 7-6.py (Python 3 version)

for i in range(2,7,4):
    for j in range(1,10):
        for k in range(i,i+4):
            print("{}×{}={:>2}   ".format(k, j, k*j), end="")
        print()
    print()
```

运行的结果一模一样，但是我们把中间的 4 行语句再次使用循环语句简化成了一行，加上一个循环变量 k 来负责那些重复的语句。

7-3　高级循环指令

前面两种循环语句中，在正常情况下，while 循环是在进入之前（或下一次执行之前）先判断，条件不成立的话就会离开循环体，而 for 循环则是在所有指定的元素都被取出之后就结束循环。可是，有一些情况可能是在循环的执行过程中，在遇到某些条件成立（或不成立）的时候要离开循环的执行，或者跳过这一次循环，从下一次重新开始执行。对于这两种情况，前者需要的是 break 指令，后者需要的则是 continue 指令。

在循环的进行过程中，如果遇到 continue 指令，就会马上放弃同一层循环之后所有要执行的语句，程序流程直接回到 while 或 for 那一行继续执行。下面我们以程序 7-5 为例，改成使用 continue 指令的写法，执行的结果是一样的，但是程序的编写方法不同，请看程序 7-7。

程序 7-7

```
# 7-7.py (Python 3 version)

for i in range(2,9):
    if i != 2 and i != 6 : continue
    for j in range(1,10):
        for k in range(i,i+4):
            print("{}x{}={:>2}   ".format(k, j, k*j), end="")
        print()
    print()
```

也就是进入 j 循环体之前，先使用 if 判断 i 的内容是否为 2 或 6，如果二者都不是，就放弃接下来的语句进入下一轮 i 循环。这是 continue 的用法。

反之，如果是在循环中遇到指定的情况就要离开整个循环，就要使用 break 了。程序 7-8 改写自程序 7-3，使用 while 和 break 来完成同样的功能。

程序 7-8

```
# 7-8.py (Python 3 version)

import random
while True:
    x = random.randint(1,6)
    print(x)
    if x == 6 : break
```

在此，while 循环直接使用 True（真）让流程无条件进入循环并开始产生 1～6 的数字，在显示出数字之后，以 if 来检查 x 的值是否为 6，如果是，就满足我们的结束条件，直接以 break 离开循环体，在此例中等同于结束程序的执行。

在使用 for 循环的时候，如果需要在循环中使用当前的索引值，以了解当前执行中运算处于第几次循环，可使用 enumerate() 函数，例如：

```
In [15]: names = ['Tom', 'Richard', 'Jane', 'Mary', 'John']

In [16]: for i, name in enumerate(names):
   ...:         print("No.{}:{}".format(i, name))
   ...:
No.0:Tom
No.1:Richard
No.2:Jane
No.3:Mary
No.4:John
```

另外，Python 有一种针对处理有序数据的运算器，即迭代器（Iterator），从外观上看不是循环，但是其运作方式和循环无异，因此也一并在此介绍。其中，map 函数已在第 6 章的范例程序中用过了，用法如下：

map(执行用的函数, 容器变量)

虽然看起来只有一行，但是此函数会自动把每一个在容器变量（列表这一类变量）中的元素都读取出来，放到执行用的函数中当作参数，再把返回值合并到一个容器变量中。请看程序 7-9 的应用实例。

程序 7-9

```
# 程序 7-9.py ( Python 3 version )

def pick(x):
    fruits=['Apple', 'Banana', 'Orange', 'Cherry', 'Pine Apple', 'Berry']
```

```
    return fruits[x]

alist = [1, 4, 2, 5, 0, 3, 4, 4, 2]
choices = map(pick, alist)
for choice in choices:
    print(choice)
```

在程序 7-9 中定义了一个名为 pick 的函数，它可以根据输入的数值 x 返回对应的水果名称，而在 map 函数中设置 pick 和 alist，它把 alist 中的每一个数值都放入 pick 中执行，再收集 pick 所返回的每一个值，最后都放在 choices 容器变量中。程序的最后两行把 choices 中的所有内容都打印出来。由此程序可以看出，虽然在 map 中看不到 for 循环的样子，但执行的却是和 for 循环类似的工作，把 alist 的内容逐一取出进行运算。程序 7-9 的运行结果如下：

In [17]: edit 7-9.py
Editing... done. Executing edited code...
Banana
Pine Apple
Orange
Berry
Apple
Cherry
Pine Apple
Pine Apple
Orange

有一个和 map 的用法很像，但是却可以协助用来过滤元素的迭代函数 filter()。它会把每一个元素逐一拿出来交由第一个参数中所指定的函数计算，再根据结果是 True 或 False 来决定此元素要不要留下来，请参考范例程序 7-10。

程序 7-10

```
# 程序 7-10.py ( Python 3 version )

import sympy
a, b = 500,600
numbers = range(a,b)
prime_numbers = filter(sympy.isprime, numbers)
print("Prime numbers({}-{}):".format(a,b))
print(",".join(map(str,prime_numbers)))
```

程序 7-10 的目的是用来显示介于变量 a 和 b 之间所有的质数。验证是否为质数的方法，我们使用外部模块 sympy.isprime 函数，并把它应用在 filter 中。filter 会把在 numbers 变量中的所有数值逐一传送到 sympy.isprime 中，如果该元素是 True，就保留在 prime_numbers 中。

程序 7-10 的最后一行运用 map() 函数，搭配 join() 字符串处理函数，先把所有在 prime_numbers 中的结果用逗号串起来成为一个字符串，再打印出来，这种方法可以用一行语句就显示出一个列表中的所有元素，使用起来非常方便。以下为运行结果：

> In [23]: edit 7-10.py
> Editing... done. Executing edited code...
> Prime numbers(500-600):
> 503,509,521,523,541,547,557,563,569,571,577,587,593,599

7-4　例外处理

在处理数据时，经常会遇到一些例外的情况，如果没有注意，就会使程序产生错误信息并突然中断程序的执行。例如，要求用户输入年龄，照理输入的应该是数字，但若输入的是文字，则会出现系统的错误信息，并结束程序的执行，例如：

```
age = input("What is your age?")
if age < 15:
    print("You are too young")
```

忘了把 input 函数所输入的内容转换成整数，因此执行的时候，无论用户输入的是什么类型的内容，都会得到以下错误信息：

```
What is your age?40
---------------------------------------------------------------
TypeError                          Traceback (most recent call last)
C:\user\jun\ttt.py in <module>()
      1 age = input("What is your age?")
----> 2 if age < 15:
      3     print("You are too young!")

TypeError: '<' not supported between instances of 'str' and 'int'
```

出现这样的信息可不是什么好现象，除了编写程序的人之外，谁也不懂这是什么信息。因此，我们先在 input 外面加上 int 函数转换一下：

```
age = int(input("What is your age?"))
if age < 15:
    print("You are too young")
```

这样在用户输入数字之后，程序即可正常执行，但是依然没有办法防止用户输入非数字的情况：

```
In [6]: edit 7-11.py
Editing... done. Executing edited code...
What is your age?12
You are too young

In [7]: run 7-11.py
```

```
What is your age?Hello
-----------------------------------------------------------------
ValueError                              Traceback (most recent call last)
C:\user\jun\7-11.py in <module>()
----> 1 age = int(input("What is your age?"))
      2 if age < 15:
      3     print("You are too young")

ValueError: invalid literal for int() with base 10: 'Hello'
```

为了避免预期之外的事件发生，Python 所设计的 try/except 例外机制就派上用场了，我们可以在程序中加上 try，意思是让程序先试着执行一些可能出现的预期之外的程序片段，然后使用 except 捕捉出现例外的情况。上述程序使用 try/except 来改写，就不怕用户恶搞或者无意的错误输入了，请看程序 7-11。

程序 7-11

```
# 程序 7-11.py ( Python 3 version )
while True:
    try:
        age = int(input("What is your age?"))
        break
    except:
        print("Please enter a number")
if age < 15:
    print("You are too young")
```

在程序 7-11 中，我们使用 while 循环来输入 age，并在 age 之前使用 try 指令。凡是在 try 之内的语句，只要出现任何异常，程序控制流程都会自动跑到 except 之下的语句，让我们在程序中处理此例外的情况。因此，此时只要用户输入的值有问题，无论是什么原因，系统都不会出现错误信息，而是直接跳到 except 之下的 print 语句显示出相应的信息，让用户知道只能输入数值。

在执行完 print 之后，由于循环语句并未结束，因此会回到循环的最开头处，也就是 try 底下的 input 语句处继续要求用户输入。一旦用户输入正确的值，由于没有产生任何例外情况，因此会执行下一行 break 语句而离开 while 循环，往下继续程序的流程。在此例中，后续的语句为判断用户的年龄是否太小以决定是否要显示出 "You are too young" 的信息。

以下为程序 7-11 的运行结果：

> *In [8]: edit 7-11.py*
> *Editing... done. Executing edited code...*
> *What is your age?Hello*
> *Please enter a number*
> *What is your age?Python*
> *Please enter a number*
> *What is your age?12*
> *You are too young*

然而，会出现问题的情况并不只有像是变量类型不同这么简单，上述的处理方式是为了示范而把可能发生的错误情况过度简化了，在程序比较简单的时候不会有什么问题，一些实际设计的程序在前进到 except 时，还需要进一步判断错误的种类才行。有时包括一些运算上的错误（如除以零的情况），一些设备输入输出的操作，例如存取磁盘文件、连接网络和网站等，都有可能会出现错误，这时可以使用 try/except 进行预防。例如要打开一个不存在的文件，不使用 try/except 机制时，结果如下：

```
In [9]: fp = open('Hello.txt','r')
---------------------------------------------------------------------------
FileNotFoundError                         Traceback (most recent call last)
<ipython-input-9-bcd15937e199> in <module>()
----> 1 fp = open('Hello.txt','r')

FileNotFoundError: [Errno 2] No such file or directory: 'Hello.txt'
```

上述情况如果使用了 try/except 机制，就可以自定义一些用户可以了解的错误信息，程序也不会忽然就停止执行，这样我们仍然可以保有程序流程的掌控权。

在有些情况下，错误可能会有许多种可能，例如我们要使用 os.remove 删除某一个指定的文件名，程序如下：

```
import os
os.remove('filename')
```

顺利的话，该文件就会被删除，但若要删除的文件不存在，或者其实它是一个文件夹，无法以删除文件的函数来处理，这是两种不同的情况，我们可以选择无论在什么情况下都回报"无法删除指定文件"这条信息：

```
import os
try:
    os.remove('filename')
except:
    print('无法删除指定文件')
```

但是，也可以进一步通过不同的例外信息来为用户提供更明确的信息：

```
import os
try:
    os.remove('filename')
except FileNotFoundError:
    print('无法删除指定文件：找不到文件')
except PermissionError:
    print('无法删除指定文件：文件权限或种类错误')
except:
    print('无法删除指定文件：未知错误')
```

在上面的程序片段中，我们在 except 后面设置了要获取的例外（错误）种类，第一种是 FileNotFoundError（找不到文件），第二种是 PermissionError（文件权限或种类错误），如果在 except

后面没有指定任何参数，就会捕捉所有的例外。

读者可以创建一个名为 filename 的文件夹，或者把 filename 文件设置为只读类型，然后用这个程序试试看会显示什么错误信息。

程序 7-12 可以显示出错误类型和信息内容。

程序 7-12

```
# 程序 7-12  (Python 3 Version)
import os, sys
try:
    os.remove('hello.txt')
except Exception as e:
    print(e)
    
    e_type, e_value, e_tb = sys.exc_info()
    print("种类: {}\n 消息: {}\n 信息: {}".format(e_type, e_value, e_tb))
```

先通过 Exception 捕捉所有的例外，并把例外事件以 e 当作记录的对象。既可以使用 print(e) 把例外信息打印出来，也可以通过 sys.exc_info()函数获取 3 个有关例外的信息数据，它们分别是：第 1 个返回值为例外的种类，第 2 个返回值为例外的信息内容，第 3 个返回值为例外的详细 trackback 追踪信息对象。可以通过此 trackback 对象获取更多的例外相关数据。

以下为程序 7-12 的运行结果（假设 hello.txt 为一个文件夹，要以删除文件的方式操作该文件夹时所造成的例外情况）：

In [14]: edit 7-12.py
Editing... done. Executing edited code...
[WinError 5] 存取被拒。: 'hello.txt'
种类: <class 'PermissionError'>
消息: [WinError 5] 存取被拒。: 'hello.txt'
信息: <traceback object at 0x000002C43098C408>

一个好的程序设计一定要在所有可能发生例外情况的程序代码（可能发生运算错误、输入输出数据、网络连接等）之前加入例外处理，并给予用户更友善的信息和正确的流程控制，以避免程序产生预期之外的输出结果，或者异常中止程序的运行。

7-5　程序流程控制的应用

接下来，我们以成绩处理为例，综合之前各章学到的内容来实现这个应用。程序设计的主要功能如下：

（1）可以让用户输入学生的学号以及姓名。

（2）提供菜单功能。

（3）可以分别输入"语文""英语""数学"3科成绩。

显示成绩单时，除了3科成绩之外，也要计算总分和平均分。

用来存储数据的变量如表7-1所示。

表7-1 成绩处理程序所使用的变量及其说明

变量名称	类型	使用目的及说明
class_2012	dict	用来记录学生的学号和姓名，学号是key，姓名是value
chi_score	dict	用来记录学生的语文成绩，学号是key，成绩是value
eng_score	dict	用来记录学生的英语成绩，学号是key，成绩是value
mat_score	dict	用来记录学生的数学成绩，学号是key，成绩是value
scores	list	把上述3个参数当作列表来处理，以scores命名，即scores = [chi_score, eng_score, mat_score]
subjects	list	科目名称的列表，其内容分别为"语文""英语"以及"数学"
subject_no	int	用来指出现在正在操作的是哪一科的成绩

在设置变量时，每一个学生都是由一个学号和姓名配对，然后通过此学号来存取学生的姓名以及该学生的每一科分数。我们用了一个技巧，就是让3科成绩分别记录在3个不同的字典变量中，再利用另一个列表变量scores把这3科成绩的变量聚合在一起，这样就可以通过scores[0]存取到第1科的成绩，scores[1]存取到第2科的成绩，以此类推。如此，把subject_no当作指定科目编号用的整数变量，这样就可以精简程序的内容，只要使用同一个成绩输入函数enter_score()且传入不同的数字，就可以存取到不同科目的成绩。

在此程序中需要定义几个自定义函数，如表7-2所示。

表7-2 成绩处理程序所使用的自定义函数及其说明

函数名称	参数	说明
disp_menu	无	显示主菜单
enter_std_data	无	用来输入学生的学号和姓名
enter_score	subject_no	输入指定科目中subject_no的成绩，subject_no的内容可为0、1、2
disp_score_table	无	显示成绩单

disp_menu()函数简单明了，就是列出一个菜单供用户引用，而所谓的菜单，其实就是一些选项的列表而已。本程序所设计的菜单如下：

```
Class 2012 班级成绩管理系统
------------------------
1. 输入学生姓名
2. 输入语文成绩
3. 输入英语成绩
4. 输入数学成绩
5. 显示成绩单
0. 结束程序
------------------------
```

在显示此菜单之后，紧接着调用 input 函数获取用户的输入，再根据输入的内容（0~5）决定要调用哪一个自定义函数进行后续的处理。如果输入的是 1，就调用 enter_std_data()函数，如果输入的是 2~4，就调用 enter_score()函数，如果输入的是 5，就调用 disp_score_table()显示成绩单，其他的输入值均视为结束程序。就如同 7-4 节所说明的，可以使用 while True 作为无限循环，当检测到要结束循环时再执行 break 指令离开循环。

以下是输入成绩的自定义函数 enter_score(subject_no)的程序片段。（注意，在第 3 行和第 4 行最后的反斜线用于同一行太长的程序语句进行分行，读者可以照原样输入，也可以把反斜线去掉，把后面接着的内容移到同一行即可，也就是说下面片段中的第 3~5 行其实是同一行程序语句。）

```
def enter_score(subject_no):
    for no, name in class_2012.items():
        scores[subject_no][no] = \
          int(input("{},{}的{}成绩:". \
            format(no, name, subjects[subject_no])))
    print(scores[subject_no])
    x = input("按 Enter 返回主菜单")
```

在此片段中，我们利用 for 循环分别把在 class_2012 中的学生学号和姓名逐一取出，存放在 no 和 name 两个变量中，以方便在输入时同时显示学生的学号和姓名，避免输入错误。同时，利用 subject_no 指定处理的科目，到 subjects 列表中取出科目名称，然后使用 scores[subject_no][no]接收用户输入的该学生这门课程的成绩。

显示成绩的自定义函数程序片段如下：

```
def disp_score_table():
    for no in class_2012.keys():
        print("{:<5}:".format(class_2012[no]), end="")
        sum = 0
        for subject_no in range(0,3):
            sum = sum + scores[subject_no][no]
            print("{}:{:>3} ".format(subjects[subject_no], \
              scores[subject_no][no]), end="")
        print("总分:{:>3}, 平均:.2f".format(sum, \
          float(sum)/len(scores)))
    x = input("按 Enter 返回主菜单")
```

在这个函数中，我们使用了两重循环来显示学生的成绩单。最外层的循环调用 class_2012.keys() 把学生学号取出来并存放在 no 变量中，并据此显示学生的个人信息（学号和姓名），接着以一层循环把变量 subject_no 分别从 0 开始一直执行到 2（共 3 遍，因为有 3 科成绩），每一次循环可以取出一科成绩（以 scores[subject_no][no]取得该学生的该科成绩），除了把取出的 3 科成绩显示出来之外，还要加总到 sum 变量中，全部取完之后，再显示总分并计算平均分，最后显示出来。

完整的成绩处理程序如程序 7-13 所示（注意，os.system("clear")语句用于清除屏幕，在 Windows 命令提示符下请把 clear 改为 cls）。

程序 7-13

```python
# _*_ coding: utf-8 _*_
# 程序 7-13 (Python 3 version )
import os
class_2012 = dict()  #记录学生学号及姓名
chi_score = dict() #记录语文成绩
eng_score = dict() #记录英语成绩
mat_score = dict() #记录数学成绩
subjects = ["语文", "英语", "数学"]
scores = [chi_score, eng_score, mat_score]

def disp_menu():
    os.system("clear")
    print("Class 2012 班级成绩管理系统")
    print("-------------------------")
    print("1. 输入学生姓名")
    print("2. 输入语文成绩")
    print("3. 输入英语成绩")
    print("4. 输入数学成绩")
    print("5. 显示成绩单")
    print("0. 结束程序")
    print("-------------------------")

def enter_std_data():
    while True:
        no = int(input("学号（0==>停止输入）："))
        if no <=0 or no >100: break
        name = input("姓名：")
        class_2012[no] = name
        print(class_2012)

def enter_score(subject_no):
    for no, name in class_2012.items():
        scores[subject_no][no] = \
          int(input("{},{}的{}成绩:". \
            format(no, name, subjects[subject_no])))
    print(scores[subject_no])
    x = input("按 Enter 返回主菜单")

def disp_score_table():
    for no in class_2012.keys():
        print("{:<5}:".format(class_2012[no]), end="")
        sum = 0
        for subject_no in range(0,3):
```

```
            sum = sum + scores[subject_no][no]
            print("{}:{:>3} ".format(subjects[subject_no], \
                scores[subject_no][no]), end="")
        print("总分:{:>3}, 平均:{:.2f}".format(sum, \
            float(sum)/len(scores)))
    x = input("按 Enter 返回主菜单")


### 主程序从这里开始

while True:
    disp_menu()
    user_choice = int(input("请输入您的选择："))
    if user_choice==1:
        enter_std_data()
    elif user_choice>=2 and user_choice<=4:
        enter_score(user_choice-2)
    elif user_choice==5:
        disp_score_table()
    else:
        break
print("谢谢您的使用，再见！")
```

本程序执行之后会先显示主界面，用户需按照顺序输入学生姓名和语文、英语、数学的成绩等。输入完毕之后，再选择 5 即可显示出此班学生的成绩单。由于没有特别的设置与限制，因此输入学生的信息是以新输入的学号和姓名为准的，如果后面输入的学号与之前输入过的一样，那么第二次输入的数据就会把之前输入的数据覆盖掉。以下是输入班级学生名单的执行界面。

```
Class 2012 班级成绩管理系统
------------------------
1. 输入学生姓名
2. 输入语文成绩
3. 输入英语成绩
4. 输入数学成绩
5. 显示成绩单
0. 结束程序
------------------------
请输入您的选择：1
学号（0==>停止输入）：1
姓名：林小明
{1: '林小明'}
学号（0==>停止输入）：2
姓名：曾小花
{1: '林小明', 2: '曾小花'}
学号（0==>停止输入）：3
```

```
姓名：王小花
{1: '林小明', 2: '曾小花', 3: '王小花'}
学号（0==>停止输入）：
```

而在输入成绩的时候，无论之前是否已经输入过，全部是从头开始的，按照现有的学生数据逐一要求输入成绩。以下是输入语文成绩时的屏幕显示界面。

```
Class 2012 班级成绩管理系统
--------------------------
1. 输入学生姓名
2. 输入语文成绩
3. 输入英语成绩
4. 输入数学成绩
5. 显示成绩单
0. 结束程序
--------------------------
请输入您的选择：2
1,林小明的语文成绩:95
2,曾小花的语文成绩:85
3,王小花的语文成绩:64
{1: 95, 2: 85, 3: 64}
按 Enter 返回主菜单
```

显示成绩单的结果如下：

```
Class 2012 班级成绩管理系统
--------------------------
1. 输入学生姓名
2. 输入语文成绩
3. 输入英语成绩
4. 输入数学成绩
5. 显示成绩单
0. 结束程序
--------------------------
请输入您的选择：5
林小明    :语文: 95 英语: 95 数学: 95 总分:285, 平均:95.00
曾小花    :语文: 85 英语: 68 数学: 84 总分:237, 平均:79.00
王小花    :语文: 64 英语: 54 数学: 95 总分:213, 平均:71.00
按 Enter 返回主菜单
```

为了使程序简单易读，本程序没有编写错误预防措施，在输入的过程中，若数据有输入错误的地方，程序的执行随时可能会被中断。例外处理的工作留在本章的习题中，作为读者练习之用。

此外，因为每一次执行之后并未执行存盘的操作，所以每一次执行都必须重新输入数据，这点留到第 8 章再说明如何把内存中的数据存到文件中，以便之后重复运用。

7-6 习　　题

1. 请设计一个程序，可以根据用户输入的数字来模拟掷骰子的次数，然后列出每一个数字出现的百分比。

2. 请参考程序 7-8，将程序改为执行 10 次循环，但是遇到数字 1 或 6 的时候就不显示，遇到其他数字则显示出来。

3. 请为程序 7-13 加入成绩统计的功能（单科之最高、最低以及平均成绩）。

4. 在 Python 中语法错误是否可以当作例外处理？请举例说明。

5. 请为程序 7-13 加入例外处理的功能。

第 8 章

文件、数据文件与数据库的操作

* 8-1　文件与目录的操作
* 8-2　数据文件的操作
* 8-3　Python 与数据库
* 8-4　数据库应用程序
* 8-5　习题

8-1　文件与目录的操作

磁盘操作是处理数据中非常重要的一环，善用磁盘操作功能可以让我们通过程序的自动化功能协助整理磁盘中的文件与文件夹，做好分类管理。例如，程序 5-2 就是利用 Python 的磁盘管理函数把目标文件夹中的所有图像文件都放在同一个文件夹中，本节将会进一步说明与介绍。

要在 Python 中操作磁盘文件，就要使用几个重要的内建模块，即 os.path、glob、os.walk、os.system 以及 shutil。

8-1-1　os.path

在使用 os.path 之前要先导入：import os.path。它的几个重要的功能函数如表 8-1 所示。

表 8-1　os.path 主要的方法及其使用说明

函数或方法	说明
abspath	提供任何一个路径或文件名，会返回完整的路径名称
basename	返回路径名称的最后一个文件名或目录名称
dirname	返回指定路径名称的上层完整路径名称
exists	检查某一指定的路径或文件是否存在
getsize	返回指定文件的文件大小（Byte）
isabs	检查指定的路径是否为完整路径名称（绝对路径）
isfile	检查指定的路径是否为文件
isdir	检查指定的路径是否为目录
split	把绝对路径的文件和上层路径分开（取出文件名）
splitdrive	把绝对路径的磁盘驱动器和下层路径分开（取出磁盘驱动器）
join	把路径和文件名正确地结合成完整路径

前 3 个函数的执行范例如下（在 Mac OS 中的范例）：

```
>>>import os.path
>>>a = os.path.abspath("7-1.py")
>>>a
'/Volumes/Transcend/Dropbox/2015books/python/book_sample/7-1.py'
>>>os.path.basename(a)
'7-1.py'
>>>os.path.dirname(a)
'/Volumes/Transcend/Dropbox/2015books/python/book_sample'
>>>a = os.path.abspath(".")
>>>a
'/Volumes/Transcend/Dropbox/2015books/python/book_sample'
>>>os.path.basename(a)
'book_sample'
>>>os.path.dirname(a)
'/Volumes/Transcend/Dropbox/2015books/python'
>>>
```

以下是在 Windows 10 中的执行范例：

```
>>>import os.path
>>>a = os.path.abspath("7-13.py")
>>>a
'D:\\Dropbox\\2015books\\python\\book_sample\\7-13.py'
>>>os.path.abspath(a)
'D:\\Dropbox\\2015books\\python\\book_sample\\7-13.py'
>>>os.path.basename(a)
'7-13.py'
>>>os.path.dirname(a)
```

```
'D:\\Dropbox\\2015books\\python\\book_sample'
>>>
```

以下是 split 和 splitdrive 在 Windows 10 中的执行范例：

```
>>>import os.path
>>>a = os.path.abspath("7-1.py")
>>>a
'D:\\Dropbox\\2015books\\python\\book_sample\\7-1.py'
>>>os.path.split(a)
('D:\\Dropbox\\2015books\\python\\book_sample', '7-1.py')
>>>os.path.splitdrive(a)
('D:', '\\Dropbox\\2015books\\python\\book_sample\\7-1.py')
>>>
```

以下为 split 和 splitdrive 在 Mac OS 中的执行范例：

```
>>>import os.path
>>>a = os.path.abspath("7-1.py")
>>>a
'/Volumes/Transcend/Dropbox/2015books/python/book_sample/7-1.py'
>>>os.path.split(a)
('/Volumes/Transcend/Dropbox/2015books/python/book_sample', '7-1.py')
>>>os.path.splitdrive(a)
('', '/Volumes/Transcend/Dropbox/2015books/python/book_sample/7-1.py')
>>>
```

因为 Mac OS 中的磁盘驱动器的概念与 Windows 中不同，所以使用 splitdrive 分割之后，磁盘驱动器的部分得到的是空字符串。

8-1-2　glob

glob 是用来处理文件列表非常好用的外部模块。只要使用 import glob 导入之后，通过 glob.glob ("路径名称")就可以获取一个文件列表，而路径名称中可以使用通配符，以方便找出各种组合的文件。例如想要列出范例程序文件目录中第 5 章的所有 Python 程序文件，我们可以如下操作：

```
>>>import glob
>>>files = glob.glob("5-*.py")
>>>for f in files:
...     print(f)
...
5-2.py
5-3.py
>>>
```

而搭配 8-1-1 小节介绍的列出完整路径的功能（os.path.abspath()），可以如下操作（在 Mac OS 中的执行范例）：

```
>>>import os.path, glob
>>>files = glob.glob("5-*.py")
>>>for f in files:
...     print(os.path.abspath(f))
...
/Volumes/Transcend/Dropbox/2015books/python/book_sample/5-2.py
/Volumes/Transcend/Dropbox/2015books/python/book_sample/5-3.py
>>>
```

获取每一个文件的完整路径名称,就不用担心存取时会因为当前路径不一样而发生找不到文件的问题了。glob 主要是列出所有符合条件的文件夹中的所有文件列表,如果指定的内容是一个文件夹的名称,就会返回一个名为该文件夹的单一元素列表(假设 images 是当前程序所在文件夹下的另一个子目录),例如:

```
>>>import glob
>>>glob.glob("images")
['images']
>>>
```

并不会因为 images 是一个文件夹名称而继续往下搜索。如果能够把指定的文件夹中所有的文件名和所属的子文件夹中所有的文件全部都找出来,那么要使用的是 os.walk。

8-1-3 os.walk

我们先在文件夹中准备一个范例树状结构文件夹 sampletree,其结构如下。其中,文件 f1、f2、f3 放置于 sampletree 文件夹下,而 f4、f5、f6 则放在 a 文件夹下,另外,b 和 c 文件夹为空的子目录。

```
D:\Dropbox\2015books\python\book_sample>tree sampletree
卷 WINVISTA 的文件夹 PATH 列表
卷序列号为 5ACE-070E
D:\DROPBOX\2015BOOKS\PYTHON\BOOK_SAMPLE\SAMPLETREE
├─a
├─b
└─c
```

请看以下操作示例:

```
>>>import os
>>>sample_tree = os.walk("sampletree")
>>>fordirname, subdir, files in sample_tree:
...     print(dirname)
...     print(subdir)
...     print(files)
...     print()
...
```

```
sampletree
['a', 'b', 'c']
['f1', 'f2', 'f3']

sampletree\a
[]
['f4', 'f5', 'f6']

sampletree\b
[]
[]

sampletree\c
[]
[]

>>>
```

os.walk 会返回一个由 3 个元素的元组所组成的列表，元组里面的值分别是文件夹名称、下一层文件夹列表、本文件夹内所有的文件列表，由这些数据组合出所有往下的树状目录结构的内容。从这个元组的第一个参数可以知道当前在处理的文件夹是哪一个，而第二个参数用来了解在此文件夹中还有几个下层文件夹，分别叫什么名字，第三个参数就是此文件夹中的所有文件名。

由此可知，上述例子只要再搭配 abspath，即可列出所有文件的完整路径名称，有了这些完整路径，在操作上就不会因为执行程序的位置不同而找不到文件了。

```
>>>import os
>>>sample_tree = os.walk("sampletree")
>>>for dirname, subdir, files in sample_tree:
...     for filename in files:
...         print(os.path.abspath(filename))
...
/Volumes/Transcend/Dropbox/2015books/python/book_sample/f1
/Volumes/Transcend/Dropbox/2015books/python/book_sample/f2
/Volumes/Transcend/Dropbox/2015books/python/book_sample/f3
/Volumes/Transcend/Dropbox/2015books/python/book_sample/f4
/Volumes/Transcend/Dropbox/2015books/python/book_sample/f5
/Volumes/Transcend/Dropbox/2015books/python/book_sample/f6
>>>
```

8-1-4　os.system 和 shutil

通过前面几个小节的模块在程序中即可精确地找到所需要的目标文件，那么要如何通过指令来操作这些文件呢？有两种简易的方法，一种是 os.system；另一种是 shutil。

os.system 直截了当地把命令交由操作系统执行：

```
os.system(cmd)
```

其中，cmd 代表在操作系统中可以执行的命令。以下是在 Mac OS 中的操作示例：

```
>>>os.system("ls -al 5-*.py")
-rwxrwxrwx@ 1 skynet  staff  822 12 30 16:19 5-2.py
-rwxrwxrwx@ 1 skynet  staff  804 12 30 17:51 5-3.py
0
>>>os.system("cp 5-2.py test.py")
0
>>>os.system("cat test.py")
# _*_ coding: utf-8 _*_
# Mac OS, Python 2.7.11

importos, shutil, glob
source_dir = "images/"
(...中间省略...)
shutil.copyfile(f, targetfile)
imageno += 1
0
>>>os.system("cls")
sh: cls: command not found
32512
```

如果命令正确，就会在执行完命令之后返回 0，如果命令无法执行（如上例后面的 os.system("cls")，因为在 Mac OS 中清除屏幕的命令是 clear），除了显示"command not found"错误提示信息之外，也不会返回代表执行正确的 0 值。但是，此命令无法把运行结果取回程序中来处理，如果需要命令执行的输出结果，就使用"commands"模块。另外要注意的是，在 os.system 方法中，执行的系统命令和使用的操作系统有很大的关系（Mac OS 和 Windows 接受的命令差异很大），因此在程序设计中，os.command 并不常用。

比较常用的文件操作是 shutil，它是高级的目录和文件操作模块，常用的方法如表 8-2 所示。

表 8-2 shutil 程序包常用的函数或方法

函数或方法	简要说明
copyfile(s,d)	把文件 s 复制为 d（仅复制文件内容，不含属性）
copy(s,d)	把文件 s 复制为 d（含有文件的权限属性）
copy2(s,d)	把文件 s 复制为 d（含所有的文件属性）
copytree(s,d)	把整个目录 s（包含里面所有的内容）复制一份到 d
rmtree(p)	删除 p 目录以及里面所有的内容
move(s,d)	把 s 目录或文件搬移到 d

表 8-2 中怎么没有删除文件和删除空目录的方法呢？其实这在 os 中就有了，删除文件使用 os.remove(file)，删除一个空的目录则使用 os.rmdir(directory)。

另外，在处理文件和目录的时候，由于 Windows 操作系统对于文件的属性定义较为直接，因此要注意的地方较少。但是，对于 Mac OS 和 Linux 操作系统而言，文件和目录的属性还包括不同身份的访问权限以及有些文件其实是链接而不是文件这种情况。例如，copy 除了复制文件的内容之外，也会连同文件的访问权限一起复制，copyfile 则只复制文件的内容。每个函数各有其用途，这要视程序的设计需求而定。

8-2 数据文件的操作

在第 7 章最后一个范例程序中，每一次执行程序输入学生的数据并计算成绩之后，并没有把这些数据都保存下来，因此每一次执行程序时都要重新输入一次数据，非常不方便。在这一节中，我们将介绍的数据文件操作正好可以解决这个问题。

除了成绩处理程序之外，配合字符串的分析与处理函数，学完这一节之后，我们就有能力通过程序自动处理许多文字数据了。

8-2-1 文本文件的读取与写入

数据文件的读取与写入是 Python 的基本功能之一，使用之前并不需要导入任何模块，只要使用 open 函数把想要打开的文件打开，获取其文件指针即可：

```
fp = open("文件名", "文件打开模式")
```

常用的文件打开模式分别有"r"、"w"以及"a"，其中"r"为读取，"w"为写入，而"a"则为附加（也是写入的一种，但是并不会删除原有的内容，而是把后来的内容附加到原有的内容之后）。在大部分应用中，都是以文本文件的方式存取文件的内容的，简单地说，就是以字符串的类型查看文件的内容。如果要特别注明读取或写入的文件类型是文本文件，可以加上"t"，而如果是要存储像是图像这种数据，属于二进制文件，则需要加上"b"。

读取文件的方法主要有 3 种，分别是 read()、readline()和 readlines()。read()会一次性把所有的文件内容以字符串的形式读入变量中，而 readline()是一次只读取文件的一行文本，同样也是返回一个字符串，readlines()则是把每一行拆开放在每一个不同的字符串变量中，并以列表的方式汇集在一起。程序 8-1 是一个读取文件内容并把读到的内容显示在屏幕上的范例程序。

程序 8-1

```
# _*_ coding: utf-8 _*_
# 程序 8-1.py (Python 3 version)

fp = open("zop.txt", "r")
zops = fp.readlines()
fp.close()
i=1
print("The Zen of Python")
```

```
for zen in zops:
print("Zen {}: {}".format(i, zen),end="")
i += 1
```

程序 8-1 列出文件 zop.txt 的内容，并把它拆成一行一行分开显示，由于此文本文件的每一行后面已有换行符号，因此在 print 后面加上 end=""以避免多换了一行（end 是 print 函数中的一个参数，如果不指定的话，其默认值就是 "\n" 换行符号，因此在这里利用传递参数为空字符串的方式，让它在打印完之后不执行换行的操作）。

其实在程序中使用 "import this" 也会显示 Python 程序设计指导原则的内容，如 zop.txt 的内容（后面的 "\n" 在编辑器中是看不到的）：

```
Beautiful is better than ugly.\n
Explicit is better than implicit.\n
Simple is better than complex.\n
Complex is better than complicated.\n
Flat is better than nested.\n
Sparse is better than dense.\n
Readability counts.\n
Special cases aren't special enough to break the rules.\n
Although practicality beats purity.\n
Errors should never pass silently.\n
Unless explicitly silenced.\n
In the face of ambiguity, refuse the temptation to guess.\n
There should be one-- and preferably only one --obvious way to do it.\n
Although that way may not be obvious at first unless you're Dutch.\n
Now is better than never.\n
Although never is often better than *right* now.\n
If the implementation is hard to explain, it's a bad idea.\n
If the implementation is easy to explain, it may be a good idea.\n
Namespaces are one honking great idea -- let's do more of those!\n
```

程序 8-1 的运行结果如下：

In [3]: edit 8-1.py

Editing... done. Executing edited code...

The Zen of Python

Zen 1: Beautiful is better than ugly.

Zen 2: Explicit is better than implicit.

Zen 3: Simple is better than complex.

Zen 4: Complex is better than complicated.

Zen 5: Flat is better than nested.

Zen 6: Sparse is better than dense.

Zen 7: Readability counts.

Zen 8: Special cases aren't special enough to break the rules.

Zen 9: Although practicality beats purity.

> Zen 10: Errors should never pass silently.
> Zen 11: Unless explicitly silenced.
> Zen 12: In the face of ambiguity, refuse the temptation to guess.
> Zen 13: There should be one-- and preferably only one --obvious way to do it.
> Zen 14: Although that way may not be obvious at first unless you're Dutch.
> Zen 15: Now is better than never.
> Zen 16: Although never is often better than *right* now.
> Zen 17: If the implementation is hard to explain, it's a bad idea.
> Zen 18: If the implementation is easy to explain, it may be a good idea.
> Zen 19: Namespaces are one honking great idea -- let's do more of those!

如果打开了文件之后就不再处理该文件了,那么使用 with 语句可以使程序更为简洁:

```
zops=[]
with open('zop.txt') as fp:
    zops = fp.readlines()
```

程序 8-1 把要被读取的文件名写在程序中其实并不是一个很好的做法,等于是每次要处理另一个文件时,就要重新修改程序。对于此类文字处理程序(输入一个文件,改变格式之后再输出),一般会把要处理的文本文件对象以命令行参数的方式输入程序中。程序执行时的命令行参数可以在程序中使用 sys.argv 来获取,请参考程序 8-2 的内容。

程序 8-2

```
# _*_ coding: utf-8 _*_
# 程序 8-2 (Python 3 version)

import sys

print("参数长度={}".format(len(sys.argv)))
i = 0
for arg in sys.argv:
    print("第{}个参数是:{}".format(i,arg))
    i += 1
```

以下为程序 8-2 的运行结果(这段程序需要在命令提示符的环境下运行,如果是 Windows 操作系统,可以执行 Anaconda Prompt 进入命令提示符环境,而在 Mac OS 和 Linux 中则是在终端程序(Terminal)中运行,下面这个例子是在 Mac OS 的终端程序中运行的结果):

```
$ python 8-2.py a1 a2 a3
参数长度=4
第 0 个参数是:8-2.py
第 1 个参数是:a1
第 2 个参数是:a2
第 3 个参数是:a3
```

搭配此方式，现在可以把学生的记录（含学号和姓名）先录入文本文件中，要使用的时候直接读入即可，例如含有学生记录的文件 class_2012.txt 的内容如下：

```
1,林小明
2,曾小花
3,王大华
4,李大有
5,张小金
6,林明华
7,沈家玉
```

程序 8-3 是读取上述文件的程序，程序代码如下。

程序 8-3

```python
# _*_ coding: utf-8 _*_
# 程序 8-3.py (Python 3 version)

import sys

if len(sys.argv)<2:
    print("使用方法：python 8-2.py 学生班级")
    exit(1)
std_data=dict()
with open(sys.argv[1],encoding='utf-8') as fp:
    alldata = fp.readlines()
for item in alldata:
    no, name = item.rstrip('\n').split(',')
    std_data[no] = name
print(std_data)
```

在程序 8-3 中，一开始使用 len(sys.argv)判断参数的长度，如果长度小于 2，就表示用户在执行 8-3.py 的时候没有加上参数，显示出使用的方法以提醒用户如何操作此指令，然后执行 exit(1)结束程序的运行。

由于 Windows 的命令提示符环境下的编码方式并不是 utf-8，因此在 open 的时候要指定使用的编码方式（encoding='utf-8'），以避免在执行程序时碰到程序无法正确识别汉字字符的问题。

在顺利执行打开文件的任务时，把所有的文件内容以分行的方式读取到 alldata 列表变量中，再通过 for 循环找出每一行，先把行末的换行符号"\n"使用 rstrip('\n')删除掉，再使用 split(',')以逗号分开学号和姓名，分别存放到 no 和 name 变量中，再把这两个变量放到 std_data 字典变量中。在循环结束之后，数据也就提取完成了。以下是程序的运行结果：

(d:\Anaconda3_5.0) D:\mypython>python 8-3.py

使用方法：python 8-2.py 学生班级

  (d:\Anaconda3_5.0) D:\mypython>python 8-3.py class_2012.txt
  {'1': '林小明', '2': '曾小花', '3': '王大华', '4': '李大有', '5': '张小金', '6': '林明华', '7': '沈家玉'}

使用此方法，下次要再进行成绩处理的时候，就可以把学生的数据以文本文件的格式放到文件中，要使用时再读进内存，不用每一次执行程序时都要重新输入学生的基本数据。

有读取文件的功能，就会有写入文件的功能。写入文件时，一开始也是使用 open 打开文件，不过这一次后面的模式要改为 'w' 或 'a'，而且真正写入文件时，也是以 write(字符串)函数来进行的。由于文本文件操作的 write 函数只接收字符串，因此当写入的数据不是字符串时，要使用 str() 函数来转换。程序 8-4 示范了如何接收输入成绩数据，然后把成绩写入文件中。

程序 8-4

```python
# _*_ coding: utf-8 _*_
# 程序 8-4.py (Python 3 version)

import sys

if len(sys.argv)<2:
    print("使用方法：python 8-4.py 成绩文件")
    exit(1)

no=1
scores=dict()
while True:
    score = int(input('请输入第{}号的成绩:(-1 结束)'.format(no)))
    if score == -1: break;
    scores[no] = score
    no += 1

with open(sys.argv[1],'w') as fp:
    fp.write(str(scores))
print("{}已存储完毕".format(sys.argv[1]))
```

以下是程序的运行结果：

  (d:\Anaconda3_5.0) D:\mypython>python 8-4.py

使用方法：python 8-4.py 成绩文件

```
(d:\Anaconda3_5.0) D:\mypython>python 8-4.py s1.txt
请输入第 1 号的成绩:(-1 结束)87
请输入第 2 号的成绩:(-1 结束)67
请输入第 3 号的成绩:(-1 结束)89
请输入第 4 号的成绩:(-1 结束)90
```

```
请输入第 5 号的成绩: (-1 结束) 85
请输入第 6 号的成绩: (-1 结束) 45
请输入第 7 号的成绩: (-1 结束) -1
s1.txt 已被储存完毕
```

而 s1.txt 的内容 (也就是实际存盘后的内容) 如下:

```
{1: 87, 2: 67, 3: 89, 4: 90, 5: 85, 6: 45}
```

基本上就是字典变量直接被转换成字符串存起来。要读取此类文件并转换成字典的数据结构 (文件内容看起来是字典类型的样子,但实际上是字符串类型,所以如果以前面介绍的方式读取进来,放到变量中只能成为字符串数据),还需要另一个 ast 模块进行类型转换的操作,请参考程序 8-5 的内容。

程序 8-5

```python
# _*_ coding: utf-8 _*_
# 程序 8-5.py (Python 3 version)
import sys, ast

if len(sys.argv)<2:
    print("使用方法: python 8-5.py 成绩文件")
    exit(1)

scores = dict()
with open(sys.argv[1],'r') as fp:
    filedata = fp.read()
    scores = ast.literal_eval(filedata)
print("以下是{}成绩文件的字典类型数据:".format(sys.argv[1]))
print(scores)
```

只要在文件中以字符串类型存储的字典格式正确,通过 ast.literal_eval(filedata) 函数就可以正确地把 filedata 转换成字典类型以供后续程序代码使用。以下是程序 8-5 的运行结果:

(d:\Anaconda3_5.0) D:\mypython>python 8-5.py

使用方法: python 8-5.py 成绩文件

```
(d:\Anaconda3_5.0) D:\mypython>python 8-5.py s1.txt
```

以下是 s1.txt 成绩文件的字典类型数据:

```
{1: 87, 2: 67, 3: 89, 4: 90, 5: 85, 6: 45}
```

至此,已经能够解决第 7 章最后的范例程序存储数据的问题了。

8-2-2　文本文件的应用

在这一小节中，我们将示范如何从网页中提取数据，然后使用程序处理，进而成为可供查询的结构化数据。在此，以“道客巴巴”网站提供的中国主要城市月平均温度为例，直接前往网页获取这些数据，存盘之后使用程序加以分析应用。本例所使用的数据如图 8-1 所示（网址：http://www.doc88.com/p-3087526330093.html）。

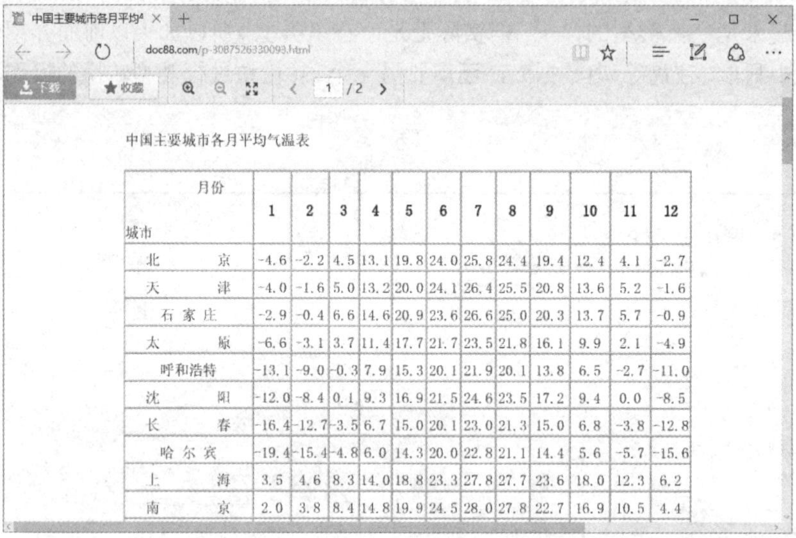

城市 \ 月份	1	2	3	4	5	6	7	8	9	10	11	12
北京	-4.6	-2.2	4.5	13.1	19.8	24.0	25.8	24.4	19.4	12.4	4.1	-2.7
天津	-4.0	-1.6	5.0	13.2	20.0	24.1	26.4	25.5	20.8	13.6	5.2	-1.6
石家庄	-2.9	-0.4	6.6	14.6	20.9	23.6	26.6	25.0	20.3	13.7	5.7	-0.9
太原	-6.6	-3.1	3.7	11.4	17.7	21.7	23.5	21.8	16.1	9.9	2.1	-4.9
呼和浩特	-13.1	-9.0	-0.3	7.9	15.3	20.1	21.9	20.1	13.8	6.5	-2.7	-11.0
沈阳	-12.0	-8.4	0.1	9.3	16.9	21.5	24.6	23.5	17.2	9.4	0.0	-8.5
长春	-16.4	-12.7	-3.5	6.7	15.0	20.1	23.0	21.3	15.0	6.8	-3.8	-12.8
哈尔滨	-19.4	-15.4	-4.8	6.0	14.3	20.0	22.8	21.1	14.4	5.6	-5.7	-15.6
上海	3.5	4.6	8.3	14.0	18.8	23.3	27.8	27.7	23.6	18.0	12.3	6.2
南京	2.0	3.8	8.4	14.8	19.9	24.5	28.0	27.8	22.7	16.9	10.5	4.4

图 8-1　“道客巴巴”网站提供的中国主要城市月平均温度数据

我们使用鼠标标记的方式把想要使用的数据复制下来，然后打开任一标准文本文件编辑程序（本例使用 Windows 的记事本），贴上刚刚选取的文字内容，如图 8-2 所示。

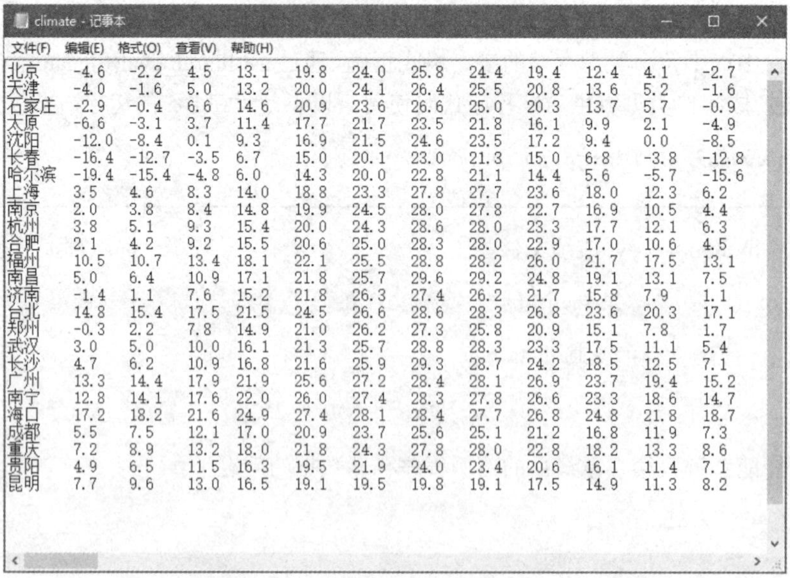

北京	-4.6	-2.2	4.5	13.1	19.8	24.0	25.8	24.4	19.4	12.4	4.1	-2.7
天津	-4.0	-1.6	5.0	13.2	20.0	24.1	26.4	25.5	20.8	13.6	5.2	-1.6
石家庄	-2.9	-0.4	6.6	14.6	20.9	23.6	26.6	25.0	20.3	13.7	5.7	-0.9
太原	-6.6	-3.1	3.7	11.4	17.7	21.7	23.5	21.8	16.1	9.9	2.1	-4.9
沈阳	-12.0	-8.4	0.1	9.3	16.9	21.5	24.6	23.5	17.2	9.4	0.0	-8.5
长春	-16.4	-12.7	-3.5	6.7	15.0	20.1	23.0	21.3	15.0	6.8	-3.8	-12.8
哈尔滨	-19.4	-15.4	-4.8	6.0	14.3	20.0	22.8	21.1	14.4	5.6	-5.7	-15.6
上海	3.5	4.6	8.3	14.0	18.8	23.3	27.8	27.7	23.6	18.0	12.3	6.2
南京	2.0	3.8	8.4	14.8	19.9	24.5	28.0	27.8	22.7	16.9	10.5	4.4
杭州	3.8	5.1	9.3	15.4	20.0	24.3	28.6	28.0	23.3	17.7	12.1	6.3
合肥	2.1	4.2	9.2	15.5	20.6	25.0	28.3	28.0	22.9	17.0	10.6	4.5
福州	10.5	10.7	13.4	18.1	22.1	25.5	28.8	28.2	26.0	21.7	17.5	13.1
南昌	5.0	6.4	10.9	17.1	21.8	25.7	29.6	29.2	24.8	19.1	13.1	7.5
济南	-1.4	1.1	7.6	15.2	21.8	26.3	27.4	26.2	21.7	15.8	7.9	1.1
台北	14.8	15.4	17.5	21.5	24.5	26.6	28.6	28.3	26.8	23.6	20.3	17.1
郑州	-0.3	2.2	7.8	14.9	21.0	26.2	27.3	25.8	20.9	15.1	7.8	1.7
武汉	3.0	5.0	10.0	16.1	21.3	25.7	28.8	28.3	23.3	17.5	11.1	5.4
长沙	4.7	6.2	10.9	16.8	21.6	25.9	29.3	28.7	24.2	18.5	12.5	7.1
广州	13.3	14.4	17.9	21.9	25.6	27.2	28.4	28.1	26.9	23.7	19.4	15.2
南宁	12.8	14.1	17.6	22.0	26.0	27.4	28.3	27.8	26.6	23.3	18.6	14.7
海口	17.2	18.2	21.6	24.9	27.4	28.1	28.4	27.7	26.8	24.8	21.8	18.7
成都	5.5	7.5	12.1	17.0	20.9	23.7	25.6	25.1	21.2	16.8	11.9	7.3
重庆	7.2	8.9	13.2	18.0	21.8	24.3	27.8	28.0	22.8	18.2	13.3	8.6
贵阳	4.9	6.5	11.5	16.3	19.5	21.9	24.0	23.4	20.6	16.1	11.4	7.1
昆明	7.7	9.6	13.0	16.5	19.1	19.5	19.8	19.1	17.5	14.9	11.3	8.2

图 8-2　使用标准文本文件编辑器打开保存了气温数据的文件

在此编辑器中，把文件存储成 climate.txt（标准文本文件）。由于复制下来的文件内容所有的数据项之间均使用制表符（Tab）作为分隔符，且每一行的最后有一个"\n"换行符号，因此在读入此数据之后，先以 lstrip('\n')去除最右边的换行符号，再以 split('\t')分隔符分割每一个数据项，使其成为列表类型。

为了方便存取数据，在此例使用 climate_data 列表变量存储加载的数据，climate_data 的数据结构如图 8-3 所示。

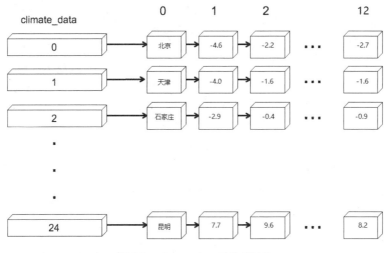

图 8-3　climate_data 的数据结构

climate_data 本身是一个列表，而其中的每一个元素也都是一个列表，这些列表的内容就是每一个城市的名称（元素 0）、1 到 12 月的平均气温（元素 1-12）。所以，如果要获取"昆明"这个地名，其参考变量为 climate_data[24][0]，而要取得"北京"在 12 月的平均气温，则为 climate_data[0][12]。

完整的程序请参考程序 8-6。

程序 8-6

```
# -*- coding: utf-8 -*-
# 程序 8-6.py (Python 3 version)

def disp_area():
    i = 0
    for a in climate_data:
        print("{:>2}:{:<6}\t".format(i,a[0]), end="")
        i += 1
        if not (i % 5): print()
    print()

def disp_temp(data):
    print("显示城市:", data[0])
    print("----------------------")
```

```python
    for i in range(1,13):
        print("{:>2}月均气温:{:>.1f}度".format(i, float(data[i])))
    print("----------------------")

target_file = 'climate.txt'
fp = open(target_file, 'r', encoding='utf-8')
raw_data = fp.readlines()
climate_data=[]
for item in raw_data:
    climate_data.append(item.rstrip('\n').split('\t'))

while True:
    disp_area()
    area = int(input("请输入你要查询平均气温的城市：(-1 结束)"))
    if area == -1: break
    disp_temp(climate_data[area])
    x = input("请按 Enter 键回主菜单")
```

程序 8-6 由 4 个主要功能所构成，如表 8-3 所示。

表 8-3 程序 8-6 的主要功能说明

主要功能	说明
读取数据文件	先定义 climate_data 为列表变量，在读取到经过分行后的原始文本文件数据 raw_data 之后，通过 rstrip 和 split 适当地切割数据项，再用 append 附加到 climate_data 列表中
显示主菜单	disp_area()函数：从 climate_data 中取出各元素列表的第 0 个元素，即城市名称，采用适当的 format 格式化后输出
显示平均气温	disp_temp(data)函数：传进来的 data 即为记录单一城市的平均气温数据，只要按照各个元素位置取出其值，再使用 format 格式化输出后即可
查询主程序	使用一个无限循环 while True 执行显示菜单、获取用户输入的选择，先检查是否为-1，若是 -1，则以 break 结束循环以及程序的执行，若不是-1，则调用 disp_temp(data)显示该城市的平均气温

以下为程序 8-6 的运行结果：

```
$ python 8-6.py
 0:北京    1:天津    2:石家庄   3:太原    4:沈阳
 5:长春    6:哈尔滨  7:上海    8:南京    9:杭州
10:合肥   11:福州   12:南昌   13:济南   14:台北
15:郑州   16:武汉   17:长沙   18:广州   19:南宁
20:海口   21:成都   22:重庆   23:贵阳   24:昆明
请输入你要查询平均气温的城市：(-1 结束)12

显示城市：南昌
----------------------
 1月平均气温:5.0 度
```

```
2月平均气温:6.4度
3月平均气温:10.9度
4月平均气温:17.1度
5月平均气温:21.8度
6月平均气温:25.7度
7月平均气温:29.6度
8月平均气温:29.2度
9月平均气温:24.8度
10月平均气温:19.1度
11月平均气温:13.1度
12月平均气温:7.5度
---------------------
请按Enter键回主菜单
```

此程序开始执行之后，会显示出所有的城市作为菜单选项，每一个城市均有一个编号，只要输入编号再按 Enter 键，就会显示该城市的每月平均气温，并等待用户按 Enter 键后，回到主菜单再执行一次，直到用户输入-1 才会结束程序。

在此流程中，我们是以人工的方式获取网站上的数据，在第 9 章中，会再介绍如何将此部分改为以自动的方式获取所需要的数据。也就是让程序可以直接上网去提取所需的数据，而不用通过鼠标的复制、粘贴再保存的手动操作方式来提取所需的数据。

8-2-3 读取 JSON 格式的数据

在存取网络数据时，经常会遇到 JSON 格式，对于 JSON 格式的数据，Python 也能够轻易地获取。什么是 JSON 呢？JSON 是 JavaScript Object Notation 的简称，设计之初是为了让 JavaScript 可以使用轻量级（与 XML 相比）数据交换语言通过精简的文字格式描述数据结构，以便在不同的系统间交换数据内容。使用 JSON 可以表达出对象（Object）、集合值（Collection）以及其他的基本数据类型的数据，并以文本文件的方式存储。通过这些文件，人们不仅可以很容易地解析出数据内容，也可以很容易地通过程序加以处理。这是当前许多网站后台各个系统之间主要的数据交换格式之一（另外两种格式是 XML 和 CSV）。

USGS（United States Geological Survey）Earthquake Hazards Program 是一个非常著名的提供地震观测信息的网站，所提供的地震数据就以是 JSON 的形式供用户下载的，也就是当我们连接到此提供地震信息的网址的时候，得到的就是 JSON 格式的数据。

图 8-4 所示为 USGS 的地震信息 JSON 格式的说明网页（http://earthquake.usgs.gov/earthquakes/feed/v1.0/geojson.php），在此网页的右侧有许多选项，主要分成 Past Hour、Past Day、Past 7 Day 以及 Past 30 Days，分别代表最近 1 个小时、最近 1 天、最近 1 周以及最近 1 个月的地震观测数据，每一个时段中均可以选择所有的地震信息、大于 1.0 的地震、大于 2.5 的地震、大于 4.5 的地震以及更大级别的地震信息。

图 8-4　USGS 的地震观测信息 JSON 格式说明网页

因为这些信息每 5 分钟就更新一次，所以可以看到所观测到的最新信息。我们选择最近一周的大地震，可以得到如图 8-5 所示的数据。

图 8-5　最近一周全世界发生重大地震的信息内容

如图 8-5 所示，这是一个典型的 JSON 格式信息，我们可以把这些数据存盘（earthquake.json），然后使用程序来解析其内容，并摘要显示出这些大地震的震级以及发生的地点。

但是，对于人来说，乍看这些数据可以说是无从分析起，但是有一个网站（https://jsonformatter.curiousconcept.com/）提供了一个非常好的功能，可以把看起来杂乱无章的 JSON 文件整理成有结构的样子，也顺便帮我们检查在语法上是否有错误，只要把在图 8-5 中得到的内容直接复制到该网站即可，这个网站如图 8-6 所示。

第 8 章　文件、数据文件与数据库的操作 | 153

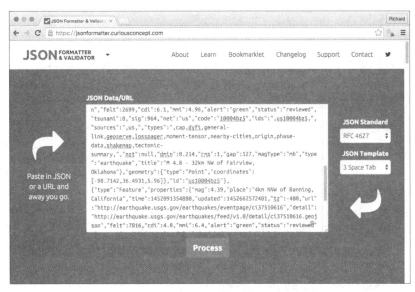

图 8-6　把原始的 JSON 格式数据贴到网站中

在单击"Process"按钮之后，就可以看到非常美观的格式，而且可以通过展开和收起按钮对每一个不同的元素进行开合的操作，更能了解此数据内容的结构，如图 8-7 所示。

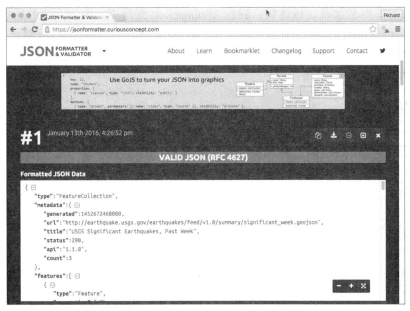

图 8-7　经整理过后的 JSON 数据格式

从图 8-7 整理过的格式中可以看出，加载之后的主要数据结构（字典结构）的第一层包含 4 个键，分别是'type'、'metadata'、'features'以及'bbox'。其中所有的地震数据放在'features'键中，它是一个列表数据格式，有多少次地震就有多少个元素。每一个元素详细地记录了该次地震的相关数据，而我们有兴趣的数据是放在'properties'中的，这里面的'place'、'mag'和'time'分别记录了地震的地点、最大震级和发生的时间。值得注意的是，这个时间是以 ms 为记录单位的，就是所谓的 epoch time 格式，要转换成人看得懂的格式才行。程序 8-7 解读了此 JSON 文件的格式。

程序 8-7

```
# -*- coding: utf-8 -*-
# 程序 8-7.py (Python 3 version)

import json, datetime

fp = open('earthquake.json','r')
earthquakes = json.load(fp)

print("过去 7 天全球发生重大的地震信息：")
for eq in earthquakes['features']:
    print("地点:{}".format(eq['properties']['place']))
    print("震度:{}".format(eq['properties']['mag']))
    et = float(eq['properties']['time']) /1000.0
    d=datetime.datetime.fromtimestamp(et). \
        strftime('%Y-%m-%d %H:%M:%S')
    print("时间:{}".format(d))
```

在 Python 中解析 JSON 格式文件需要先 import json，然后使用 json.load(file)把文件加载到内存中。我们在程序中把加载的地震数据放入 earthquakes 变量中，因为真正的地震信息是放在 earthquakes['features']中的，所以对此元素执行一个循环，取出所有的地震信息，再按其结构列出有兴趣的信息即可。

以下为程序 8-7 的运行结果。

```
In [1]: edit 8-7.py
Editing... done. Executing edited code...
```

过去 7 天全球发生重大的地震信息：
```
地点:South of the Fiji Islands
震度:5.3
时间:2017-12-27 20:33:44
地点:113km NNE of Bristol Island, South Sandwich Islands
震度:4.7
时间:2017-12-27 18:11:16
地点:46km W of Lemito, Indonesia
震度:4.8
时间:2017-12-27 15:12:50
地点:Kuril Islands
震度:4.8
时间:2017-12-27 12:11:27
地点:188km N of Dili, East Timor
震度:4.6
时间:2017-12-27 07:25:31
地点:101km ESE of Katsuura, Japan
```

```
震度:4.6
时间:2017-12-26 23:50:09
地点:59km E of Tarata, Peru
震度:4.9
时间:2017-12-26 23:26:12
地点:75km W of Tobelo, Indonesia
震度:4.5
时间:2017-12-26 21:57:31
```

8-3　Python 与数据库

数据库是传统上利用程序处理数据非常重要的一环，当我们要处理的数据量越来越多时，如果还是以文本文件的方式来存储数据,在编辑时会非常不方便,而且在存取和查询时效率也非常低。

例如，在第 7 章中的学生成绩处理范例、在 8-2 节中使用程序存储和读取学生的数据，一次读取或写入时非常方便，可是如果需要对其中的数据加以修改或新增数据时，文本文件就没办法很容易地进行此类操作。反之，如果所有的数据都存放在数据库中，通过 SQL 的 SELECT、INSERT、UPDATE、DELETE 等指令，可以直接由数据库管理系统对数据的内容进行筛选、插入、更新、删除等操作，也就是只要运用合适的语法就可以自由地操作数据，而不用担心实际文件存储和编辑的问题，因为数据库管理系统会帮我们处理好这些具体操作。

在数据库支持方面，Python 提供了很简便的接口，可以轻易地连接到 MySQL 等各种各样的数据库，但是为了简化本书的复杂度，我们以最轻量化的 SQLite 作为范例，让读者可以不用刻意为了学习数据库功能而再去安装一个庞大的数据库系统,而是直接到自己的计算机文件中就可以使用数据库的功能。

SQLite 是一个轻量化的文件型数据库，默认直接使用文件的形式在本地计算机就可以实现数据库的功能，也就是说，不用刻意去安装数据库系统，只要你的计算机语言（包括 Python）支持SQLite，就可以直接通过 API 操作数据库，它的驱动程序会负责文件的存取细节，程序设计人员只要以标准的 SQL 数据库操作语言来存取数据库即可，非常方便。

8-3-1　安装 Firefox 的 SQLite Manager 附加组件

虽然使用 SQL 指令也可以创建以及管理数据库和数据表，但是对于初学者来说，能够有一个可视化的界面应该更方便。知名的浏览器 Firefox 中有一个 SQLite Manger 附加组件实现了这项功能，我们可以通过这个界面轻松地创建数据库和数据表，以便用于后续的程序操作。因此，在开始Python SQL 程序设计之前，先来安装 SQLite Manager。首先，你必须要有 Firefox 浏览器（如果没有的话，可以前往网址：https://www.mozilla.org/zh-cn/firefox/new/ 下载安装），然后通过 Firefox 浏览器搜索 SQLite Manager，如图 8-8 所示。

图 8-8　通过 Firefox 浏览器搜索 SQLite Manager 附加组件

也可以直接在网址 https://addons.mozilla.org/zh-CN/firefox/addon/sqlite-manager/ 或 https://addons.mozilla.org/zh-CN/firefox/addon/sqlite-manager-webext/搜索该组件（注意要确定哪个版本适合自己的 Firefox 浏览器），找到之后单击该组件，就可以看到如图 8-9 所示的说明界面。

图 8-9　SQLite Manager 附加组件的说明界面

读者要注意的是，如果我们安装了最新的 Firefox Quantum 版本，那么为 Firefox 设计的网页版的 SQLite Manager 就无法使用，它的设计者似乎没有要升级 SQLite Manager 来支持 Firefox Quantum 的意思。据笔者所知，SQLite Manager 赖以支持的 SQLite 引擎（嵌入在 Firefox 中）基础没有了，在 Firefox 57 版之后就被删减了。

因此，如果读者使用了 Firefox 57 版或更高的版本，同时不想回撤到旧版去，建议读者使用独立的 SQLite Expert Personal 版本，可以从 http://www.sqliteexpert.com/download.html 下载 SQLite Expert，其中个人版（Personal）是免费的，专业版（Professional）是要付费的，不过有 30 天的免费试用期。其实，对于本书中的内容和范例程序而言，个人版足够用了。本书后文的插图和范例仍然使用 SQLite Manager 在旧版的 Firefox 的运行环境。如果读者使用了 SQLite Expert，操作过程大同小异，只是要注意数据库文件的默认扩展名是".db"，而不是 SQLite Manager 默认的".sqlite"，因而范例程序中引用的数据库文件名需要做相应修正。

选择"添加到 Firefox"，打开如图 8-10 所示的界面。

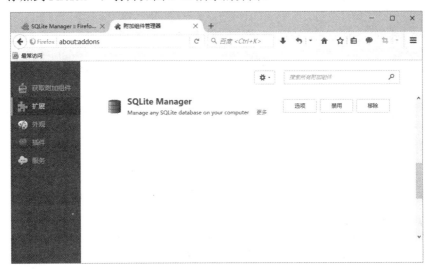

图 8-10　添加 SQLite Manager 到 Firefox 之后的管理界面

可以在自定义模式中把此组件加入快捷菜单，如图 8-11 所示。

图 8-11　把 SQLite Manager 加入快捷菜单中

接下来执行该程序，进入其界面，开始新建数据库和数据表。为了示范程序，我们创建了一个专门用来存储成绩的数据库以及数据表。

8-3-2 创建简易数据库

在 8-3-1 节中安装了 SQLite Manager 附加组件之后，执行该组件可以看到如图 8-12 所示的主界面。

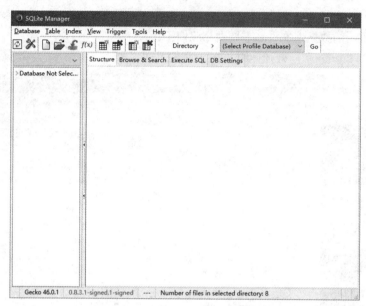

图 8-12　SQLite Manager 主界面

通过菜单选择创建数据库（Create Database），会出现如图 8-13 所示的对话框。

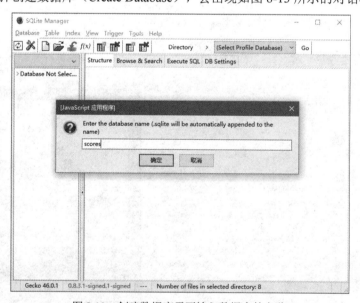

图 8-13　创建数据库需要输入数据库的名称

在此例中，我们选用 scores 作为数据库名称，因为 SQLite 是文件型的轻量化数据库，所以下一步需要选择文件的存放位置，如图 8-14 所示。

图 8-14　选取要存放数据库的目录位置

这个位置非常重要，因为 Python 程序要使用此数据库时也会直接打开此文件。因为数据库名称是 scores，所以 SQLite Manager 会在选择的目录下建立一个 scores.sqlite 文件。创建完数据库之后，主界面就不一样了，如图 8-15 所示。

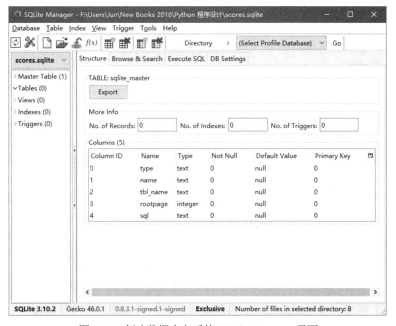

图 8-15　创建数据库之后的 SQLite Manager 界面

接下来单击新建数据表的按钮，创建一个在后续范例程序中要使用的数据表，如图 8-16 所示。

在创建数据表的时候需要指定字段以及各字段的数据类型，当然在右上角也要设置此数据表的名称。为了方便示范起见，我们把数据表命名为 student，只有两个字段：第一个是 stdno，为 INTEGER 类型，并设置为主键（Primary Key），且不能重复；第二个是 name，为 VARCHAR 类型，再单击 OK 按钮即可大功告成。图 8-17 所示是创建好数据表之后的 SQLite Manager 主界面。

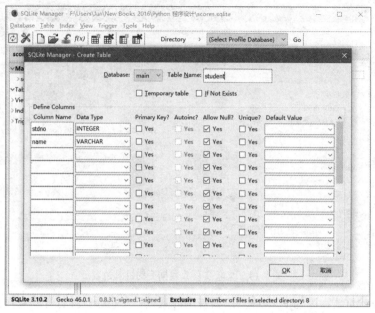

图 8-16 创建数据表的界面

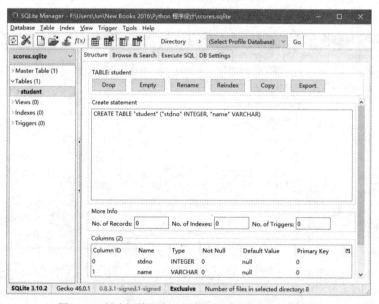

图 8-17 创建好数据表之后的 SQLite Manager 主界面

当然可以在主界面直接输入此数据表的数据,但是我们主要是示范如何通过 Python 程序操作数据库功能,因此 SQLite Manager 的作用到此为止。接下来通过 Python 程序编辑和修改学生数据表的内容。

8-3-3 Python 存取数据库的方法

我们在 8-3-2 节创建了一个数据库 scores.sqlite,并且在其中创建了一个数据表 student。在 Python 中要存取 SQLite 数据库,要先 import sqlite3,然后通过 connect 连接数据库,再以 execute

执行 SQL 指令的方式操作数据库的内容。几个主要的 sqlite3 方法说明如表 8-4 所示。

表 8-4　Sqilite 主要的函数方法说明

sqlite3 主要方法	说明
conn=sqlite3.connect(db)	连接数据库 db
conn.commit()	把之前的改变确实反映到数据库中
conn.rollback()	取消当前变更，恢复到上一次 commit 时的状态
conn.close()	关闭数据库连接
cursor=conn.execute(sql)	执行 SQL 指令
cursor.fetchone()	取得当前的一行数据
cursor.fetchall()	取得剩余的数据

本节的范例程序使用的数据表 student 有两个字段，分别是学生的学号 stdno 和学生的姓名 name。下面的程序将示范如何添加一笔数据到 student 数据表中：

```
>>>import sqlite3
>>>conn = sqlite3.connect('scores.sqlite')
>>> conn.execute('insert into student values(1,"王小明");')
<sqlite3.Cursor object at 0x1014019d0>
>>>conn.commit()
>>>conn.close()
```

存了几笔数据之后，可以使用以下程序片段把这些数据取出来：

```
>>>import sqlite3
>>>conn = sqlite3.connect('scores.sqlite')
>>>cursor = conn.execute('select * from student;')
>>>for row in cursor:
...     print('No {}: {}'.format(row[0],row[1]))
...
No 1: 王小明
No 2: 林小华
No 3: 王小花
No 4: 曾聪明
>>>conn.close()
```

遵循此步骤，就可以利用 SQL 指令自由地操作数据库的内容了。不过要留意，所有的改变之后一定要记得调用 commit() 函数，以免程序结束之后没有顺利地把数据存入数据库中。

8-4　数据库应用程序

结合数据库的功能，在这一节中修正成绩处理程序，让用户可以自由地编辑学生的姓名和学号，并在更新之后随时存放在数据库中，让用户在输入成绩时所引用的学生数据都是最新的，而且在下一次进入程序的时候也可以不用再重新输入学生的学号。

在本节中设计的程序主要由以下几个自定义函数组成，如表 8-5 所示。

表 8-5　范例程序的主要自定义函数的功能说明

自定义函数名称	函数功能说明
disp_menu()	显示主菜单
append_data()	添加学生数据，通过一个循环让用户可以一直输入学生数据，直到输入-1 之后结束。在添加每一笔学生数据之前，先以学号检查此数据是否存在，如果是已经存在的数据，就不允许添加
edit_data()	编辑学生数据，要求用户输入学号，只有学号相同，才能够修改其内容
del_data()	删除指定学号的学生数据
disp_data()	显示当前所有的学生数据

在主程序中使用一个 while True 无限循环，按照用户的输入决定要调用哪一个对应的函数，直到用户输入 0 结束程序的执行。请参考程序 8-8 的内容。

程序 8-8

```python
# _*_ coding: utf-8 _*_
# 程序 8-8.py (Python 3 version)

import sqlite3

def disp_menu():
    print("学生数据编辑")
    print("------------")
    print("1.添加")
    print("2.编辑")
    print("3.删除")
    print("4.显示所有学生")
    print("0.结束")
    print("------------")

def append_data():
    while True:
        no = int(input("请输入学生学号(-1 停止输入):"))
        if no == -1: break
        name = input("请输入学生姓名:")
        sqlstr = "select * from student where stdno={};".format(no)
        cursor = conn.execute(sqlstr)
        if len(cursor.fetchall()) > 0:
            print("你输入的学号已经有数据了")
        else:
            sqlstr = \
            "insert into student values({},'{}');".format(no,name)
            conn.execute(sqlstr)
```

```python
        conn.commit()

def edit_data():
    no = input("请输入要编辑的学生学号:")
    sqlstr = "select * from student where stdno={};".format(no)
    cursor = conn.execute(sqlstr)
    rows = cursor.fetchall()
    if len(rows) > 0:
        print("当前的学生姓名:",rows[0][1])
        name = input("请输入学生姓名：")
        sqlstr = \
        "update student set name='{}' where stdno={};".format(name, no)
        conn.execute(sqlstr)
        conn.commit()
    else:
        print("找不到要编辑的学生学号")

def del_data():
    no = input("请输入要删除的学生学号:")
    sqlstr = "select * from student where stdno={};".format(no)
    cursor = conn.execute(sqlstr)
    rows = cursor.fetchall()
    if len(rows) > 0:
        print("你当前要删除的是学号{}的{}".format(rows[0][0], rows[0][1]))
        answer = input("确定要删除吗？(y/n)")
        if answer == 'y' or answer == 'Y':
            sqlstr = "delete from student where stdno={};".format(no)
            conn.execute(sqlstr)
            conn.commit()
            print("已删除指定的学生...")
        else:
            print("找不到要删除的学生")

def disp_data():
    cursor = conn.execute('select * from student;')
    for row in cursor:
        print("No {}: {}".format(row[0],row[1]))

conn = sqlite3.connect('scores.sqlite')

while True:
    disp_menu()
    choice = int(input("请输入你的选择:"))
    if choice == 0 : break
```

```
        if choice == 1:
            append_data()
        elif choice == 2:
            edit_data()
        elif choice == 3:
            del_data()
        elif choice == 4:
            disp_data()
        else: break
        x = input("请按 Enter 键回主菜单")
```

几个比较常见的 SQL 语句分别是 select（查找数据）、insert into（插入数据）、update（更新数据）以及 delete（删除数据）。其中，select 主要用到的语句为：

```
select * from student where stdno=1;
```

其中的"*"表示要读取所有的字段，而 student 是数据表的名称，stdno 是学生学号字段。此语句表明要到数据库中读取 student 数据表中所有 stdno 字段是 1 的记录的所有字段。因为我们在数据表中设置此字段具有非重复性（唯一性），即同一个值只能有一笔记录，所以此指令顺利执行之后只能返回 0 或 1 个记录。

insert into 用到的语句如下：

```
insert into student values(no, name);
```

此语句表示要把学号 no 和姓名 name 两个数据加入 student 数据表中，成为其中的一笔记录。因为 stdno 字段具有唯一性，所以在执行此指令之前，在程序中还要先使用 select 检查有没有相同学号（no）的记录，如果有，就不能执行此指令。

update 用到的语句如下：

```
update student set name='name' where stdno=no;
```

此语句到数据表 student 中寻找 stdno 为 no 的记录，把其 name 字段更新为我们在程序中设置的值（从用户输入而来）。同样，在此之前，也要先检查是否有这笔记录，如果有，再要求用户输入新的 name，如果没有，就显示查无此人的信息，然后回到主菜单。

delete 用到的语句如下：

```
delete from student where stdno=no;
```

同样，在删除之前也要先使用 select 查询是否有此记录，如果有，再执行删除的操作。

在程序 8-8 中，使用了以下程序片段查询是否存在指定学号的记录：

```
sqlstr = "select * from student where stdno={}".format(no)
cursor = conn.execute(sqlstr)
rows = cursor.fetchall()
if len(rows) > 0:
    ...
```

以 select 命令查询，然后通过 cursor.fetchall()取回所有的记录，此函数会返回一个记录列表，利用 len()函数即可查询返回列表的元素个数，每一个元素均代表一笔记录，如果此值大于 0，表示有此查询记录，否则没有此查询记录。

返回的 rows 可以使用 for 循环找出所有的记录再加以运用，但是在我们的数据表设计中，每一个学号只能有一笔记录，因此可以直接使用 row[0]取出此记录。row[0][0]代表此记录的第 1 个字段值（学号），而 row[0][1]代表此记录的第 2 个字段值（姓名），以此方法，在处理整个数据表时非常方便。以下是程序 8-8 添加数据的执行过程。

```
(d:\Anaconda3_5.0) D:\mypython>python 8-8.py
学生数据编辑
------------
1.添加
2.编辑
3.删除
4.显示所有学生
0.结束
------------
请输入你的选择:4
No 1:王大明
No 2:林小华
No 3:王小花
No 4:林森森
No 5:陈大明
No 6:李大中
请按 Enter 键回主菜单
学生数据编辑
------------
1.添加
2.编辑
3.删除
4.显示所有学生
0.结束
------------
请输入你的选择:1
请输入学生学号(-1 停止输入):7
请输入学生姓名:张大成
请输入学生学号(-1 停止输入):-1
请按 Enter 键回主菜单
学生数据编辑
------------
1.添加
2.编辑
3.删除
4.显示所有学生
```

```
0.结束
-------------
请输入你的选择:4
No 1: 王大明
No 2: 林小华
No 3: 王小花
No 4: 林森森
No 5: 陈大明
No 6: 李大中
No 7: 张大成
请按 Enter 键回主菜单
```

以下是编辑和删除学生数据的操作过程。

```
(d:\Anaconda3_5.0) D:\mypython>python 8-8.py
学生数据编辑
-------------
1.添加
2.编辑
3.删除
4.显示所有学生
0.结束
-------------
请输入你的选择:2
请输入要编辑的学生学号:3
当前的学生姓名：王小花
请输入学生姓名:周花花
请按 Enter 键回主菜单
学生数据编辑
-------------
1.添加
2.编辑
3.删除
4.显示所有学生
0.结束
-------------
请输入你的选择:3
请输入要删除的学生学号:2
你当前要删除的是学号 2 的林小华
确定要删除吗？(y/n)y
已删除指定的学生...
请按 Enter 键回主菜单
学生数据编辑
-------------
1.添加
2.编辑
```

```
3.删除
4.显示所有学生
0.结束
------------
请输入你的选择:4
No 1：王大明
No 3：周花花
No 4：林森森
No 5：陈大明
No 6：李大中
No 7：张大成
请按 Enter 键回主菜单
```

更高级的 SQL 指令请参考相关的数据库程序设计书籍。以上所有存取内容都会被存储在 scores.sqlite 文件中，需要复制或迁移数据库时，别忘了带着这个文件。

8-5 习　　题

1. 设计一个程序，可以列出指定文件夹下的所有文件列表。
2. 请为程序 8-6 加入例外处理的功能。
3. 请为第 7 章中的成绩处理程序加上数据文件的存取功能。
4. 按照程序 8-7 的内容，自行下载更多的地震观测数据，并用程序显示出更多的信息。
5. 参考程序 8-8 的内容，试着把地震观测数据解析之后存入数据库中，以供用户查询。

第 9 章

用 Python 自动提取网站数据

❋ 9-1 因特网程序设计基础
❋ 9-2 网页分析与应用
❋ 9-3 网络应用程序
❋ 9-4 习题

9-1 因特网程序设计基础

现代社会大家都在使用网络，几乎所有的数据都可以在网上找到。在平时，我们要搜索某些数据（如天气信息、新闻，甚至是第 8 章中所介绍的地震观测数据等）时，都是以人工的方式通过浏览器去查看，把需要的信息记忆到脑海里或整理到文件中。把这些工作交由程序来做，不只是工作可以自动化，还可以不限时间和空间，帮助我们浏览更多的信息。

只要有合适的网站和可以处理通过这些网址得到的数据的方法，无论是半结构化的数据（HTML 格式）还是结构化的数据（JSON 格式或 XML 格式），都可以轻松通过程序进行处理与使用。

本章将从网址的处理开始，进一步探讨如何通过网址的改变获取更多的信息，然后探讨分析网页和提取网页数据的基本原则与方法。主要的网络程序处理对象为因特网的 HTTP 协议，其他的协议（如 FTP、Socket 程序设计）不在本章的讨论范围。

近年来，通过网络提取数据的方式大多数都是通过程序来完成的，除了本章介绍的基础方法之外，连 Pandas 这一类数据分析模块都有一些简易的指令可以一次性提取网页数据并直接放进结构化的数据类型中，甚至还有像 Scrapy 这一类的网络爬虫框架，通过配置文件的编辑，就可以自动地大量帮我们下载网页数据并加以保存，这些会在后面的章节中陆续介绍。在本章中，我们从基础的部分开始学起。

9-1-1　因特网与 URL

在所有的数据都放在网上的时代，只要有正确的网址，就可以提取许多想要的数据，而这些数据有些以网页的方式显示（如气象统计数据、百度和谷歌的搜索结果、列车或者航班时刻表等），有些以 DOC、PDF、ODS 或 XLS 的方式存储，有些则以 JSON 的方式提供（如美国的地震观测数据）。无论是什么类型的数据，在下载之前它们都只是一个网址，正确地说，是一个 URL。

以前面介绍的 USGS 地震观测数据网站为例，除了可以从网站（网址为 http://earthquake.usgs.gov/earthquakes/，网站界面如图 9-1 所示）上看到全球地震相关信息之外，还提供了各种不同格式的数据以供程序提取（见图 9-2 左上角的各个链接）。

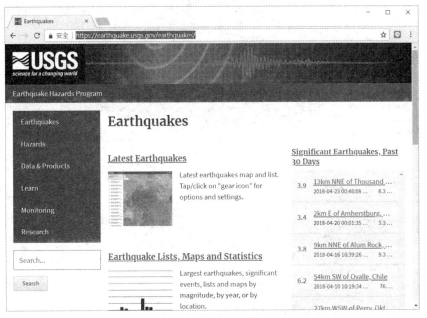

图 9-1　美国 USGS 全球地震观测数据

在图 9-2 箭头所指的地方选择一个想要下载的格式对应的链接，单击之后即可看到所有需要的数据，如图 9-3 所示。这些数据是提供给程序分析用的原始数据，我们在第 8 章中已有分析，且使用程序处理过。

对我们的程序而言，只要拿到上述网址（此网址基本上是不会任意变动的，在此例中为 http://earthquake.usgs.gov/earthquakes/），通过程序提取此网址的数据，等于是随时可以拿到每 5 分钟更新一次的全球大型地震观测数据，通过自动化的设置，你甚至可以比新闻媒体更早得知世界某处发生的大型地震信息。（例如，可以在自己的程序内设置只要震级超过 6.5，就马上寄电子邮件通知你或在你的网站上更新信息，如果你的程序每 5 分钟就提取一次数据，等于是最慢 5 分钟内就可以得知发生了大地震。）

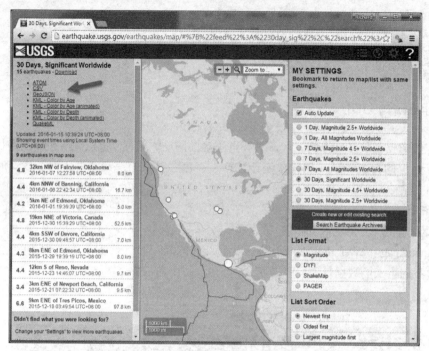

图 9-2 USGS 提供的 30 天重大地震数据下载

图 9-3 USGS 提供的 JSON 格式数据供程序下载之用

类似的情况在各大网站都有，以固定的网址更新一些实时变化的信息。例如，新浪网的股票频道，网址为 http://finance.sina.com.cn/realstock/company/sh000001/nc.shtml，网站页面如图 9-4 所示；中国气象局网站的当天实时天气情况，网址为 http://www.cma.gov.cn/2011qxfw/2011qtqyb/，网站页面如图 9-5 所示。

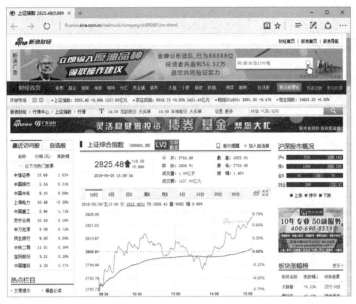

图 9-4　新浪网股票频道实时行情更新情况的网站页面

图 9-5　中国气象局当前实时天气情况的网站页面

由上可知，如果我们想要以程序提取上述数据，只要有网址就行了，只是不同的网页有不同的数据格式，也有不同的界面编排方式，要提取其中特定的内容，还需要使用一些特定的模块和方法，这也是接下来要说明的内容。

其实，大部分网站上的数据都有特定的渠道——政府机构的数据可以通过申请的方式获取，而私人机构则是以付费的方式获取，这样可以得到具有一定结构化的数据，在处理上会比较方便。但是，对于个人用途而言，从公开的网页上提取数据再加以分析是比较低成本且快速的方式，只是网页上的数据不太结构化，尤其是现代的商业网站充满了各种各样的技术和广告单元，在分析上有一定的复杂度，要花比较多的思考时间和程序设计时间，这点可以自行考虑。

9-1-2 解析网址

大部分网页中数据的数量较大，要能够有结构地找到所有我们想要的数据，了解网址组合是第一步。因为可能必须通过搜索或分页的方式才能够提取需要的所有数据。以新浪股市新闻为例，某一天的股市新闻网页如图 9-6 所示。

图 9-6　新浪股市新闻网页

当我们向下滚动屏幕时，可以看到右侧的"个股点评"分栏，如图 9-7 所示。

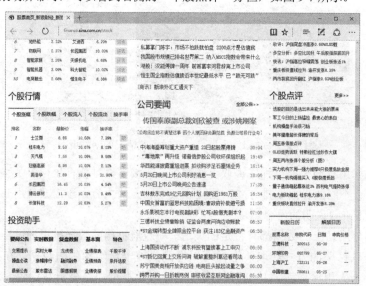

图 9-7　新浪股市的"个股点评"分栏

单击"选股的目的是选出未来能大涨的票来"标题的链接，结果如图 9-8 所示。

第 9 章 用 Python 自动提取网站数据 | 173

图 9-8 新浪股市个股点评内容

网址看起来是这样的：

```
http://blog.sina.com.cn/s/blog_4e345ca90102wm9v.html?tj=fina
```

看起来，http 是通信协议，而 blog.sina.com.cn 是域名，/s/blog_4e345ca90102wm9v.html 是网页所在的位置和网页文件名，?tj=fina 则是查询用的参数，也是 GET 的参数。通过 Python 的 urllib 模块的 urlparse 分析函数可以把这些参数内容区分开。程序片段如下：

```
>>>from urllib.parse import urlparse
>>>uc = urlparse('http://blog.sina.com.cn/s/blog_4e345ca90102wm9v.html?tj=fina')

>>>uc
ParseResult(scheme='http', netloc=' blog.sina.com.cn ', path='/s/blog_4e345ca90102wm9v.html
, params='', query='?tj=fina ', fragment='')

>>>uc.netloc
' blog.sina.com.cn'

>>>uc.path
'/s/blog_4e345ca90102wm9v.html'

>>>uc.query
'?tj=fina'
```

当然，我们在抓取网页数据的时候，除了一些固定会更新的内容外，网址大部分不会变化。

另外,像上述例子,需要读取的信息内容可能超过一页,就需要分析网址的特色,在抓取时再加以组合。在遇到比较复杂的网址时,解析之后就可以了解如何自定义这些网址的参数。我们以中华英才网站为例,招聘信息首页如图 9-9 所示,而选择"北京通信工程师"职位之后,其网页如图 9-10 所示。

图 9-9 中华英才网站招聘信息首页

图 9-10 "北京通信工程师"职位信息

可以发现在"北京通信工程师"职位这个网页中,其网址复杂了许多,我们根据此网址编写一个程序分析其网址,如程序 9-1 所示。

程序 9-1

```
# _*_ coding: utf-8 _*_
# 程序 9-1 (Python 3 version)
from urllib.parse import urlparse

url = 'http://www.chinahr.com/sou/?city=398&keyword=
%E9%80%9A%E4%BF%A1%E5%B7%A5%E7%A8%8B%E5%B8%88&companyType=3&degree=0&refreshTi
me=0&workAge=0 '

uc = urlparse(url)
print("NetLoc:", uc.netloc)
print("Path:", uc.path)

q_cmds = uc.query.split('&')
print("Query Commands:")
for cmd in q_cmds:
    print(cmd)
```

程序 9-1 除了把网址分成网站的域名、网站地址以及查询命令之外，也可以把 query 查询命令以"&"分割开，本例中没有，请读者根据实际情况填写。

```
In [3]: run 9-1.py
NetLoc: www.chinahr.com
Path: /sou/
Query Commands:
city=398
keyword=%E9%80%9A%E4%BF%A1%E5%B7%A5%E7%A8%8B%E5%B8%88
companyType=3
degree=0
refreshTime=0
workAge=0
```

从上述结果可以清楚地发现，只要通过网址对这些 Query Commands 等号后面的参数进行修改（例如，把 companyType 后面的 3 改为 4，或者把 workAge 后面的 0 改为 2 等），就可以按照我们的查询要求去查询，如果找到匹配的项，就可以把结果呈现在页面上。读者可以自行试试（可以灵活使用字符串的 format()函数组合出不同的查询字符串）。

9-1-3 提取网页数据

有了 9-1-2 节的知识，大部分网站都可以按照要求在网页上呈现出我们需要的信息。接着，如何利用 Python 程序提取这些网页到程序中呢？通过模块 requests 就可以。

这个模块并不是默认的模块，所以在使用之前，可能需要在你的系统中先执行"pip install requests"或"pip3 install requests"才行。确定安装完毕之后，接下来在程序中使用 requests.get 指令读取我们想要处理的网页内容，操作过程如下。

程序 9-2

```
# -*- coding: utf-8 -*-
# 程序 9-2  (Python 3 version)

from pprint import pprint
import requests

url = 'http://www.sohu.com'

html = requests.get(url).text.splitlines()
for i in range(10):
    print(html[i])
```

程序 9-2 以搜狐新闻的网页为目标，使用 requests.get 提取此网页的内容，并以文本文件的形式存放在 html 变量中，同时在存放入 html 之前，先以 splitelines() 把内容按换行符分割成一行一行字符串所组成的列表，所以 html 变量就成为一个列表类型的变量，可以通过 for 循环取出任何行数的内容。在此例中，只取出前 10 行进行打印，程序 9-2 的运行结果如下。

```
In [9]: run 9-2.py
<!DOCTYPE html>
<html>

<head>
<title>搜狐</title>
<meta name="Keywords" content="搜狐,门户网站,新媒体,网络媒体,新闻,财经,体育,娱乐,时尚,汽车,房产,科技,图片,论坛,微博,博客,视频,电影,电视剧"/>
<meta name="Description" content="搜狐网为用户提供 24 小时不间断的最新资讯，及搜索、邮件等网络服务。内容包括全球热点事件、突发新闻、时事评论、热播影视剧、体育赛事、行业动态、生活服务信息，以及论坛、博客、微博、我的搜狐等互动空间。" />
<meta name="shenma-site-verification" content="1237e4d02a3d8d73e96cbd97b699e9c3_1504254750">
<meta charset="utf-8"/>
<meta http-equiv="X-UA-Compatible" content="IE=Edge,chrome=1"/>
```

从上面的例子可以看出，虽然提取的是新闻网页的内容，但是前面的一些文字大多还是属于程序、排版、页面属性等相关的细节，这些内容主要是给浏览器和搜索引擎看的，对用户来说没有什么意义，还需要一些技巧才能够把需要的信息从这些程序代码中提取出来，这也是接下来要介绍的内容。

利用程序 9-2 可以修改网址变量 url 的内容，下载任何公开的网站信息。此外，在程序 9-2 中，为了方便展示起见，我们使用换行符号来分割下载的网页数据，但是换行符号对于网页内容是没有意义的，因为网页的组成主要是由 HTML 语言来描述的，这种语言的语句是由一系列标签（tag）所组成的。浏览器就是按照这些标签来决定如何显示网页的数据以及排版的方式。在大多数情况下，排版的样式也是由 CSS 层叠样式表语言，甚至是 JavaScript 语言等的语句来决定的。

9-1-4 提取网页内的电子邮件账号

要分析所得到的网页数据并从中提取所需要的数据,有多种可行的方式,比较复杂的方法是分析网页的组成结构,尤其是以 HTML 语言描述的各个标签和属性,我们将在 9-2 节中说明。在本小节,先把提取的网页信息全部当作一个字符串来看,然后使用正则表达式(Regular Expression)过滤字符串的内容,并取出我们所需格式的内容。

如果只是要找出某一个或某些单词、字符串是否出现在某个网页中,在 Python 中只要使用 in 就可以了。例如,设计一个程序来协助我们查找某人的姓名是否存在于某个网页上(最简单但无效率的查榜服务)。目标网页是某一个大学院系的榜单:http://www.xxx.edu.cn/exam/check_001_NO_0_2015.html(某大学的 2015 学年的计算机 Python 考试榜单)。我们使用程序 9-3 即可查询某个姓名是否在此网页中。

程序 9-3

```
# _*_ coding: utf-8 _*_
# 程序 9-3 (Python 3 version)

import requests

url = 'http://www.xxx.edu.cn/exam/check_001_NO_0_2015.html'
name = input("请输入要查询的姓名:")
html = requests.get(url).text
if name in html:
    print("恭喜名列金榜")
else:
    print("不好意思,榜单中找不到{}".format(name))
```

每次执行程序时,此程序就会去下载该网页,然后把网页转换成一个字符串并存放在 html 变量中,再以 in 运算符来检测输入的姓名(存放在 name 字符串变量中)是否在 html 内。以下是运行结果的范例:

```
In [11]: run 9-3.py
请输入要查询的姓名:林小明
不好意思,榜单中找不到林小明
In [12]: run 9-3.py
请输入要查询的姓名:李家宜
恭喜名列金榜
```

然而,大多数情况下我们并不是要查找某一个特定的文字,而是某一种特定类型的文字,例如电子邮件账号、链接符号或电话号码等。此类信息均有特定的格式,但是其文字内容可能为任何字母或数字符号,使用 in 是找不出来的,这种情况就需要使用正则表达式。

所谓正则表达式,简单地说,就是用一套严谨的语法来表达出我们想要的某种格式的字符串。例如,标准的电话号码格式"(010) 8765-1234",如果要用这种格式把北京市区的电话号码填入表中，用中文口语的方式叙述就是"用左小括号开头，接着是 3 个数字的区号，再用右小括号结束区号的部分，接着是电话号码的前 4 个数字，再接一个连字符（"-"），最后加上后 4 个数字"。这么长的文字描述是不是非常低效且很容易被误解？如果使用正则表达式，那么只要这样表示就好了："\(\d\d\d?\)\d\d\d\d?-\d\d\d\d"。是不是精简多了？（还有更好的表示方法：^\(\d{2}\)\d{3,4}\-\d{4}$，用了更多的正则表达式的记号）。表 9-1 是正则表达式中几个常用的符号及其表示的含义。

表 9-1 正则表达式常用记号及其说明

正则表达式记号	例子与说明
[abc]	代表一个符合 a 或 b 或 c 的任一个字符
[a-z]	代表一个符合 a, b, c, ..., z 的任一个字符
.	代表一个除了\n（换行符号）之外的所有字符符号
*	代表前一项可以出现 0 次或无限多次
+	代表前一项可以出现 1 次或无限多次
?	代表前一项可以出现 0 次或 1 次
\	表示后面接着的字符以一般字符处理
{n}	n 是一个数字，用来指定前一项出现的次数（要一样才符合）
{n,}	n 是一个数字，用来指定前一项出现的次数，至少是 n，最多不限
{n,m}	n、m 均为数字，用来指定前一项出现的次数至少是 n、最多是 m
\d	一个数字字符，等于[0-9]
^	非运算或者反运算，例如[^a]代表不是 a 的所有字符
\D	一个非数字的字符，等于[^0-9]
\w	代表数字、字母或下画线
\W	非\w
\t	制表符号
\n	换行符号
\r	回车（return）符号
\s	所有空白符号（非显示符号）
\S	非\s

我们可以通过网站 http://pythex.org 分析正则表达式的实际作用，分析正确之后再放在自己的程序中使用。

所以，只要想要在网页上找出所有类似的内容，就可以使用正则表达式，然后到网页字符串中找出来即可。以下是电子邮件账号的正则表达式（参考网站 http://emailregex.com/的内容，但是实际应用在网页的时候要把前后的^和$去掉）：

[a-zA-Z0-9_.+-]+@[a-zA-Z0-9-]+\.[a-zA-Z0-9-.]+

程序 9-4 即以 Python 的正则表达式模块中的 findall()函数找出某一个网页中所有的电子邮件账号，并把它们都列出来（基于隐私权，请自行搜索网站上提供了电子邮件账号的测试网页进行测试）。

程序 9-4

```
# _*_ coding: utf-8 *_*
# 程序 9-4 (Python 3 version)

import requests, re

regex = r"([a-zA-Z0-9_.+-]+@[a-zA-Z0-9-]+\.[a-zA-Z0-9-.]+)"
url = 'http://xxxx.xxx.xxx'

html = requests.get(url).text

emails = re.findall(regex,html)
for email in emails:
    print(email)
```

此程序的运行结果会列出所有在网页中找到的电子邮件账号。在程序 9-4 中，url 用来放置要下载的网页网址，而 regex 后放置我们设计的正则表达式。其中，在字符串符号 """ 之前的 "r" 是让 Python 解释器知道在其后的字符串内容要保留原来的样子，不要做任何解释或翻译操作，这些解释或翻译操作交由 re.findall(regex,html) 即可。

一个设计好的正则表达式可以找出非常多种类的字符串组合，只要把提取的文件当作一个字符串来看，re.findall()可以找出电子邮件账号、电话号码、外部链接，甚至是某些特定的网址类型。然而，如果是更复杂的形式，例如要找出某一个表格内的某些数据（如实时气温、股票实时报价等），从 HTML 结构下手反而会比较轻松，我们将在 9-2 节介绍此方法。

9-2 网页分析与应用

如同 9-1 节说明的，使用 Python 程序提取网页的内容非常简单，只要短短几行程序代码就可以实现。但是，提取的原始网页内容是给浏览器解析的 HTML 格式，如果我们要提取的是其中比较复杂的文字或数字数据（例如想要提取当前天气预报中的所有温度），如何在这些繁杂的内容中找出所需的数据呢？最好的方式就是解析 HTML 的网页结构，找出所有的标签，然后观察想要提取的数据，其网页原始文件所使用的标签是哪些，这些将是本节的重点。

9-2-1　HTML 网页格式简介

除非特殊情况，现今大部分网站的网页都是使用 HTML（Hyper Text Markup Language）编写的。在发明的时候，HTML 的主要目的在于协助浏览器了解网页文件中每一段内容的编排方式，也就是要显示的外观模样，主要的结构如下。

```
<html>
<head>
<meta 文档属性设置>
```

```
<title>
</title>
<script ...></script>
<link rel=stylesheet type="text/css" ...>
</head>
<body>
<h1>标题</h1>
<pclass='选择器'id='识别符号' style='css格式命令'>
内文段落
</p>
<table>
<tr><td>表格内容</td></tr>
</table>
<imgsrc=...>
<a href='...'>外部链接</a>
</body>
</html>
```

由小于号"<"和大于号">"所括住的字符串叫作标签（tag）。大部分标签都是成对出现的，但是后面出现的标签则多使用了一个除号，例如<body></body>，少部分标签因为要呈现的信息可以通过自身的属性完成，所以只要一个就好，例如<img src='images/pic.png'>，即在当前的位置显示服务器上的 images 文件夹下的 pic.png 图像文件。常用的 HTML 标签及其用途的说明如表 9-2 所示。

表 9-2 常用的 HTML 标签及其用途的说明

标签示例	用途
<html></html>	标示此文件为 HTML 格式，放在文件的第一行和最后一行
<head></head>	标示文件的标头位置，用来放置网页设置用的数据
<title></title>	放置此网页文件的标题，通常会被显示在浏览器的标题栏
<body></body>	标示网页文件显示内容的地方，所有要被显示在浏览器网页页面的内容均被放置在此处
<script></script>	放置描述语言内容的地方，也可以用 src 属性指定外部文件的网址，此描述语言会被浏览器执行，以建立更多的效果或执行与用户互动的功能
<h1></h1>	强调标签内文字显示的轻重程度，h1 最重，h6 最轻。通常在格式的设置上，h1 内的文字都会以最大字体和粗体来显示
<p></p>	用来呈现文件内容分段显示
<div></div>	排版用的格式标签，通常网页设计者会把同一个 div 标签内的文字以同样的格式进行设置和调整，可以视为网页内文的大段落或显示分块
<span></span>	同<div>，但应用在比较小的范围，大部分都是一些可以用描述语言替换文字内容或显示效果的少量文字
<table></table>	以表格形式显示的内容
<imgsrc='...'>	图像文件的显示设置
<a href='...'>	外部链接的设置
<iframe></iframe>	把另一个文件或网页以窗框的方式无缝地放在当前的网页中一起显示的技巧

简单的标签如<h1> <title>等，大部分情况下只有标签本身，并没有什么属性可以提取（但是

有许多情况是被加上了样式（style）属性，以改变该标签呈现的外观），最多就是完整的标签描述"<h1>内容</h1>"，或者提取其 content（内容）。

但是有些标签本身还有自有的属性需要设置，例如"<img src='images/01.jpg' title='第一张图' alt='北京风景' width='300'>"，此标签名称是 img，而 src、title、alt、width 等都是此标签的属性，可以另外处理。此外，现代越来越复杂的网页内容也让网页设计者替许多标签加上了各种各样的自定义属性名称，这也是现代浏览器允许的，而这些外加的属性往往就是网页分析和提取特定数据的关键。

如前所述，HTML 并不在意文件内每一段文字代表的意义（是摘要、内文、作者还是商品价格等），所呈现的只有对某些内容进行显示或编排格式上的设置。此外，因为读取和解析此文件的是浏览器，所以收到的 HTML 内容有可能是这样的：

```
<html><head><meta 文档属性设置><title></title><script ...></script><link rel=stylesheet type="text/css" ...></head><body><h1>标题</h1><pclass='选择器' id='识别符号' style='css 格式命令'>内文段落</p><table><tr><td>表格内容</td></tr></table><imgsrc=...><a href='...'>外部链接</a></body></html>
```

不只没有按照良好的阅读格式编排，甚至还会遗漏部分成对的标签（并非每一个网站都被良好地维护着），这也是我们把 HTML 文件分类为半结构化文件的原因之一。为了正确解析网页中的内容，取出想要的数据，通常有几种做法，其中之一就是先把一些不需要的信息去掉，只留下想要的内容。例如，描述语言的<script>标签和网页的<head>信息，就是第一批要被去掉的目标。

对于留下来的网页内容，要根据对于网页源文件的观察，找出所需要的信息前后放置的标签是什么。现代大部分网页都会以<div>搭配 id 或 class 来给主要的文本块分类，有了这些标签，就比较容易通过程序自动找出所需的文字信息或链接信息。

至于如何观察这些信息呢？通过浏览器查看原始文档是最基本的方法，无论是使用什么浏览器，直接在网页上右击，再选择网页的源代码，即可看到原始的 HTML 内容，有经验的用户可以从其中看出想要提取的数据所在的位置，以及它们是被什么标签所指定或括住的，从而找出要提取的数据的类型设置。

Chrome 浏览器的开发者工具提供了更加方便好用的界面。以"中国中央气象台网站"为例，进入网站之后，选择菜单中的"开发者工具"选项，如图 9-11 所示。

图 9-11　中国中央气象台网站的"开发者工具"选项

在选择"开发者工具"选项之后,网页的右侧就会出现经过 Chrome 浏览器解析后的 HTML 源文件内容,如图 9-12 所示。

图 9-12　Chrome 开发者工具的界面

在此界面中,图 9-12 中方框的位置是"Inspect"菜单选项,还有 Element 功能,启用它们之后,将鼠标指针移到网页的任何一个地方都会显示当前网页元素所使用的标签,如图 9-13 所示。善用此工具可以让我们更容易分析网页的内容。

图 9-13　使用 Inspect 和 Element 功能查看网页元素所使用的标签

9-2-2　安装 Beautiful Soup

Beautiful Soup 是一套协助程序设计师解析网页结构的项目，起始于 2004 年，当前最新的版本是 4.6.0，官方网页的网址是 http://www.crummy.com/software/BeautifulSoup/，页面如图 9-14 所示。

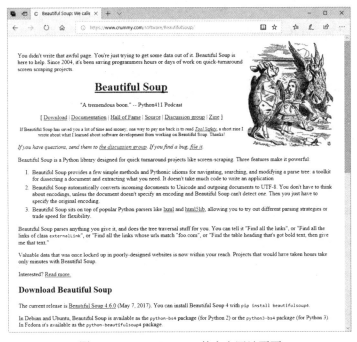

图 9-14　Beautiful Soup 的官方网站页面

如果在程序中使用 from bs4 import BeautifulSoup 发生找不到程序包的情况，那么在使用之前先以"pip install beautifulsoup4"安装此模块，代码如下（其他版本的差异请参考官方网站上的说明）：

```
C:\ >pip install beautifulsoup4
Collecting beautifulsoup4
  Downloading
https://files.pythonhosted.org/packages/9e/d4/10f46e5cfac773e22707237bfcd51bbf
feaf0a576b0a847ec7ab15bd7ace/beautifulsoup4-4.6.0-py3-none-any.whl (86kB)
    94% |████████████████████████████████| 81kB 132kB/s
eta 0:00:    100% |████████████████████████████████| 92kB 146kB/s
Installing collected packages: beautifulsoup4
Successfully installed beautifulsoup4-4.6.0
```

以下程序片段是 Beautiful Soup 第 4 版的基本使用方式：

```
In [6]: from bs4 import BeautifulSoup

In [7]: import requests
```

```
In [8]: url = "http://www.timeanddate.com/weather/"

In [9]: html = requests.get(url).text

In [10]: sp = BeautifulSoup(html, "html.parser")
```

先使用 from bs4 import BeautifulSoup 导入模块，搭配 requests 模块提取网页的数据，提取的网页数据转换成文本文件之后放在 html 字符串变量中，然后把 html 使用 Beautiful Soup 加以解析，解析之后的结果存在 sp 中，之后可以应用 Beautiful Soup 所提供的函数存取 sp 中解析后的数据，而这些函数主要是以标签为目标来操作的。例如，想要取出网页中所有的链接，可以使用以下指令：

```
In [11]: links = sp.find_all('a')
```

因为在 HTML 中链接的标签是"a"，所以找出所有的 a 标签就等于是找出所有的链接，其结果会以列表变量的方式返回，在上例中我们将其存放在 links 变量中。因此，可以通过 links 列表的操作来列出链接的内容，代码如下：

```
In [12]: links[10]
Out[12]: <a href="/custom/site.html">My Units</a>

In [13]: links[10].contents
Out[13]: ['My Units']

In [14]: links[10].get('href')
Out[14]: '/custom/site.html'
```

在此例中，我们列出第 11 个（索引值为 10）链接的原始字符串、标签内容（contents）以及 href 属性的值。

9-2-3　使用 Beautiful Soup 提取信息

如 9-2-2 小节所述，Beautiful Soup 协助我们整理网页数据，让程序设计人员可以通过指定标签找到网页中想要的数据。表 9-3 是几个 Beautiful Soup 中常用的分析网页格式的方法或属性。

表 9-3　Beautiful Soup 常用的方法和属性

Beautiful Soup 常用的方法和属性	使用说明（假设执行过 sp = BeautifulSoup(html)
title	返回此网页的标题 sp.title
text	除去所有 HTML 标签，把网页变为字符串返回 sp.text
find	返回第一个符合条件的内容 sp.find('img')

（续表）

Beautiful Soup 常用的方法和属性	使用说明（假设执行过 sp = BeautifulSoup(html)）
find_all	返回所有符合条件的内容 sp.find_all('a')
select	返回以 CSS 选择器作为运算结果的所有内容，主要操作对象为 id 和 class sp.select('#Showtd')

如同 9-2-2 小节的范例，在表 9-3 中最常用的就是 find_all 函数，因为它可以设置一个搜索的条件以缩小欲锁定的数据范围。例如，可以使用以下函数找到文章中所有的链接（假设网页均已使用 Beautiful Soup 分析并放在 sp 变量中）：

```
all_links = sp.find_all('a')
```

而因为 HTML 的标准链接格式如下：

```
<a href='http://go.to.com'>link text</a>
```

所以可以通过"all_links[0]"提取该链接的全部内容（如上例为全部字符串），"all_link[0].get('href')"提取实际链接的网址（如上例为 http://go.to.com），"all_links.text"提取链接的文字内容（如上例为 link text）。程序 9-5 示范了如何提取某一网页的全部链接，并把这些链接的完整网址列出来（以是否为 http:// 开头作为判断的根据）。

程序 9-5

```python
# _*_ coding: utf-8 _*_
# 程序 9-5 (Python 3 version)
from bs4 import BeautifulSoup
import requests
import sys

if len(sys.argv) < 2:
    print("用法: python 9-5.py <<target url>>")
    exit(1)

url = sys.argv[1]

html = requests.get(url).text
sp = BeautifulSoup(html, 'html.parser')
all_links = sp.find_all('a')

for link in all_links:
    href = link.get('href')
    if href != None and href.startswith('http://'):
        print(href)
```

在程序 9-5 中，我们先使用 find_all('a') 提取所有的链接，然后把结果放入 all_links 变量中，再以一个 for 循环取出所有的 link，并以 link.get('href') 提取此链接中的实际网址，由于有些链接可能没有设置 href，因此要检查 href 是否为 None，另外也要检查 href 是否以'http://'起始，两个条件都符合才打印出来。以下是程序执行的过程以及部分结果：

```
$ python 9-5.py http://www.baidu.com
http://news.baidu.com
http://www.hao123.com
http://map.baidu.com
http://v.baidu.com
http://tieba.baidu.com
http://www.baidu.com/bdorz/login.gif?login&tpl=mn&u=http%3A%2F%2Fwww.baidu.com%2f%3fbdorz_come%3d1
http://home.baidu.com
http://ir.baidu.com
http://www.baidu.com/duty/
http://jianyi.baidu.com/
```

因为我们通过命令行参数的方式指定网址，所以读者可以利用此程序试试看你熟悉的网页是否能够提取所有的完整链接。我们也可以用同样的方法提取网页中所有的图像文件链接。程序 9-6 就是一个简单的范例。

程序 9-6

```python
# _*_ coding: utf-8 _*_
# 程序 9-6 (Python 3 version)

from bs4 import BeautifulSoup
import requests
import sys
from urllib.parse import urlparse

if len(sys.argv) < 2:
    print("用法: python 9-6.py <<target url>>")
    exit(1)

url = sys.argv[1]
domain = "{}://{}".format(urlparse(url).scheme, urlparse(url).hostname)
html = requests.get(url).text
sp = BeautifulSoup(html, 'html.parser')
all_links = sp.find_all(['a','img'])

for link in all_links:
    src = link.get('src')
    href = link.get('href')
    targets = [src, href]
    for t in targets:
        if t != None and ('.jpg' in t or '.png' in t):
```

```
        if t.startswith('http'):
            print(t)
        else:
            print(domain+t)
```

程序 9-6 多做了几件事，其中之一就是把搜索的目标扩大，除了<a>之外，也搜索<img>。此外，<a>的标准链接属性是 href，而<img>的标准链接内容是 src，因此我们把 href 和 src 都纳入检索的目标，只要这两个属性不是空的（None），就寻找其内容中有无.jpg 或.png，只要有，就准备显示。但是在显示出来之前，还要检查其是否为完整的网址（看看是否为 http 开头的字符串），如果不是，就为其补上该网站的网址（使用 urlparse 模块找出目标网页的主机网址）。经过此程序的处理，只要输入某一个网页的网址，程序9-6就会把此网页中所有放在a和img中的图像文件链接的网址都显示出来。基于网页隐私权的原因，这里就不列出运行结果了，请读者自行试用。

有了网址，如何把对应的图像文件内容存下来呢？请参考程序 9-7 的内容。

程序 9-7

```
# _*_ coding: utf-8 _*_
# 程序 9-7 (Python 3 version)

from bs4 import BeautifulSoup
import requests
import sys, os
from urllib.parse import urlparse
from urllib.request import urlopen

if len(sys.argv) < 2:
    print("用法: python 9-7.py <<target url>>")
    exit(1)

url = sys.argv[1]
domain = "{}://{}".format(urlparse(url).scheme, urlparse(url).hostname)
html = requests.get(url).text
sp = BeautifulSoup(html, 'html.parser')
all_links = sp.find_all(['a','img'])

for link in all_links:
    src = link.get('src')
    href = link.get('href')
    targets = [src, href]
    for t in targets:
        if t != None and ('.jpg' in t or '.png' in t):
            if t.startswith('http'):
                full_path = t
            else:
                full_path = domain+t
```

```
print(full_path)
image_dir = url.split('/')[-1]
if not os.path.exists(image_dir):
    os.mkdir(image_dir)
filename = full_path.split('/')[-1]
ext = filename.split('.')[-1]
filename = filename.split('.')[-2]
if 'jpg' in ext:
    filename = filename + '.jpg'
else:
    filename = filename + '.png'
image = urlopen(full_path)
fp = open(os.path.join(image_dir,filename),'wb')
fp.write(image.read())
fp.close()
```

程序 9-7 使用 urlopen 打开远端的文件，并通过 fp = open(...)的方式打开本地的文件，最后以 fp.write(image.read())的方式一次性从远端的文件中读取所有的数据之后，直接写入本地计算机成为图像文件。而真正存盘之前，主要的工作是确定要存盘的文件夹名称和文件名。在本范例中会检查要存取的文件夹是否存在，如果不存在，就通过 os.mkdir()创建一个新的。但是在存盘的部分，程序 9-7 并没有检查是否有一样的文件名，因此如果有一样名字的图像文件，后来的文件就会覆盖之前的文件。要避免这种情况发生，这部分设计留在习题中供读者练习之用。

基于网站隐私权的考虑，请读者自行搜索有图像文件的网页来试用本程序。但在使用时，请自行留意相关的法律责任问题，切勿因此造成被测试的目标网站的负担，因此在测试时建议先使用自己的网站测试。

9-2-4　进一步分析网页的内容

在 9-2-3 小节中，我们一视同仁地把所有的 <img> 和 <a> 都找出来了，但是在大部分情况下，我们要找的是一些特定的数据信息。例如，中国某地区当地石油公司列在网站上的历年油价信息，如图 9-15 所示。

观察网页，很显然油价是以表格的方式来呈现的，查看其网页源代码，如图 9-16 所示。

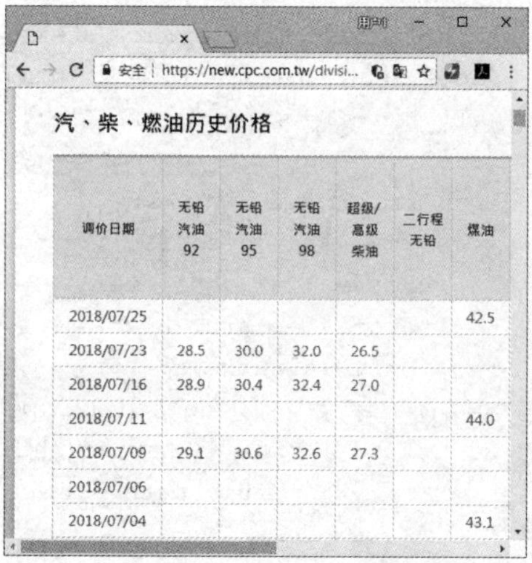

图 9-15　历年油价调整表

图 9-16　历年油价调整表网页的源代码

果然所有的油价数据都被放在 HTML 的<table>标签中，一大堆<tr><td>等标签都没有特定的属性，要如何锁定呢？所幸在图 9-16 中有一处灰底的<span>标签，其 id 被设置为"Showtd"，这是一个很好的线索。在程序中，可以先通过 CSS Selector 的方式选定属性为 Showtd 的<span>，再根据里面的<tr>和<td>进行分析。

在 HTML 的表格设计中，以<table></table>为最上层，接下来每一行用<tr></tr>括起，然后在里面用<td></td>设置表格中的单元格。观察图 9-15 的表格可以发现，在油价数据中，各行是调价日期，而各列则是油品的种类，只要数值有变化，就会有数字，如果没有改变，就是空的单元格，但是第 2 列一定是 92 无铅汽油，第 3 列一定是 95 无铅汽油，以此类推。

因此，我们可以在提取<span></span>之后，再按<tr>来提取所有的行数，把每一行以列来分割，取出我们想要的信息。程序 9-8 示范了整个分析的过程。

程序 9-8

```
# _*_ coding: utf-8 _*_
# 程序 9-8 (Python 3 version)

from bs4 import BeautifulSoup
import requests

url = 'https://news.cpc.com.tw/division/mb/oil-more4.aspx'

html = requests.get(url).text
sp = BeautifulSoup(html, 'html.parser')
data = sp.find_all('span', {'id':'Showtd'})
rows = data[0].find_all('tr')

prices = list()
for row in rows:
```

```
        cols = row.find_all('td')
        if len(cols[1].text) > 0:
           item = [cols[0].text, cols[1].text, cols[2].text, cols[3].text]
                   prices.append(item)
for p in prices:
    print(p)
```

其实看起来很简单，先通过 find_all('span', {'id':'Showtd'}) 找出记录油价所有单元格的内容，再将其放在 data 中，因为找到的内容是先以行再以列来显示的，所以使用 rows = data[0].find_all('tr') 找出行，再使用 cols = row.find_all('td') 找出每一列。

最后要使用时，先以字符串的长度判断该单元格内是否有数据，如果第 1 列 col[1].text 是有数据的，就再把它们存进 prices 列表变量中。以下是程序的运行结果（因为篇幅的关系，仅显示部分结果）。

```
In [21]: run 9-8.py
['2018/07/23', '28.5', '30.0', '32.0']
['2018/07/16', '28.9', '30.4', '32.4']
['2018/07/09', '29.1', '30.6', '32.6']
['2018/07/02', '28.9', '30.4', '32.4']
['2018/06/25', '28.5', '30.0', '32.0']
['2018/06/18', '28.7', '30.2', '32.2']
['2018/06/11', '28.6', '30.1', '32.1']
['2018/06/04', '28.8', '30.3', '32.3']
['2018/05/28', '29.2', '30.7', '32.7']
['2018/05/21', '29.0', '30.5', '32.5']
['2018/05/14', '28.7', '30.2', '32.2']
['2018/05/07', '28.1', '29.6', '31.6']
['2018/04/30', '28.2', '29.7', '31.7']
['2018/04/23', '27.8', '29.3', '31.3']
['2018/04/16', '27.3', '28.8', '30.8']
['2018/04/09', '26.7', '28.2', '30.2']
['2018/04/02', '26.8', '28.3', '30.3']
['2018/03/26', '26.6', '28.1', '30.1']
['2018/03/19', '26.0', '27.5', '29.5']
```

不过，因为这不是经常会变动的数据，所以在下载一次之后，理论上要存放在我们自己的数据库中，以避免过度使用别人的网页。这是下一节的教学内容。

9-3　网络应用程序

我们在前几节介绍的程序都属于单打独斗式的，也就是每次要提取数据的时候，都要从别人的网页上提取，其实这是一种相当没有效率的做法。除非要提取的网页信息是实时更新的，每一次都不一样，这样到网页上提取数据才有意义，否则，像油价的信息已知定期才会更新一次，只要定期去取一次就好了，那么拿到的数据要如何处理呢？有以下两种方法。

其一，存放在数据库中，这是最标准的做法，第 10 章再加以说明；其二，以文件的形式存储，而且通过 HTML 网页的方式进行检索。下面将分成几个小节来说明。

9-3-1 将数据存储为文件

就如同程序 9-6 所做的一样，如果是要下载图像文件，第一个步骤就是把这些图像文件存储在专门的文件夹中，日后要查看的时候，只要以本地计算机操作系统中的图像浏览器浏览即可。同样的方式也适用于.pdf、.txt 以及所有可以浏览的文件格式。

但是，如果像程序 9-8 那样提取的是整理过的文字数据，要如何处理呢？除了存放到数据库的选择之外，我们也可以写成 HTML 格式的网页文件，此类型的文件是一般的文本文件，除了便于 Python 写入之外，写入之后的文件以.html 作为扩展文件名之后，即可用浏览器打开浏览，非常方便。此外，也可以存储到 CSV 格式（以逗号分隔的标准文本文件形式）的文件中，这种格式的文件在各种电子表格和数据库系统中都非常容易导入。

我们把程序 9-8 改为存储成网页形式，如程序 9-9 所示。

程序 9-9

```
# _*_ coding: utf-8 _*_
# 程序 9-9 (Python 3 version)

from bs4 import BeautifulSoup
import requests

pre_html = '''
<!DOCTYPE html>
<html>
<head>
<meta charset='utf-8'>
<title>油价历史数据</title>
</head>
<body>
<h2>油价历史数据（取自网站）</h2>
<table width=600 border=1>
<tr><td>日期</td><td>92 无铅</td><td>95 无铅</td><td>98 无铅</td></tr>
'''

post_html = '''
</table>
</body>
</html>
'''

url = 'https://new.cpc.com.tw/division/mb/oil-more4.aspx'
```

```
html = requests.get(url).text
sp = BeautifulSoup(html, 'html.parser')
data = sp.find_all('span', {'id':'Showtd'})
rows = data[0].find_all('tr')

prices = list()
for row in rows:
    cols = row.find_all('td')
    if len(cols[1].text) > 0:
        item = [cols[0].text, cols[1].text, \
                cols[2].text, cols[3].text]
        prices.append(item)

html_body = ''
for p in prices:
    html_body += "<tr><td>{}</td><td>{}</td><td>{}</td><td>{}</td></tr>".\
        format(p[0],p[1],p[2],p[3])
html_file = pre_html + html_body + post_html

fp = open('oilprice.html','w', encoding='utf-8')
fp.write(html_file)
fp.close()
```

在程序中，我们导入了长字符串的设置方法，就是以 3 个引号（单引号或双引号都可以）开头，直到另一个成对的引号结束，中间的所有字符内容都会被视为字符串的一部分。通过长字符串的设置，我们设置了文件所需的前置标签 pre_html 和后置标签 post_html。另外，把从网页中搜集到的信息放在 html_body 中。最后把这 3 个变量组合成 html_file 字符串，再以 open('oilprice.html','w')的方式存成文本文件 oilprice.html，后面的 encoding 参数是为了让写入的文件变成 uft-8 的编码，以避免在 Windows 系统下的乱码问题。

此程序只要执行一遍，就会在当前的文件夹中产生上述的 html 文件，我们就可以随时通过浏览器打开此文件，看到我们想要的结果。程序 9-9 的运行结果以浏览器打开之后如图 9-17 所示。

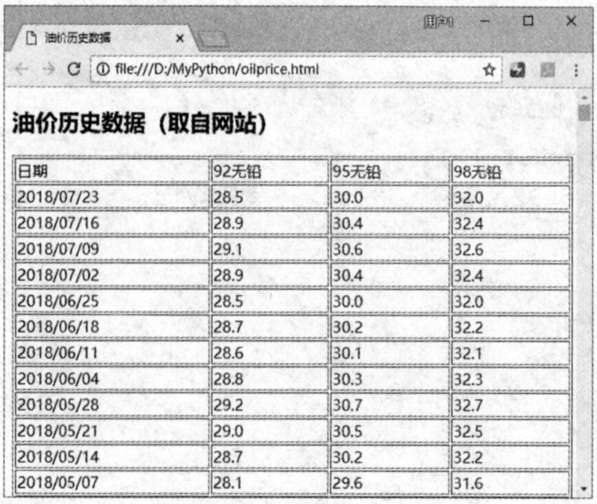

日期	92无铅	95无铅	98无铅
2018/07/23	28.5	30.0	32.0
2018/07/16	28.9	30.4	32.4
2018/07/09	29.1	30.6	32.6
2018/07/02	28.9	30.4	32.4
2018/06/25	28.5	30.0	32.0
2018/06/18	28.7	30.2	32.2
2018/06/11	28.6	30.1	32.1
2018/06/04	28.8	30.3	32.3
2018/05/28	29.2	30.7	32.7
2018/05/21	29.0	30.5	32.5
2018/05/14	28.7	30.2	32.2
2018/05/07	28.1	29.6	31.6

图 9-17　程序 9-9 的运行结果

9-3-2 以网页的形式整理数据

除了直接查看数据之外，我们也可以通过网页的方式创建一个索引用的 html 文件，方便自行整理和查找。简单地说，就是通过 HTML 网页格式中的表格功能，再搭配上链接的功能，制成一个 index.html 网站，在该目录之下只要点开 index.html 文件，就可以使用这个网页上面的链接，找到所有存储的文件信息。如果把这个文件放在虚拟主机的目录中，就成了可以被浏览的网页数据。

所有的 HTML 标签和格式都可以在程序中加入，之后可以全部写入 index.html 文件中，能做的变化非常多。以程序 9-7 为例，它是通过网页的搜索把所有目标网页上的图像文件都存放到某一个文件夹中，而在 HTML 中有一个叫作 Bootstrap 的框架（framework），可以使用简单的语句就做到图像幻灯片跑马灯的效果（请参考网页 http://getbootstrap.com/javascript/#carousel）。程序 9-10 示范了如何把这些效果加到我们的 index.html 中。

程序 9-10

```
# _*_ coding: utf-8 _*_
# 程序 9-10 (Python 3 version)

from bs4 import BeautifulSoup
import requests
import sys, os
from urllib.parse import urlparse
from urllib.request import urlopen

post_html = u'''
</body>
</html>
'''

if len(sys.argv) < 2:
    print("用法: python 9-10.py <<target url>>")
    exit(1)

url = sys.argv[1]
domain = "{}://{}".format(urlparse(url).scheme, urlparse(url).hostname)
html = requests.get(url).text
sp = BeautifulSoup(html, 'html.parser')

pre_html = """
<!DOCTYPE html>
<html>
<head>
<meta charset='utf-8'>
<title>网页搜索来的数据</title>
```

```
    <meta name="viewport" content="width=device-width, initial-scale=1">
    <link rel="stylesheet" href="http://maxcdn.bootstrapcdn.com/bootstrap/
3.3.6/css/bootstrap.min.css">
    <script src="https://ajax.googleapis.com/ajax/libs/jquery/1.12.0/
jquery.min.js"></script>
    <script src="http://maxcdn.bootstrapcdn.com/bootstrap/3.3.6/js/
bootstrap.min.js"></script>
    <style>
    .carousel-inner > .item >img,
    .carousel-inner > .item > a >img {
      border: 5px solid white;
      width: 50%;
      box-shadow: 10px 10px 5px #888888;
      margin: auto;
    }
    </style>

</head>
<body>
<center><h3>以下是从网页搜索来的图像跑马灯</h3></center>
"""

all_links = sp.find_all(['a','img'])

carousel_part1 = ""
carousel_part2 = ""
picno = 0

for link in all_links:
src = link.get('src')
href = link.get('href')
targets = [src, href]
for t in targets:
  if t != None and ('.jpg' in t or '.png' in t):
    if t.startswith('http'): full_path = t
    else:                    full_path = domain+t
    print(full_path)
    image_dir = url.split('/')[-1]
    if not os.path.exists(image_dir): os.mkdir(image_dir)
    filename = full_path.split('/')[-1]
    ext = filename.split('.')[-1]
    filename = filename.split('.')[-2]
    if 'jpg' in ext: filename = filename + '.jpg'
    else:            filename = filename + '.png'
    image = urlopen(full_path)
```

```python
            fp = open(os.path.join(image_dir,filename),'wb')
            fp.write(image.read())
            fp.close()

            if picno==0:
                carousel_part1 += "<li data-target='#myC' data-slide-to='{}' class='active'></li>".format(picno)
                carousel_part2 += """
                <div class='item active'>
                <img src='{}' alt='{}'>
                </div>""".format(filename, filename)

            else:
                carousel_part1 += "<li data-target='#myC' data-slide-to='{}'></li>".format(picno)
                carousel_part2 += """
                <div class='item'>
                <imgsrc='{}' alt='{}'>
                </div>""".format(filename, filename)
            picno += 1

        html_body = """
        <div id='myC' class='carousel slide' data-ride='carousel'>
            <ol class='carousel-indicators'>
                {}
            </ol>
            <div class='carousel-inner' role='listbox'>
                {}
            </div>
            <a class="left carousel-control" href="#myC" role="button" data-slide="prev">
                <span class="glyphiconglyphicon-chevron-left" aria-hidden="true"></span>
                <span class="sr-only">前一张</span>
            </a>
            <a class="right carousel-control" href="#myC" role="button" data-slide="next">
                <span class="glyphiconglyphicon-chevron-right" aria-hidden="true"></span>
                <span class="sr-only">后一张</span>
            </a>
        </div>
        """.format(carousel_part1, carousel_part2)

    fp = open(os.path.join(image_dir,'index.html'), 'w')
```

```
fp.write(pre_html+html_body+post_html)
fp.close()
```

程序主要架构的部分和程序 9-9 是差不多的，但是使用 bootstrap 时需要在网页前加上一些 bootstrap 框架所需要的链接和设置，所以 pre_html 的内容多了许多。此外，为了配合幻灯片跑马灯 Carousel 的语句，我们多使用了 carousel_part1 和 carousel_part2 两个变量把搜索到的图像文件的链接加入，最后把 pre_html、carousel_part1、carousel_part2 以及 post_html 全部加在一起写入 index.html。换句话说，程序 9-10 不仅会帮我们把图像文件全部下载到计算机中，还会在同一个文件夹中创建一个 index.html，把这些图像文件用幻灯片跑马灯的方式来展示。出于知识产权的考虑，请读者自行执行程序，观看运行的效果（用浏览器打开 index.html 文件即可）。对于太小的图像文件，可以在下载图像的时候先检查一下图像文件的大小，太小的话就可以忽略它。程序使用方法如下：

```
c:\>python 9-10.py 你要下载的网页
```

9-3-3　在本地建立网页应用

9-3-2 小节为特定的网站创建了自己的文件夹和 index.html。有没有觉得每次都要打开 index.html 很麻烦？没问题，我们可以在自己的计算机中创建一个网页服务器，日后要查找这些数据，只要打开自己的网页（localhost://localweb）就可以浏览了。

在 Windows 操作系统下，创建网页服务器可以选用 WAMP（Windows + Apache + MySQL + PHP），而在 Mac OS 操作系统下，则使用 MAMP（Mac + Apache + MySQL + PHP）是最方便的选择。WAMP 的网址为 http://www.wampserver.com/en/，网页如图 9-18 所示。MAMP 的网址为 https://www.mamp.info/en/，网页如图 9-19 所示。无论是哪一个操作系统，这些服务器（网页服务器、MySQL 数据库服务器以及 PHP 执行模块）都已经被打包成应用程序，只要下载适当的安装文件，然后执行安装程序完成安装即可。

图 9-18　Windows 用的 WAMP 服务器程序包

图 9-19　Mac OS 用的 MAMP 服务器程序包

以 WAMPSERVER 为例，在安装完成并执行该程序之后，它会在后端执行一个管理程序，并同时启用 Apache、MySQL 服务器，在默认的情况下，它们会自动侦听本地（localhost）的网页连接，此外在界面右下角的工具栏中也会有一个小图标，用于开启管理界面来设置相关参数。此外，我们只要启动浏览器并连接到 localhost，就可以看到如图 9-20 所示的屏幕显示界面。

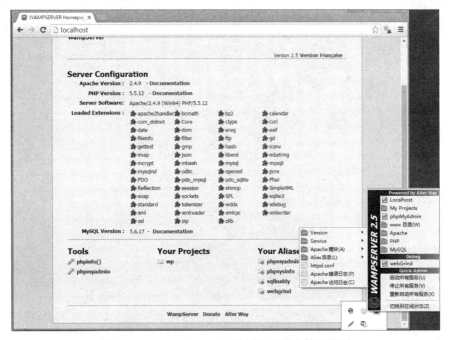

图 9-20　WAMPSERVER 的默认网页及管理界面

如图 9-20 所示，在管理界面中找到 www 目录的文件夹位置，只要把程序 9-10 所写入的 index.html 以及相关文件数据都放在此文件夹中，就可以在本地像浏览网页一样浏览下载的脱机内容了，如图 9-21 所示。

图 9-21 在自己的计算机中浏览下载成果

9-4 习　　题

1. 参考程序 9-5，将其改为可以显示所有 https:// 的链接。
2. 如果程序 9-7 在存盘的同时有同名的文件，就会直接覆盖掉，请修正这种情况，让所有的文件都能被保留下来。
3. 请参考程序 9-9 的内容，把目标网址改为气象局的当前气温网页，并存储提取后的数据结果。
4. 请利用在第 8 章中学习的 SQLite 知识把下载后的油价信息和气温数据存储到数据库中。
5. 请在你的计算机中安装 WAMP 或 MAMP，并把程序 9-10 的运行结果自动写到本机网页服务器的根目录文件夹中。

第 10 章

Python 网页数据提取实践

* 10-1 把网页数据存储到数据库中
* 10-2 自动提取数据
* 10-3 通过 Python 操作浏览器
* 10-4 习题

10-1 把网页数据存储到数据库中

在第 9 章学习了如何把网页上的数据下载到本地计算机中，并使用文件的方式存储这些数据以供后续使用。然而，有些数据可以通过不同的形式分析和运用，如果能够以数据库的方式存储，在使用上就会更具弹性。

例如，程序 9-8 下载了历年的油价信息，然后以 HTML 的表格格式存储，可是如果我们想要再找出历年最高油价或者平均油价，还是要查询某一时间区间内的平均油价，像以 HTML 格式存储的内容，就不方便进行分析、计算以及查找的操作。若以数据库的数据表方式把油价信息存储下来，需要查询的时候再重新设置查询功能以及查询方式，就可以轻松实现数据重新筛选、计算和统计的功能了。此外，同样的数据只要定期提取一次就好了，不需要每次使用的时候都到网站上去现"抓"，这样应用程序执行的速度也最快，还不会浪费网页主机的流量。

在本章中，我们先从加入数据库功能的数据提取程序应用模式谈起，再说明如何把提取到的数据存储在 SQLite 本地数据库中，以及如何进一步存储到网络数据库中，让它发挥最大的优势。

此外，让计算机可以持续自动地为我们更新数据也是自动化非常重要的一环，这些技巧也会在本章中加以说明。

不过在设计你的程序之前，在此先声明一点，随意从别人的网站提取数据来使用有可能会违反相关的法规，建议读者在使用之前先行了解该网站的规范。最重要的是，千万不要使用别人的网站测试你的程序，以免因为你的程序设计错误而引发不必要的问题。

10-1-1　网页数据的运用模式

到当前为止，我们的程序都是需要数据的时候就上网去提取，但是有些数据其实不是时时更新的，在大部分情况下只要下载一次就够了，不需要每次使用的时候都浪费网络资源把同样的事情再做一遍，不仅执行的时间过长，而且会造成网页服务器不必要的负担。

因此，在下载网页之前，除了要判断此网页在上一次造访之后是否更新过之外，还要有一个地方存储数据提取之后的状态信息。这时，通过数据库存储这些信息是最方便的。

也就是说，要获取某一个网页上的数据，其步骤应该是这样的：

（1）从本地数据库中获取目标网页上次提取数据的时间。
（2）获取目标网页上次的更新时间，如果两者时间一样，直接前往第 4 个步骤。
（3）获取数据并加以分析，然后把结果存储在数据库中。
（4）从数据库中取出数据并输出。

其中，把第 3 步（导入数据）和第 4 步（导出数据）操作分开，各有各的程序，而其中的中介存储库就是我们的数据库，此模式如图 10-1 所示。

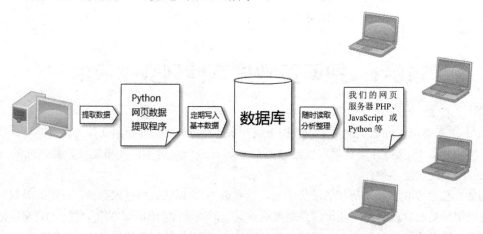

图 10-1　网页数据的应用模式

如图 10-1 所示，我们可以设置网页数据提取程序定期去特定的网页中搜索需要的数据，经过初步的筛选和分析之后，把基本的数据存储在数据库中，然后在这个数据库所在的位置建立一个可以读取此数据库的服务器网站，通过 PHP、JavaScript 或 Python，在网友浏览此网页的时候，按照浏览者设置的数据和需求，分析整理数据之后成为网页显示在浏览器中。

例如，发票兑奖号码、历年油价信息、地震测报数据、气温数据或银行的现行汇率、某些股票的相关信息等，都可以成为你网页中的一部分，提供给自己或网友查询。不过，如果你打算在网站公开这些数据，千万要留意相关的知识产权问题。此外，有很多信息（如股价或新闻）其实是有正规的数据获取渠道的，只要付费或申请就可以了，而且提供的数据也更简单、更好整理。如果用于商业目的，还是以正规的渠道获取为宜。

10-1-2　把数据存储到 SQLite

为了实现图 10-1 的模式，我们先以在第 8 章介绍过的 SQLite 为数据库，说明如何把提取到的数据存储在数据库中。

要存储数据，需要先分析要存储的数据内容以及类型，以便创建正确的数据表。在本小节的例子中，我们打算存储历年的油价信息。从图 9-15 分析，要存储的内容包括日期、92 无铅汽油、95 无铅汽油、98 无铅汽油 4 项。其中，日期可以文字格式来存储，而汽油的价格则以数字来存储。因此，通过 Firefox 浏览器的附加组件 SQLite Manager 新创建一个数据库 gasoline（会在当前的文件夹中新建一个叫作 gasoline.sqlite 的文件），并新建一个数据表 prices，如图 10-2 所示。

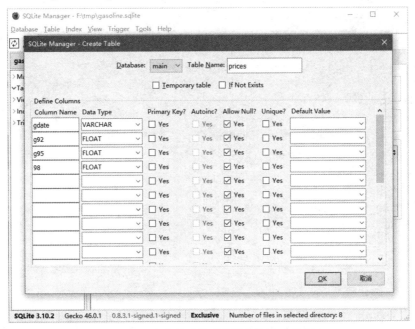

图 10-2　用来存储油价数据的数据库和数据表

第一个字段 gdate 使用可变长度的文字来存储就可以了，因此其类型指定为 VARCHAR；另外 3 个字段则因为有小数点，而且日后可能需要进行计算，所以设置为 FLOAT（浮点数类型），分别命名为 g92、g95 以及 g98。根据之前定义的模式，我们把它们放在同一个程序中，所以开始执行程序的时候，会先在屏幕界面上显示一个菜单：

```
历年油价查询系统
------------
1.从网站载入最新油价
2.显示历年油价信息
3.最近 10 周油价信息
```

```
4.油价走势图
0.结束
------------
请输入你的选择:
```

如菜单所示,程序中不再是一执行就去网页提取数据,相反,我们让到网页提取数据成为其中的一个选项,只有用户选用的时候才去执行,而且在提取数据之后就存储在之前定义的数据表中,之后其他 3 个选项都是从数据库中获取数据而不是从网页,速度就会快很多,而且节省了许多网络数据流量。主程序代码如下:

```python
# _*_ coding: utf-8 _*_
# 程序 10-1.py (Python 3 version)

import sqlite3
from bs4 import BeautifulSoup
import requests
import NumPy as np
import matplotlib.pyplot as pt

conn = sqlite3.connect('gasoline.sqlite')

while True:
    disp_menu()
    choice = int(input("请输入你的选择:"))
    if choice == 0 : break
    if choice == 1:
        fetch_data()
    elif choice == 2:
        disp_alldata()
    elif choice == 3:
        disp_10data()
    elif choice == 4:
        chart()
    else: break
    x = input("请按 Enter 键回主菜单")
```

如同在第 8 章说明的,先打开 SQLite 数据库的链接,此链接设置为 conn 全局变量,在所有的函数中均可直接使用。各项功能的程序代码均放到对应的函数中,显示菜单使用 disp_menu(),提取网页数据使用 fetch_data(),显示所有的油价数据使用 disp_alldata(),显示前 10 笔数据则使用 disp_10data(),最后要绘出油价走势图,则是放在 chart()函数中。

在 fetch_data()函数中,我们直接把第 9 章中的油价网页提取程序放在函数中,不同的地方在于,原本提取后的数据是直接输出成文本文件,现在改为以 SQL 的 insert into 指令写入数据库中。这样做的好处是,当要使用其他的函数的时候(包括下次重新执行程序的时候),只要从本地的数据库中取出即可。所以,其他 3 个函数要使用数据时,使用的都是 SQL 的 Select 指令。以下是 fetch_data()的程序片段:

```python
def fetch_data():
    url = 'https://new.cpc.com.tw/division/mb/oil-more4.aspx'

    html = requests.get(url).text
    sp = BeautifulSoup(html, 'html.parser')
    data = sp.find_all('span', {'id':'Showtd'})
    rows = data[0].find_all('tr')

    prices = list()
    for row in rows:
        cols = row.find_all('td')
        if len(cols[1].text) > 0:
            item = [cols[0].text, cols[1].text, \
                    cols[2].text, cols[3].text]
            prices.append(item)
    for p in prices:
        sqlstr = "select * from prices where gdate='{}';".format(p[0])
        cursor = conn.execute(sqlstr)
        if len(cursor.fetchall()) == 0:
            g92 = 0 if p[1]=='' else float(p[1])
            g95 = 0 if p[2]=='' else float(p[2])
            g98 = 0 if p[3]=='' else float(p[3])
            sqlstr = "insert into prices values('{}', {}, {}, {});". \
                format(p[0], g92, g95, g98)
            print(sqlstr)
            conn.execute(sqlstr)
            conn.commit()
```

在提取网页数据的部分（第一个 for row in rows 循环），通过 append 方法把所有关于油价的数据放在 prices 列表中，接下来在写入数据库的部分（第二个 for p in prices 循环），则使用 select 指令先以日期为依据检查此项数据是否已在数据库中，确定不在数据库中才以 insert into 指令添加此项数据，以避免数据重复。在存入数据的同时，也要留意数据的格式，确实把油价的信息字段都调整为 float 类型才加入，如果有缺值的部分，要明确地设置为 0。至于绘图的部分，将在第 13 章进行完整的说明。完整的程序请参考程序 10-1（在执行此程序之前需要安装 NumPy、Matplotlib 等程序包）。

程序 10-1

```
# _*_ coding: utf-8 _*_
# 程序 10-1.py (Python 3 version)

import sqlite3
from bs4 import BeautifulSoup
import requests
import NumPy as np
```

```python
import matplotlib.pyplot as pt

def disp_menu():
    print("历年油价查询系统")
    print("------------")
    print("1.从网站载入最新油价")
    print("2.显示历年油价信息")
    print("3.最近10周油价信息")
    print("4.油价走势图")
    print("0.结束")
    print("------------")

def fetch_data():
    url = 'https://new.cpc.com.tw/division/mb/oil-more4.aspx'

    html = requests.get(url).text
    sp = BeautifulSoup(html, 'html.parser')
    data = sp.find_all('span', {'id':'Showtd'})
    rows = data[0].find_all('tr')

    prices = list()
    for row in rows:
        cols = row.find_all('td')
        if len(cols[1].text) > 0:
            item = [cols[0].text, cols[1].text, \
                    cols[2].text, cols[3].text]
            prices.append(item)
    for p in prices:
        sqlstr = "select * from prices where gdate='{}';".format(p[0])
        cursor = conn.execute(sqlstr)
        if len(cursor.fetchall()) == 0:
            g92 = 0 if p[1]=='' else float(p[1])
            g95 = 0 if p[2]=='' else float(p[2])
            g98 = 0 if p[3]=='' else float(p[3])
            sqlstr = "insert into prices values('{}', {}, {}, {});". \
                format(p[0], g92, g95, g98)
            print(sqlstr)
            conn.execute(sqlstr)
            conn.commit()


def disp_10data():
    cursor = conn.execute('select * from prices order by gdatedesc;')
    n = 0
    for row in cursor:
```

```python
            print("日期: {}, 92无铅: {}, 95无铅: {}, 98无铅: {}". \
                format(row[0],row[1],row[2],row[3]))
        n = n + 1
        if n == 10:
            break

def chart():
    data = []
    cursor = conn.execute('select * from prices order by gdate;')
    for row in cursor:
        data.append(list(row))
    x = np.arange(0,len(data))
    dataset = [list(), list(), list()]
    for i in range(0, len(data)):
        for j in range(0,3):
            dataset[j].append(data[i][j+1])
    w = np.array(dataset[0])
    y = np.array(dataset[1])
    z = np.array(dataset[2])
    pt.ylabel("NTD$")
    pt.xlabel("Weeks ( {} --- {} )".format(data[0][0], data[len(data)-1][0]))
    pt.plot(x, w, color="blue", label="92")
    pt.plot(x, y, color="red", label="95")
    pt.plot(x, y, color="green", label="98")
    pt.xlim(0,len(data))
    pt.ylim(10,40)
    pt.title("Gasoline Prices Trend (Taiwan)")
    pt.legend()
    pt.show()

def disp_alldata():
    cursor = conn.execute('select * from prices order by gdatedesc;')
    n = 0
    for row in cursor:
        print("日期: {}, 92无铅: {}, 95无铅: {}, 98无铅: {}". \
            format(row[0],row[1],row[2],row[3]))
        n = n + 1
        if n == 20:
            x = input("请按Enter键继续...(Q:回主菜单)")
            if x == 'Q' or x == 'q': break
            n = 0

conn = sqlite3.connect('gasoline.sqlite')

while True:
```

```
    disp_menu()
    choice = int(input("请输入你的选择:"))
    if choice == 0 : break
    if choice == 1:
        fetch_data()
    elif choice == 2:
        disp_alldata()
    elif choice == 3:
        disp_10data()
    elif choice == 4:
        chart()
    else: break
    x = input("请按Enter键回主菜单")
```

执行过程如图 10-3 所示。执行程序 10-1.py 之后,首先会出现菜单,第一次执行此程序需选择第一个选项执行网页数据提取的操作,日后除非网站数据有更新,不然都不需要再执行提取操作,因为所有的数据都已在本地的数据库中了。

当提取了数据之后,选择第二个选项会显示全部的油价数据,每 20 行会暂停,等待用户按 Enter 键后,才继续显示接下来的 20 笔数据。如果用户选择先按 Q 键再按 Enter 键,就会回到主菜单。若选择第三个选项,则只显示最近的 10 笔油价信息。

执行第四个选项,画出的油价走势图如图 10-4 所示。

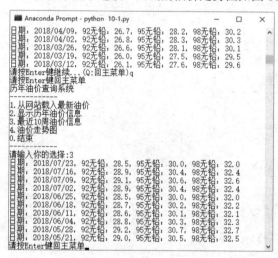
图 10-3 程序 10-1 执行的过程

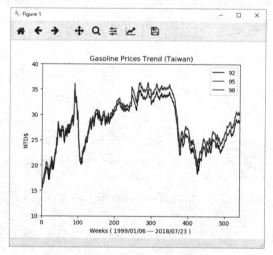
图 10-4 油价走势图

10-1-3 把数据导入网络 MySQL 数据库中

要把数据放在网页上供自己或网友浏览,最重要的就是把数据放在网络的数据库服务器中并建立一个自己的网页(网站)。而大部分网页服务器所支持的数据库服务器都是 MySQL,因此在本小节我们将以 MySQL 服务器为主,先教大家如何把现有的数据导入 MySQL 服务器中,再通过简单的 PHP 程序设计语言把此数据显示在网页上。

在学习本小节的内容前，读者需要有自己的网页服务器（虚拟主机空间），既有免费的可以申请，也有付费的网站可供选用。虽然网上提供的免费或者付费的虚拟主机均有内建的 MySQL 服务器可供使用，但是为了方便使用 Python 建立数据，我们还是使用免费的 MySQL 服务器 http://db4free.net 来存储我们从网页提取的数据。

在把数据导入 db4free 之前，我们先通过 Firefox 浏览器的 SQLite Manager 导出数据。为了提供兼容性，我们选择导出为 CSV 格式。首先执行 Firefox 浏览器，并启动 SQLite Manager，打开之前的油价数据库文件 gasoline.sqlite，如图 10-5 所示。

图 10-5　在 SQLite Manager 中打开原有的油价数据库文件

打开之后，找到 prices 数据表，在数据表名称上方右击，选择"Export Table"功能，如图 10-6 所示。

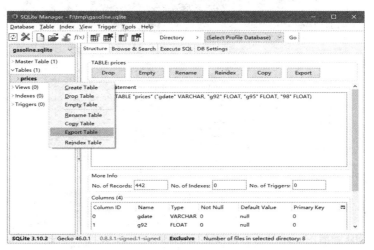

图 10-6　选择导出数据表的菜单选项

接着在图 10-7 中设置所有需要的参数选项。

基于最高兼容性，我们导出为 CSV（以逗号分隔的数据文件）格式，并指定第一行为字段名（勾选 First row contains column names 复选框），单击"OK"按钮之后就会出现存盘的对话框，如图 10-8 所示。

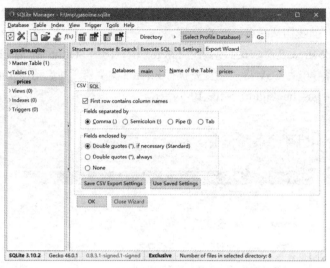

图 10-7　导出数据表为 CSV 格式文件

指定了保存的文件名和文件夹位置之后，即可前往 db4free.net 申请建立一个免费的 MySQL 数据库（如果此网站不稳定或速度过慢，可以参照第 9 章 9-3-3 小节中的说明，安装 WAMP 或 MAMP，在本地计算机建立 MySQL 服务，此时主机的地址只要使用 localhost 即可），如图 10-9 所示。

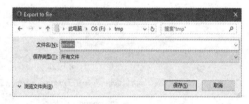

图 10-8　指定保存的 CSV 文件名

图 10-9　在 db4free.net 注册一个新的数据库

由于该网站已经全面中文化，因此申请注册的细节就不在此多做说明了。在此例中，申请了一个叫作 juntest 的数据库，在登录之后，马上就会出现最受欢迎的 MySQL 数据库管理界面 phpMyAdmin，如图 10-10 所示。

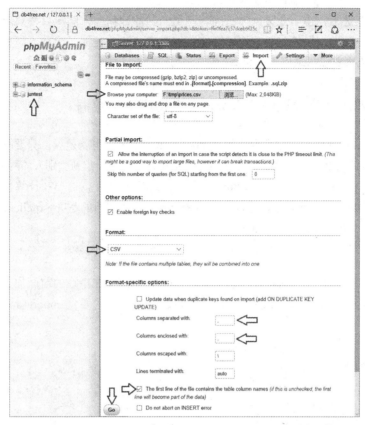

图 10-10 在 db4free 的 phpMyAdmin 界面中导入数据表

在图 10-10 标记箭头处进行必要的设置。注意，字段分隔符和内容分隔符都要设置为半角型的逗号","才能够正常导入。单击"Go"按钮，一会就可以顺利地导入数据表了，如图 10-11 所示。

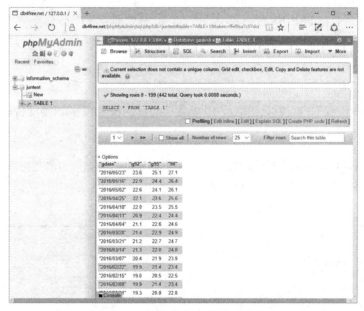

图 10-11 油价信息顺利导入的界面

有了此数据表之后，由于此数据库是因特网上的开放数据库，因此只要启用了确认邮件中的链接网址、账号及密码，在任何地方均可以编写程序读取这些数据，而且不需要再浪费时间以及不必要的网络流量去重新提取网页数据。

10-1-4　编写本地程序读取网络 MySQL 数据库中的数据

在 10-1-3 小节，我们已经把数据库放在 db4free.net 中了，也就是说，只要你的计算机连接了网络，在任何地方编写 Python 程序都可以获取这些数据，而不用再重新到别人的网页中去提取了。

然而，要在个人计算机中使用 Python 存取 MySQL 数据库，需要在计算机中安装可以存取 MySQL 的接口模块，最简单的方式是以如下指令安装（在此使用的是 mysqlclient 程序包，其说明文件的网址为 https://mysqlclient.readthedocs.io/）：

```
pip install mysql-python
```

如果计算机的操作系统是 Mac OS 或 Ubuntu Linux，别忘了在指令的前面加上 sudo。安装完成之后，就可以通过以下程序代码连接到 MySQL 数据库服务器了（要先 import _mysql，不要忘了前面的下画线符号）：

```
db = connector.connect(
    host = '主机链接地址',
    user = '数据库管理员名称',
    passwd = '管理员密码',
    database='数据库名称'
)
```

上述连接数据不加上参数名称也可以，只要按照其顺序来指定就好了。在连接完成之后，得到的是 db 指针，通过这个指针即可使用 SQL 指令执行检索操作，并取得所要的数据。例如以下这段程序，就是取出所有在 PRICES 数据表中的内容，并把它们存放在 rows 列表中。

```
db.query('select * from PRICES;')
r = db.store_result()
rows = r.fetch_row(maxrows=0)
```

运用 SQL 指令，我们也可以只提取前 10 笔数据的日期和 95 无铅汽油油价的字段：

```
db.query('select gdate, g95 from PRICES limit 10;')
```

综合以上说明，我们可以编写一段程序，连接数据库之后，把所有的数据从 db4free.net 下载到 rows 列表变量中，然后全部打印出来。请参考程序 10-2 的内容。

程序 10-2

```
# -*- coding: utf-8 -*-
# 10-2.py (Python 3 version)

import _mysql

db = _mysql.connect(
```

```
        host='db4free.net',
        user='ptest',
        passwd='****',
        db='ptest')
db.query('select * from PRICES;')
res = db.store_result()
rows = list()
while res.has_next:
  row = res.fetch_row()
  rows.append(row)

for i in range(0,10):
  print("日期：{}, 92 无铅：{}, 95 无铅：{}, 98 无铅：{}".\
     format(rows[i][0], rows[i][1], rows[i][2], rows[i][3]))
```

程序的运行结果如下。

```
$ python 10-2.py
日期："2016/01/25", 92 无铅：18.3, 95 无铅：19.8, 98 无铅：21.8
日期："2016/01/18", 92 无铅：18.4, 95 无铅：19.9, 98 无铅：21.9
日期："2016/01/11", 92 无铅：19.5, 95 无铅：21.0, 98 无铅：23.0
日期："2015/12/28", 92 无铅：19.9, 95 无铅：21.4, 98 无铅：23.4
日期："2015/12/21", 92 无铅：20.1, 95 无铅：21.6, 98 无铅：23.6
日期："2015/12/14", 92 无铅：20.8, 95 无铅：22.3, 98 无铅：24.3
日期："2015/12/07", 92 无铅：21.6, 95 无铅：23.1, 98 无铅：25.1
日期："2015/11/30", 92 无铅：21.7, 95 无铅：23.2, 98 无铅：25.2
日期："2015/11/23", 92 无铅：21.5, 95 无铅：23.0, 98 无铅：25.0
日期："2015/11/16", 92 无铅：22.2, 95 无铅：23.7, 98 无铅：25.7
```

可以从 MySQL 中读取数据，当然也能够写入数据。这部分就留给读者作为习题使用。

10-1-5　使用 PHP 建立信息提供网站

在 10-1-4 小节中，我们使用 Python 在个人计算机上创建了一个程序，可以读取在因特网上的 db4free.net 数据库，这样做的好处是，无论你使用哪一台计算机执行范例程序 10-2，都可以存取同一个数据库。然而，如果要把这些数据分享给其他的网友，这种方式就不方便了，最好的方式是建立一个网站来作为显示这些信息的接口。如果你原本就有网站，就可以轻易地通过这项功能在你的网站中提供来源于其他网页但是经过你分析整理的信息（例如实时汇率、股价、天气以及地震消息等）。

Python 也可以作为网页服务器的后端语言，这点我们将在第 14 章中详细介绍。在这一小节中，我们以大家常用的 PHP 作为范例，示范如何在 PHP 中读取 10-1-4 节中的数据，并显示在网页中。同样，如果你没有网站虚拟主机，也可以到网上申请免费的，或者在付费网站购买一个网站虚拟主机。

任一网页服务器中的 PHP 文件要存取远程的 MySQL 数据库，只要使用以下程序片段即可：

```php
$dbuser='juntest';
$dbname='juntest';
$dbhost = 'db4free.net';
$dbpasswd = '******';

$conn = mysql_connect($dbhost, $dbuser, $dbpasswd) or die ('connect error');
```

主要是使用mysql_connect函数进行数据库连接工作，一旦连接完成，PHP后台会自动为我们处理持续的连接工作，这时只要通过mysql_query送出MySQL的查询指令即可。当然在此之前，要先使用mysql_select_db指定要操作的数据库名称，程序片段如下：

```php
mysql_select_db($dbname);
$res = mysql_query('select * from PRICES order by gdatedesc limit 20;');
```

此时所有的数据都已放在$res变量中了，通过以下循环即可取出所有的数据：

```php
while($row = mysql_fetch_array($res)) {
    echo $row[0] . $row[1] . $row[2] . $row[3];
}
```

其中，$row[0]和$row[1]分别代表每一个数据记录中的第 0 个字段和第 1 个字段。如此搭配HTML 和 PHP 的语法，我们即可轻松编写出可以从 db4free.net 数据库中取出数据的程序。请参考程序 10-3 的内容。

程序 10-3

```php
<!-- 程序 10-3 (PHP version) -->
<!DOCTYPE html>
<html lang='zh-Hans-CN'>
<head>
<title>Python Mysql 测试网页</title>
</head>
<body>
<table align='center' width='60%' bgcolor='#cccccc'
cellpadding=5 cellspacing=2>
<caption align='center'>最近 20 周的油价</caption>
<tr><th>公告日期</th><th>92 无铅</th><th>95 无铅</th><th>98 无铅</th></tr>
<?php
    $dbuser='juntest';
    $dbname='juntest';
    $dbhost = 'db4free.net';
    $dbpasswd = '******';

    $conn = mysql_connect($dbhost, $dbuser, $dbpasswd) or die ('connect error');
    mysql_select_db($dbname);
    $res = mysql_query('select * from PRICES order by gdatedesc limit 20;');
    $i=0;
```

```php
    while($row = mysql_fetch_array($res)) {
        $i++;
        if($i%2)
            echo '<trbgcolor=#ccffcc>';
        else
            echo '<trbgcolor=#ffccff>';
    echo '<td width=200 align=center>' . $row[0] . '</td>' .
        '<td align=center>' . $row[1] . '元</td>' .
        '<td align=center>' . $row[2] . '元</td>' .
        '<td align=center>' . $row[3] . '元</td>';
    echo '</tr>';
    }
mysql_close($conn);
?>
</table>
</body>
</html>
```

此程序是用 PHP 语言写成的，要在能够执行 PHP 的网页服务器中才可以使用，既可以放在虚拟主机中，也可以在 MAMP 或 WAMP 的网页目录中执行（在个人计算机中安装过 MAMP 或 WAMP）。请注意，不是直接执行，而是通过浏览器存取该文件或网址。以程序 10-3 为例，我们将程序 10-3 命名为 index.php，并放在网站 http://so8d.tw 的 pmysql 文件夹之下，通过浏览器前往 http://so8d.tw/pmysql，即可看到执行结果。读者可以把这个范例程序的实现放在自己的虚拟主机网站上测试一下。

程序 10-3 的运行结果如图 10-12 所示。

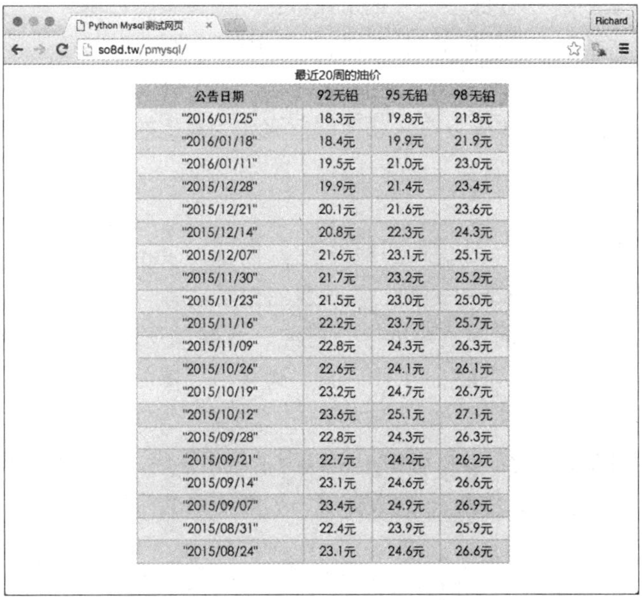

图 10-12　在网站上通过 PHP 读取数据之后的网页

当然，也可以把这些程序片段放在你现有的网页中，丰富你的网站信息。

至于如何让本地的 Python 程序可以直接把数据存储到 db4free.net 数据库中，请参考 10.2 节的内容。

10-2 自动提取数据

在前面几节中，我们学会了如何编写 Python 程序从网页上提取数据，然后放在网站数据库中，并通过本地的 Python 程序或服务器后端程序设计语言 PHP 来获取已存储在数据库中的数据。接着在本节中，我们将学习如何让这些过程自动化。

也就是说，在本地计算机中设置自动执行程序，定期执行我们编写的网页数据提取程序，并存储在数据库中，以供日后使用。

10-2-1 检测网页内容是否曾经更新

为了避免同样的网页被重复分析，在这一节中我们将教大家一个简单的判断技术，即通过 md5 函数获取网页的摘要，如果此次的摘要和上次的一样，就表示网页内容并没有被更新过，不需要再重新分析以及存储数据了。方法如下：

```
import requests
import hashlib
r = requests.get('http://target.web.site.page')
sig = hashlib.md5(r.text.encode('utf-8')).hexdigets()
```

把计算后的 sig 与之前计算过的 sig（记录在数据库或文本文件中）相比较，两个值不一样才会继续往下执行程序。因此，在我们的网站分析程序中要有此记录才行。

为了简化起见，假设程序只针对一个网站进行分析和提取数据，因此每次开始执行的时候都会先查找 eq_sig.txt 是否存在，如果存在，就读取出来作为对比的依据，如果文件更新了，就在分析处理完网页数据之后再把新的摘要（最新计算出来，存放在 sig 变量中的）更新到 eq_sig.txt 中，以备下次使用。

在此，以第 8 章使用过的 USGS 提供的地震信息（网址为 http://earthquake.usgs.gov/earthquakes/feed/v1.0/summary/4.5_week.geojson）为例，假设我们想要编写一个程序从该网站下载数据，获取最近一周所有震级超过 4.5 度的地震数据（含震级、日期以及地点），然后把这些数据存放在 MySQL 数据库（在此例中为 db4free.net）中，同时避免对一模一样的数据重复分析及处理（例如后续的数据库操作）。

因为要把数据存储在 MySQL 数据库中，所以为了简化程序，不用再处理创建数据表的相关问题，先前往 db4free.net 创建一个名为 eq 的数据表，如图 10-13 所示。

第 10 章　Python 网页数据提取实践 | 215

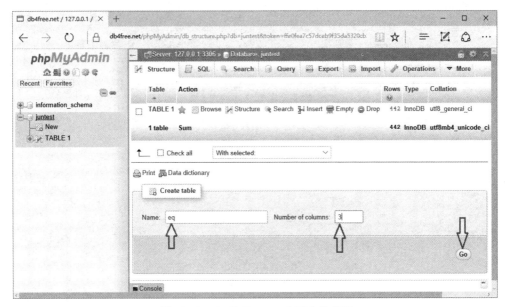

图 10-13　在 db4free.net 中建立数据表

在单击"Go"按钮之后，接下来设置字段的格式，如图 10-14 所示。

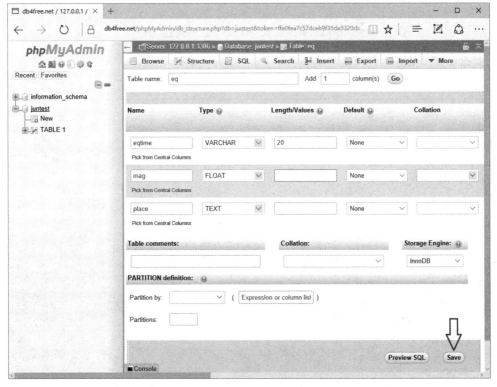

图 10-14　设置 eq 数据表的字段格式

在此我们设置 3 个字段，分别是 eqtime（VARCHAR）、mag（FLOAT）以及 place（TEXT），分别用来记录地震发生的时间、震级以及地点。设置完成的屏幕显示界面如图 10-15 所示。

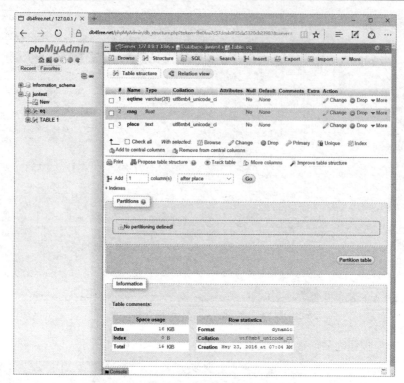

图 10-15　数据表 eq 设置完毕后的摘要页面

主要的程序内容如程序 10-4 所示。

程序 10-4

```python
# _*_ coding: utf-8 *_*
# 程序 10-4 (Python 3 version)

import json, requests, hashlib, datetime, os.path
from mysql import connector

url = 'http://earthquake.usgs.gov/earthquakes/feed/v1.0/summary/4.5_week.geojson'
r = requests.get(url)
sig = hashlib.md5(r.text.encode('utf-8')).hexdigest()
old_sig=''

if os.path.exists('eq_sig.txt'):
    with open('eq_sig.txt', 'r') as fp:
        old_sig = fp.read()
    with open('eq_sig.txt', 'w') as fp:
        fp.write(sig)
else:
    with open('eq_sig.txt', 'w') as fp:
        fp.write(sig)

if sig == old_sig:
```

```python
        print('数据未更新，不需要处理...')
    exit()

    earthquakes = json.loads(r.text)
    dataset = list()
    for eq in earthquakes['features']:
        item = dict()
        eptime = float(eq['properties']['time']) /1000.0
        d = datetime.datetime.fromtimestamp(eptime).strftime('%Y-%m-%d %H:%M:%S')
        item['eqtime'] = d
        item['mag'] = eq['properties']['mag']
        item['place'] = eq['properties']['place']
        dataset.append(item)
    db = connector.connect(
        host = 'db4free.net',
        user = 'juntest',
        passwd = '******',
        db = 'juntest')
    db.query('delete from eq;')
    for data in dataset:
        sql = 'insert into eq (`eqtime`,`mag`,`place`) values("{}",{},"{}");'.format( \
            data['eqtime'], data['mag'], data['place'])
        db.query(sql)
        print(sql)
    print('数据更新完成')
    db.commit()
    db.close()
```

程序 10-4 的第一段使用 with 指令来打开文本文件 eq_sig.txt，用来作为识别所提取的网络数据是否和上一次提取数据一样的验证数据，只有不一样才会继续往下执行数据库的导入操作。如果网页的数据经常更新，其实你也可以跳过这一段测试，每一次执行的时候都进行导入数据库的工作。

在导入数据库之前，我们先把所得到的 json 格式数据转换为列表数组，需要的数据放在 dataset 中。有了所有的数据之后，再连接 db4free.net 的数据库，并用 SQL 指令把 dataset 中所有的数据都导入数据库中。由于数据量并不多，因此我们简化了数据库重复数据的检查操作，直接在执行导入之前把表格内所有的数据都先用 "delete from eq" 全部删除后再导入新的数据。

值得注意的是，如果需要保留原有的数据，但是当前提取的网络数据又有可能会有一些重复数据项，在 insert into 之前，就要先用 select 指令查找，看看当前的数据库中有没有你要新增的数据，没有的话再导入。

最后，要确认数据库内所有的数据都确实被更新了，在退出程序之前，还要有一个 commit 操作，程序结束之后，也别忘了用 close 关闭数据库的连接。运行结果如图 10-16 所示，所有的数据都会被导入 db4free.net 的数据库中。

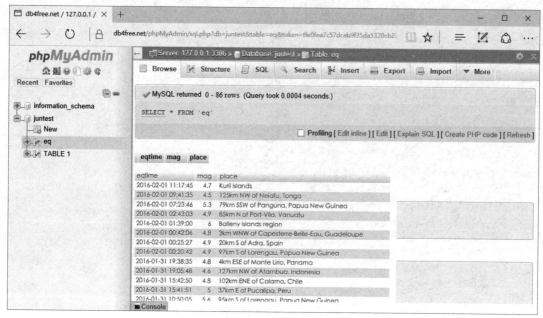

图 10-16　程序 10-4 的运行结果

既然每一次执行都可以自动为我们更新数据库，那么接下来就来看看如何在自己的计算机操作系统中设置自动执行的功能。为了简化说明起见，因为我们所获取的数据量并不多，所以把程序 10-4 简化为程序 10-5，下载之后不做重复检查，直接更新数据库，而且不做任何输出。

程序 10-5

```
# _*_ coding: utf-8 *_*
# 程序 10-5 (Python 3 version)

import json, requests, datetime
from mysql import connector

url = 'http://earthquake.usgs.gov/earthquakes/feed/v1.0/summary/4.5_week.geojson'
r = requests.get(url)

earthquakes = json.loads(r.text)
dataset = list()
for eq in earthquakes['features']:
    item = dict()
    eptime = float(eq['properties']['time']) /1000.0
    d = datetime.datetime.fromtimestamp(eptime). \
        strftime('%Y-%m-%d %H:%M:%S')
    item['eqtime'] = d
    item['mag'] = eq['properties']['mag']
    item['place'] = eq['properties']['place']
    dataset.append(item)

db = connector.connect(
```

```
        host = 'db4free.net',
        user = 'juntest',
        passwd = '******',
        database = 'juntest')
    cur = db.cursor()
    cur.execute('delete from eq')
    for data in dataset:
        sql = 'insert into eq (''eqtime'', ''mag'', ''place'') values("{}",{},"{}");'.format( \
             data['eqtime'], data['mag'], data['place'])
        cur.execute(sql)
    db.commit()
    db.close()
```

10-2-2　Windows 自动化设置

在 10-2-1 小节中，程序 10-4.py 每执行一次，就会把位于 db4free.net 中的数据表更新一次，因为地震数据是每 5 分钟更新一次，所以如果想要在数据库中保持最新的数据，我们的程序最好能够每隔一段时间就执行一次。当然这个操作不需要由人工来做，操作系统本身就提供了定时执行程序的功能，只要设置好，在计算机开机的时候，程序就会被按时执行，达到自动化搜索和收集数据的目的。

首先，为了管理方便，我们在 C:\磁盘驱动器的根目录下创建一个专门用来放置自动执行程序的目录 C:\auto_python，然后把程序 10-5.py 复制到此目录之下。

Windows 操作系统中有一个"任务计划程序"可以负责自动化执行指定程序的工作，若是 Windows 10，则如图 10-17 所示，而 Windows 7 则如图 10-18 所示。

图 10-17　Windows 10 启动"任务计划程序"的地方　　图 10-18　Windows 7 启动"任务计划程序"的地方

启动"任务计划程序"之后,打开如图 10-19 所示的屏幕显示界面。

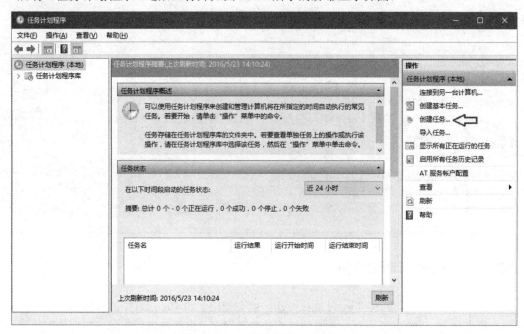

图 10-19　任务计划程序主界面

在右侧选择"创建任务"选项,就会出现如图 10-20 所示的"创建任务"界面。

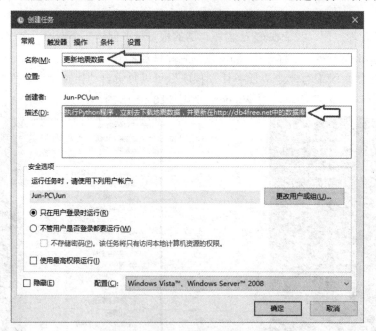

图 10-20　"创建任务"界面

如图 10-20 所示,先指定一个名称,并在"描述"中简单说明一下这个任务的目的,以免日后忘记。接下来单击"触发器"标签,如图 10-21 所示。

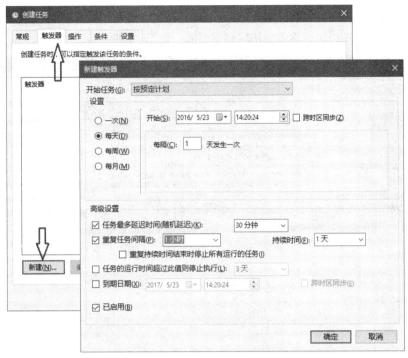

图 10-21　"任务计划程序"的"触发器"选项设置

在图 10-21 中可以设置此程序的运行时间以及重复工作的细节。我们可以在一天中的任一时间开始这项工作，并设置每隔多长时间要重复一次，当然也可以设置停止此工作的日期或条件。在单击"确定"按钮之后，再设置触发之后要执行的程序，如图 10-22 所示。

图 10-22　设置触发之后要执行的程序

在这里我们只要设置要执行的程序是 Python，添加参数（可选）设置为 c:\auto_python\10-5.py，再单击"确定"按钮就可以了。设置完毕回到主界面，如图 10-23 所示。

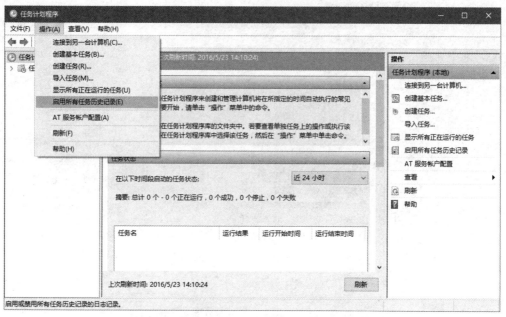

图 10-23　任务计划程序主界面可以执行的操作

如图 10-23 所示，在"操作"菜单中有许多项目可以选择。想要确定所设置的程序是否如期执行，除了观察结果之外，也可以选择"启用所有任务历史记录"，便于日后追踪核查。全部设置完成之后，回到主界面中单击左侧的"任务计划程序库"，就可以看到我们设置的成果了，如图 10-24 所示。

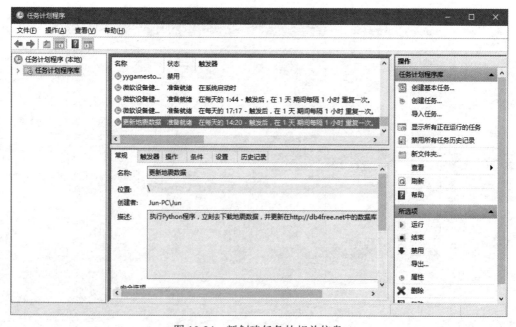

图 10-24　新创建任务的相关信息

10-2-3　Mac OS 自动化设置

在 Mac OS 下负责任务计划的和在 Linux 下一样，都是 crontab，而且因为在 Mac OS 下可以直接在程序 10-5.py 的第一行进行以下设置来执行此文件的程序：

```
#! /usr/bin/python
```

因此，在 Mac OS 操作系统下不需要再执行 python 10-5.py，而是直接执行 10-5.py 就可以。

在终端程序下执行 crontab -e 指令，即可进入设置自动执行的编辑环境，每一行均可设置一个程序，格式如下：

```
0 10 * * 1 ~/auto_python/10-5.py
```

其中，前面 5 个参数以空格隔开，这些数字代表的意义分别是分、时、日、月、周。如果是"*"，就表示该项目不进行设置。如上例，表示在每星期一的 10:00 执行后面的程序。"~"符号表示用户的根目录，所以"~/auto_python/10-5.py"就是要求执行用户根目录 auto_python 文件夹中的 10-5.py 这个程序。

上述格式若要设置成每天每隔 10 分钟执行一次，则改为：

```
*/10 * * * * ~/auto_python/10-5.py
```

若要设置的是每个月 1 日上午 10 点 15 分和 45 分各执行一次，则改为：

```
15,45 10 1 * * ~/auto_python/10-5.py
```

编辑器是使用系统默认的 vi 编辑器，使用方法请参考相关的数据。在设置完毕之后，可以使用以下指令查看：

```
crontab -l
```

经过以上设置后，在网络上搜集信息就不需要再自己动手了，非常方便。不过，因为提取网页数据会造成对方主机的额外负担，请留意相关的法律问题，同时不能太过于频繁和规律，这有可能会让你的网络 IP 被对方网站封锁。

10-3　通过 Python 操作浏览器

在前面几节中，我们都是使用 requests 模块提取网页数据的，但是有些比较复杂或使用 JavaScript 执行的网站有时通过浏览器来读取反而比较方便。在以往，我们直觉地认为浏览器的操作必须通过人工的方式来执行，其实不见得。在这一节中，我们会介绍 Selenium 模块。通过这个模块可以直接在 Python 程序中操作 Firefox 浏览器（经过安装其他相关模块后，也可以操作 Internet Explorer 和 Google Chrome，不过 Firefox 浏览器是默认值），就好像人工操作一样。

10-3-1 安装 Selenium

安装 Selenium 的方法很简单，一般只要使用 pip install 就可以了：

```
pip install selenium
```

如果之前为了使用 Python 绘图功能而安装了 Anaconda，那么有可能在上面的指令执行之后出现如下错误信息：

```
Cannot open e:\Anaconda3\Scripts\pip-script.py
```

这个信息表示在 Anaconda 中并没有安装过 pip 模块，以至于无法在此环境下使用 pip 安装新的模块。要解决这种情况，只要使用如下指令在 Anaconda 环境下安装 pip 即可：

```
conda install pip
```

Selenium 的网址为 http://selenium-python.readthedocs.org/（在官方网站中有详细的安装说明）。图 10-25 所示是在 Windows 10 操作系统下安装成功的屏幕显示界面。

图 10-25　Selenium 在 Windows 10 完成安装的屏幕显示界面

由于 Selenium 默认使用的浏览器是 Firefox，因此如果你的计算机中没有这个浏览器，也要安装才行。Firefox 浏览器的网址为 https://www.mozilla.org/zh-CN/firefox/new/。不过新版的 Selenium 已经支持 Chrome，视你的使用习惯而定。

为了方便分析网页，在 Firefox 浏览器中有一个很好用的附件，即 Firebug，如图 10-26 所示。

图 10-26　Firefox 的 Firebug 附加组件

在安装 Firebug 之后，在网页的右上角会有一个 Firebug 的图标，单击该图标之后即可在下方实时看到网页的源代码以及相关的信息，同时在任一网页元素上右击之后，即可出现"使用 Firebug 查看元素"选项，单击该选项，网页元素所对应的源代码就会立即出现在下方，对于分析网页非常有帮助，如图 10-27 所示。

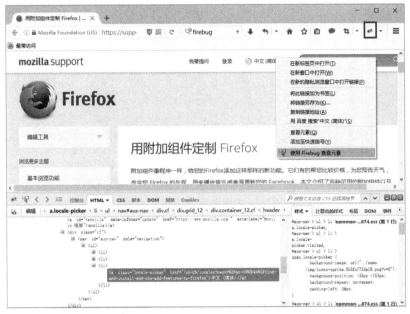

图 10-27　通过 Firebug 分析网页元素

假设我们使用的是 Chrome 浏览器，需要安装一个 ChromeDriver 的 WebDriver，这个程序可以在 https://sites.google.com/a/chromium.org/chromedriver/downloads 下载，选择最新的版本及 32 位版本即可，如图 10-28 所示。

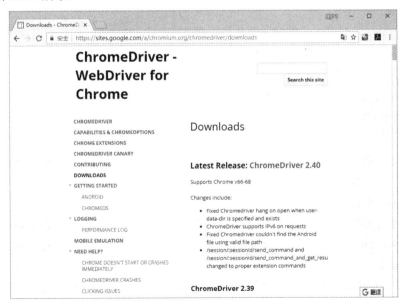

图 10-28　ChromeDriver 的安装页面

下载压缩文件之后，请执行解压缩，并把执行文件 chromedriver.exe 放在固定的文件夹中，在 Python 程序中需要运行这个程序才能够操控 Chrome 浏览器。此处这个文件存放的文件夹如图 10-29 所示。

图 10-29　chromedriver.exe 所存放的文件夹

10-3-2　使用 Selenium 操作 Chrome

要确定 Selenium 是否能够正常工作，最简单的方法是进入 Python 的交互式界面，输入以下程序代码，在 Chrome 函数调用中的网址就是我们存放 chromedriver.exe 的绝对路径。此外，路径名称外的"r"字符，是希望 Python 解释器不要解释或翻译它后面跟着的字符串，直接使用即可：

```
from selenium import webdriver
web = webdriver.Chrome(r"d:\MyPython\chromedriver.exe")
web.get('https://www.sina.com')
web.close()
```

事实上，不用等到整个程序写完，在执行到第 2 行的时候，一个空白、全新的 Chrome 浏览器就会被启动执行，而在第 3 行程序代码输入之后，该浏览器就会打开新浪网站，就好像是我们在网址栏输入该网址一样，如图 10-30 所示。

当然，在上述程序的最后一行（web.close()）输入之后，这个浏览器的窗口就会被关闭。除了 close() 之外，Selenium 还提供了非常多的方法可以操作浏览器，例如 get_window_position、set_window_position、maximize_window、get_window_size、set_window_size、refresh、back、forward 等。许多人工操作的功能都可以通过这些方法来取代，几个主要的功能如表 10-1 所示。

第 10 章　Python 网页数据提取实践 | 227

图 10-30　通过 Python 操作 Chrome 浏览器的屏幕显示页面

表 10-1　几个主要的功能

WebDriver 的方法	主要功能
get_window_position()	获取窗口的位置（左上角）
set_window_position(x, y)	设置窗口的位置（左上角）
maximize_window()	最大化窗口尺寸
get_window_size()	获取窗口的尺寸
set_window_size(x, y)	设置窗口的尺寸
refresh()	刷新页面
back()	回上一页
forward()	到下一页
close()	关闭窗口
quit()	结束浏览器的执行
get(url)	浏览 url 这个网址
save_screenshot(filename)	把当前的屏幕界面存成 PNG 格式，文件名设置为 filename
current_url	当前的网址
page_source	网页的原始文件（源代码文件）
title	当前网页的 title 设置

在表 10-1 中，在名称后面加小括号的是方法（Method），需要采用调用的方式才可以执行它，其他的则是属性，直接取用即可。除了可以直接获取 page_source（网页源代码）之外，比较有趣的是可以存储网页的截图（截屏）。也就是说，如果我们有 5 个网页要浏览，并想截取这几个网页的屏幕显示界面，就可以编写一个程序自动完成这些工作，如程序 10-6 所示。

程序 10-6

```
# _*_ coding: utf-8 *_*
# 程序 10-6 (Python 3 version)
```

```python
from selenium import webdriver
urls = [
'http://www.sina.com.cn',
'http://www.sohu.com',
'http://www.eastmoney.com',
'http://www.newone.com.cn/',
'http://www.baidu.com']

web = webdriver.Chrome(r"d:\MyPython\chromedriver.exe")
web.set_window_position(0,0)
web.set_window_size(800,600)
i = 0
for url in urls:
    web.get(url)
    web.save_screenshot("webpage{}.png".format(i))
    i += 1
web.close()
```

执行程序 10-6 之后，你会发现系统马上会启动 Chrome 浏览器，并被移到左上角，同时把窗口的大小切换成 800×600，并开始自动浏览我们指定的页面，直到 5 个网页都浏览完毕之后关闭窗口。接着到存放此程序的同一个目录下可以找到 5 个图像文件，分别是 webpage1.png、webpage2.png、webpage3.png、webpage4.png 和 webpage5.png，而且特别的是，每一个图像文件存储的都是完整的网页截屏界面，并不会受限于窗口的大小。非常有趣，你一定要试试。

10-3-3 通过 Selenium 读取网页信息

在通过 Selenium 的 WebDriver 打开某个网页之后，其实这个网页的源代码已经在我们的掌握之中了，我们既可以通过 page_source 获取所有的原始网页内容，也可以通过一些函数找出某个或某些特定的网页元素进行操作。不需要 BeautifulSoup，WebDriver 本身就提供网页元素的检索功能，请参考表 10-2。

表 10-2 几个主要的检索功能

WebDriver 的方法	主要功能
find_element(by, value)	使用 by 指定的方法查找第一个符合 value 的元素
find_element_by_class_name(name)	使用类名称查找符合的元素
find_element_by_css_selector(selector)	使用 CSS 选择器查找符合的元素
find_element_by_id(id)	使用 id 名称查找符合的元素
find_element_by_link_text(text)	使用链接文字查找符合的元素
find_element_by_name(name)	使用名称查找符合的元素
find_element_by_tag_name(name)	使用 HTML 标签查找符合的元素
上面的方法在 element 后面加上 s	同上，但是返回的是数组，其中含有所有符合的元素

通过以上函数可以找到当前使用 Chrome 打开的网页中的任一元素，至于要使用哪一个函数，则视网页分析的结果而定。我们在 10-3-1 小节中安装的 Firebug 和 Chrome 自带的"开发者工具"就可以帮上许多忙。例如，网站 http://www.eastmoney.com/ 就是一个综合的财经证券门户网站，如果我们想要利用程序打开此网站并自动选取其中一个频道，就必须找到该频道所对应的按钮。要找到按钮在网页中的位置，只要在打开网页之后启动"开发者工具"即可，如图 10-31 所示。

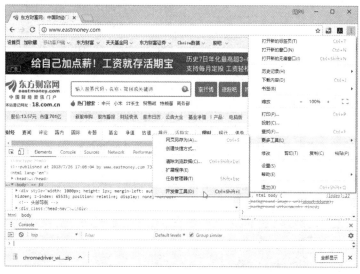

图 10-31　在 Chrome 中使用"开发者工具"功能

此时下方就会显示当前对应的网页源代码文件。假设此时我们想知道网页中"查行情"按钮的网页源代码，可以先选择"开发者工具"窗口左上角的"Inspect"功能按钮，然后使用鼠标移到"查行情"按钮上面就行了。此时在页面的下方就会出现此按钮所使用的 HTML 源代码，观察源代码的内容，找出此按钮在网页中独有的地方（一般会先寻找 id 变量，通常是独一无二的），再使用 find_element_by 这类函数来锁定，最后加以处理即可，如图 10-32 所示。

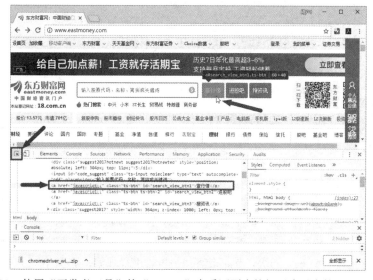

图 10-32　使用"开发者工具"的"Inspect"查看网页中按钮元素对应的 HTML 源代码

也就是说，我们想要在打开网页之后进一步操作网页上的元素，例如输入数据、单击链接或选择某些选项等，可以在找到对象之后再针对该对象操作。可以操作的方法（函数）如表 10-3 所示。

表10-3　可以操作的方法

WebDriver 的方法	主要功能
clear()	清除内容，通常用在文字字段
click()	单击，通常使用于按钮、链接或菜单
is_displayed()	检查此元素在网页中是否为可见的
is_enabled()	检查此元素在网页中是否为可用的
is_selected()	检查此元素是否处于被选中的状态
send_keys(value)	对此元素送出一串字符，也可以是特定的按键

以图 10-32 所示的"查行情"按钮为例，我们可以使用 ts_btn 来操作该按钮。要单击该按钮，只要对 id 为 ts_btn 的元素送出 click() 函数即可。程序 10-7 示范打开该网站，按照顺序单击两个按钮后，各停留 10 秒的时间，再关闭浏览器。

程序 10-7

```
# _*_ coding: utf-8 *_*
# 程序 10-7 (Python 3 version)

import time
from selenium import webdriver
url = 'http://www.eastmoney.com'

web = webdriver.Chrome(r"D:\MyPython\chromedriver.exe")
web.get(url)
web.find_element_by_id('ts_btn').click()
time.sleep(10)
web.find_element_by_id('ts_btn1').click()
time.sleep(10)
web.close()
```

程序很简单，每次找到按钮之后就模拟单击（其实就是 ts_btn 和 ts_btn2 两个按钮），同时设置在单击按钮之后让程序停止 10 秒，最后以 web.close() 关闭浏览器。

10-3-4　登录会员网站的方法

本小节示范一个可以自动登录会员网站的方法。假设你要登录"京东"商城的网站（http://www.jd.com），想要执行程序帮你自动登录该网站，如何实现这样的操作呢？方法很简单，我们可以直接前往"京东"网页，然后使用 Firebug 进行观察，如图 10-33 所示。

图 10-33　要登录会员的范例网站

如图 10-33 所示，由于要登录账号需要先单击网页中的"你好，请登录"按钮，因此我们可以启用 Firebug，然后在登录按钮上右击。但是由于许多网站都有右键锁，因此遇到在网页上无法右击时，只要安装 RighToClick 附加组件就可以了，如图 10-34 所示。

图 10-34　Firefox 解除右键锁的附加组件

然后可以观察到"你好，请登录"按钮的源代码（见图 10-35），以及接下来真正要登录网站时与账号有关的源代码（见图 10-36）。

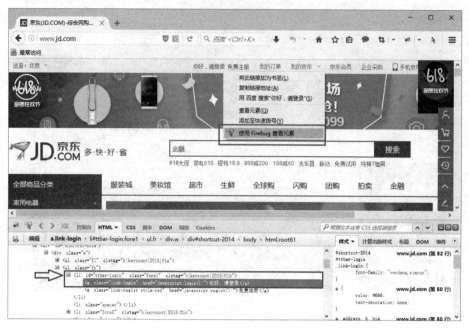

图 10-35 登录按钮的网页源代码

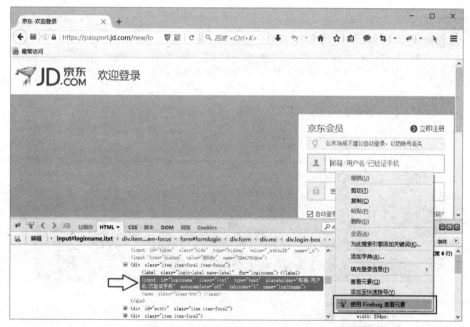

图 10-36 账号字段的网页源代码

按照同样的方法可以找出账号、密码和登录按钮的源代码,然后按照这些信息编写用于自动登录时输入账号和密码的程序,如程序 10-8 所示。

程序 10-8

```
# _*_ coding: utf-8 *_*
# 程序 10-8 (Python 3 version)
```

```
from selenium import webdriver

url = 'http://www.jd.com'

web = webdriver.Firefox()
web.get(url)
web.find_element_by_id('ttbar-login').click()
web.find_element_by_name('loginname').clear()
web.find_element_by_name('loginname').send_keys('your account')
web.find_element_by_name('nloginpwd').clear()
web.find_element_by_name('nloginpwd').send_keys('your password')
web.find_element_by_id('loginsubmit').click()
```

当然，你也可以直接前往"京东"的登录页面（https://passport.jd.com/new/login.aspx?ReturnUrl=http%3A%2F%2Fwww.jd.com%2F），这样可以省去 ttbar-login 的 click()操作，但是这个登录界面的网址太长了，因而还是从首页开始比较简单。当然，我们同样可以用 Chrome 浏览器实现同样的功能，只要用下面的语句替换上面的 web = webdriver.Firefox()语句就行：

```
web = webdriver.Chrome(r"D:\MyPython\chromedriver.exe")
```

10-4 习　　题

1. 请前往 db4free.net（或使用你现有的虚拟主机所提供的 MySQL）创建一个数据库。
2. 请使用 MySQL 服务器的连接功能改写程序 10-1。
3. 请设置一个程序，可以针对网站 http://www.eastmoney.com/打开某一个频道（如单击"查行情"按钮），并在你的系统中设置为每日早上 7 点自动打开。
4. 某些网站一进入就会有分级的按钮，单击同意或已满 18 岁才能够进入浏览，请问此类网站如何利用程序登录？
5. 请练习编写一个程序可以登录你的 Hotmail 账号。

第 11 章

Firebase 在线实时数据库操作实践

✷ 11-1　Firebase 数据库简介
✷ 11-2　Python 存取 Firebase 数据库的实例
✷ 11-3　网页连接 Firebase 数据库
✷ 11-4　Firebase 数据库的安全验证
✷ 11-5　习题

11-1　Firebase 数据库简介

　　Firebase 是网站上一个非常受欢迎的云计算实时数据库服务，通过标准化的 API 程序设计接口，不需要使用后端程序就可以对数据库进行存取操作，让前端的网站设计人员不用担心数据的存储问题，相当大程度地简化了网站开发的流程，并且可以提高开发的速度。

　　由于此服务已被 Google 公司收购，相对于第 10 章所介绍的 db4free.net 来说，系统快速且稳定，还提供了免费的账号可供使用，因此非常适合我们用来通过 Python 存储数据，再以一般的网页技术（HTML+CSS+JavaScript）显示出数据内容。

　　然而，由于此服务使用的 NoSQL 实时数据库概念有别于之前介绍的以数据表格为主的数据库系统，因此在使用之前要先对什么是 NoSQL 有清楚的了解。

11-1-1　NoSQL 数据库概念

有别于传统关系数据库所使用的数据表概念，NoSQL 数据库不使用 SQL 查询语言，也没有数据表，当然更不用定义表格之间的关系。NoSQL 的数据主体以数据项为主，每一笔数据都有自己的键（Key）和值（Value）的对应关系，实际上在存取数据时，经常以类似 Python 的字典类型来操作，而大多数情况下，都可以使用 JSON 格式作为数据项的单元格式。不同的数据库系统也使用不同的做法，有使用 Document Store 的方式，也有使用 Key Value/Tuple Store 的，详细的分类以及市面上现有的 NoSQL 数据库系统，请参考网址 http://nosql-database.org/。

早期数据库（如 SQLite、MySQL 和 SQL Server 等）在使用之前，都是先定义数据表及其中的字段，每一笔数据在数据表中都是一个记录，每一个记录都必须按照事先定义好的字段和格式填入才行。但是在 NoSQL 数据库中，每一个数据项不必和其他的数据项具有一模一样的格式，在使用上相对比较有弹性。

11-1-2　注册 Firebase 账号

Firebase 的主网站网址是 https://firebase.google.com/，网站首页如图 11-1 所示。

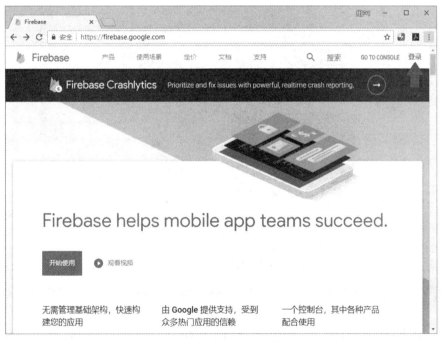

图 11-1　Firebase 网站首面

单击网站首页右上角的"GO TO CONSOLE"按钮，用 Google 账号进入 Google Console 控制台，如图 11-2 所示。

也就是你必须要有 Google 的账号，然后申请成为 Google 的开发者。顺利进入之后，会打开如图 11-3 所示的页面。

图 11-2　登录 Google 账号的页面

图 11-3　登录完成之后的 Firebase 会员页面

新的账号会立即为我们创建一个名为 MY FIRST APP 的数据库，我们也可以输入自己的项目名称。

进入新的账号有两个选项，一个是"探索演示项目"（右边），另一个是通过"添加项目"的方式创建一会儿要用的 Firebase 项目。单击"添加项目"按钮之后，需要先给新创建的项目取名，如图 11-4 所示。

只要输入项目名称（此处为 nkfust-app），系统就会帮我们命名一个正式的项目 ID（在此为 nkfust-app），此 ID 我们也可以自定义，只要不和别人的重复就可以了。单击"创建项目"按钮，经过设置后，会出现这个项目的专属页面，如图 11-5 所示。

图 11-4　在 Firebase 中创建自己的数据库项目

图 11-5　Firebase 的项目页面

此时，可以单击左侧菜单栏的"Database"选项，随后就会看到创建 Firebase Database 的页面，如图 11-6 所示。

单击"创建数据库"按钮，经过一些设置后，一旦创建完成，即可进入 Firebase 的数据库操作页面，如图 11-7 所示。

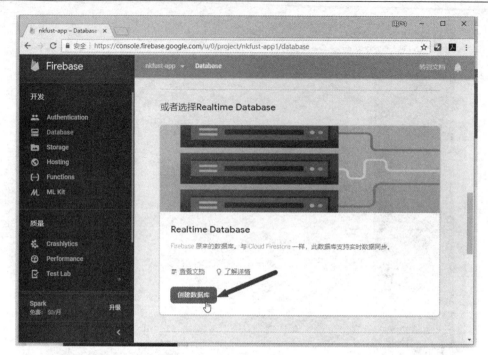

图 11-6　开始创建 Firebase Database

图 11-7　Firebase 的数据库操作页面

在这个页面中，我们可以直接单击右上角的⋮按钮，从中选择"导入 JSON"来导入 JSON 格式的数据库，或者把现有的数据库使用"Export JSON"导出。当然，也可以在这个界面中直接编辑、添加、删除数据项。

可以直接输入数据，而不需要先建立数据表和设置字段类型。其实，所有操作的背后都是使用 Restful API 对数据库进行操作，数据库的网址就是数据的位置。此外，由于这类数据库都是使用 JSON 格式来存储数据项的，因此无论是导入还是导出，都只支持 JSON 格式。

因为是网络实时数据库,所以在使用之前,建议先对存取这个数据库的权限进行安全性设置,是以规则(rules)方式进行规范的,当然规则也是以 JSON 格式编写的。单击左侧菜单中的"Database",然后选取"规则"页签,如图 11-8 所示。

图 11-8　设置数据库的安全规则

在图 11-8 中是默认的安全规则,用户无论是读取还是写入数据库,都需要通过身份验证。为了方便教学和练习,我们把这组安全规则修改为读写都不限制身份,如图 11-9 所示。在设置时要注意,上方的 Database 类型要设置为"Realtime Database",这才是我们要使用的数据库形式。

图 11-9　修改为所有人都可以读取或写入此数据库

在完成编辑之后，别忘了单击"发布"按钮，以便让新的安全规则生效，一旦运用这个安全规则，在页面中会出现一条警告信息，提醒我们留意安全上的考虑，如图 11-10 所示。

图 11-10　完全开放权限之后的警告信息

此时，读者可以尝试在数据输入界面输入数据，如图 11-11 所示。

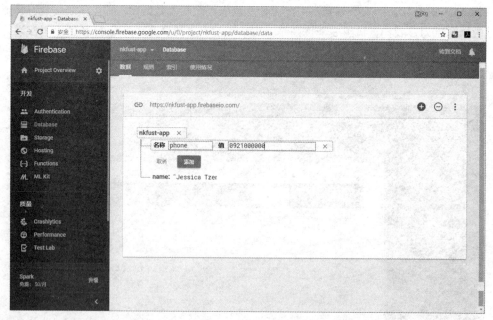

图 11-11　Firebase Database 的数据输入界面

不过在数据自动化处理的过程中，通过程序来写入和读取数据才有意义。在 11-1-3 小节中，我们将通过 Python 程序对这个数据库进行数据的存取。

11-1-3 连接 Firebase 和 Python

首先需要安装 python-firebase 程序包（程序模块）：

```
pip install python-firebase
```

此外，此模块会使用到 requests，如果之前没有安装，也需要一并安装进去。安装成功之后，即可在程序中导入 firebase 模块：

```
from firebase import firebase
fdb = firebase.FirebaseApplication("https://cgenkfust.firebaseio.com", None)
```

顺利导入之后，即可通过 post、get 以及 delete 操作此数据库。注意，因为 Firebase 使用的是 RestfulAPI，所以路径对数据存储的位置是有意义的。也就是说，如果我们打算存储用户信息，可以在连接的时候使用'https://cgenkfust.firebaseio.com'作为数据库地址，选择使用'/users'参数作为存储的位置，也可以在连接的时候直接使用'https://cgenkfust.firebaseio.com'，然后使用'/'参数作为存储的位置，两者的意义是一样的。

另外，所有存储和读取的格式均是 JSON，而在 Python 中是以 dict 字典类型来存储的。为了便于测试数据的读写，读者可以在执行程序 11-1 之前先打开 Firebase 的 nkfust-app（或者你自己设置的 App 名称），并在执行程序时一直观察其中的变化。所有的存储和读取操作都会在数据库的管理界面中实时反映出来。执行程序 11-1 之后，会在'/user'下写入 4 笔用户姓名，为了便于观察，我们在循环中加入暂停 3 秒钟的指令。

程序 11-1

```
# _*_ coding: utf-8 _*_
# 程序 11-1 (Python 3 version)

from firebase import firebase
import time

new_users = [
{'name': 'Richard Ho'},
{'name': 'Tom Wu'},
{'name': 'Judy Chen'},
{'name': 'Lisa Chang'}
]

db_url = 'https://cgenkfust.firebaseio.com'
fdb = firebase.FirebaseApplication(db_url, None)
for user in new_users:
    fdb.post('/user', user)
    time.sleep(3)
```

程序运行结果如图 11-12 所示。

图 11-12　程序 11-1 的运行结果

在程序 11-1 中写入的这些数据可以通过程序 11-2 读取出来。

程序 11-2

```
# _*_ coding: utf-8 _*_
# 程序 11-2 (Python 3 version)

from firebase import firebase

db_url = 'https://cgenkfust.firebaseio.com'
fdb = firebase.FirebaseApplication(db_url, None)
users = fdb.get('/user', None)
print("数据库中找到以下的用户")
for key in users:
    print(users[key]['name'])
```

程序 11-2 的运行结果如下：

(test) (d:\Anaconda3_5.0) C:\Users\USER\Documents\test>python 11-2.py
数据库中找到以下的用户
Richard Ho
Tom Wu
Judy Chen
Lisa Chang

如果要删除上面数据库中的数据，只要使用 delete 并提供正确的键（Key）即可。在此就不示范了。

11-2　Python 存取 Firebase 数据库的实例

从 11-1 节的说明，读者应该能够了解 Firebase 是一个马上可以使用的云计算实时数据库，不同于 MySQL 这一类的关系数据库，Firebase 是以 JSON 格式来存取每一笔数据的，并且使用之前不需要先设置数据表，当然也不需要设置数据表之间的各种关系。而它主要的用途在于简化后端的数据存取程序，让设计网页的人员可以通过 HTML 和 JavaScript 直接在前端存取存储的数据。

也就是说，我们可以在个人计算机端使用 Python 来存储 Firebase 的数据库，然后在网页服务器上直接使用 HTML 和 JavaScript，就可以取出在 Firebase 中的数据加以利用。本节将介绍如何在本地计算机操作 Firebase，然后在 11-3 节中说明如何在网页服务器中显示这些存储的数据，而且数据一有变化，就马上更新显示的数据内容。

11-2-1　Firebase 网络数据库的操作

Firebase 数据库除了数据存储在云上之外，另一个特色是实时性（realtime）。我们利用程序存取数据的时候，只要数据一有变化，立刻就会呈现在管理界面中。在 11-1 节，我们通过简单的程序存取新创建的 cgenkfust 的 App（Firebase 中数据库的名称）。本小节将使用同一个 App 来存储 Python 所提供的数据。

目前我们对数据库的访问权限是完全开放的，如果需要加上不同的账号具有不同的读取或写入权限，就需要另外到"规则"页面中设置。有关账号设置方面的内容，我们会在 11-4 节中进行详细的说明，在这一节中，先直接使用数据库即可。

Firebase 的数据库分层结构可参考图 11-12。如图 11-12 所示，在此例中创建的 App 名称是 cgenkfust，所以数据库的根网址是 https://cgenkfust.firebaseio.com。在图 11-13 中，根目录下有两个主要的数据项，分别是 invlotto 和 user，它们的网址分别是 https://nkfust-app.firebaseio.com/invlotto 和 https://nkfust-app.firebaseio.com/user。在"数据"页签中可通过"+"按钮添加数据项，使用"×"按钮则可删除数据项。当然，也可以通过鼠标指向节点处，再对该数据组进行展开或收起的操作。

在图 11-13 中，两笔数据项分别是由程序 11-1 所创建的 user 数据群组以及接下来要创建的发票兑奖号码。由于发票是每两个月开奖一次，而且每次开奖的月份都是在奇数月，因此可以使用开奖的那个月份以及年份作为数据项的名称，展开 invlotto 数据项之后，如图 11-13 所示。

在 Firebase 中，每一个通过 API 建立的数据项都会有一个独一无二的标识符串（此例为 LB9zUXII7npUBHV3Q5e），可以用此字符串操作该数据项。如前面所述，在 invlotto 之下，我们以年份加月份作为索引值，在读取或写入的时候，可以通过根目录 https://nkfust-app.firebaseio.com 加上 invlotto/201801 存取到在 2018 年 1 月份开奖的发票，也可以直接浏览网址 https://nkfust-app.firebaseio.com 来存取，无论是在 Firebase 的管理界面，还是通过 API 存取此数据项，都是一样的。

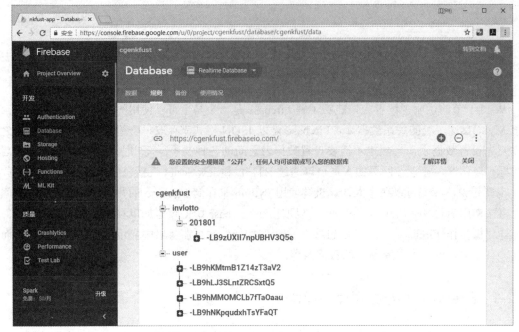

图 11-13　发票兑奖号码数据项展开后的样子

11-2-2　使用 Python 写入 Firebase 数据库

根据前文所述，我们可以设置一个程序，在计算机端输入每一次发票的开奖号码，并存入 Firebase 数据库中，有了这些号码在数据库中，我们就可以轻易地制作一个提供兑奖号码的网页，甚至是制作成自动兑奖的 App 或网站服务。

程序 11-3 提供了一个交互式的界面，让我们可以输入这些开奖号码，然后存储到远端的 Firebase 数据库中。

程序 11-3

```
# _*_ coding: utf-8 _*_
# 程序 11-3 (Python 3 version)

from firebase import firebase
db_url = 'https://cgenkfust.firebaseio.com'
fdb = firebase.FirebaseApplication(db_url, None)

while True:
    inv_lotto = dict()
    inv_month = input('请输入开奖月份(例：201707，输入-1 结束):')
    if int(inv_month) == -1 :
        break
    inv_lotto['p1000w'] = input('请输入特别奖 1000 万的号码：')
    inv_lotto['p200w'] = input('请输入特奖 200 万的号码：')
```

```python
    inv_lotto['p20w'] = list()
    while True:
        p20w = input('请输入头奖 20 万的号码（输入-1 结束）：')
        if int(p20w) == -1:
            break
        inv_lotto['p20w'].append(p20w)
    inv_lotto['p200'] = list()
    while True:
        p200 = input('请输入增开六奖的号码（输入-1 结束）：')
        if int(p200) == -1:
            break
        inv_lotto['p200'].append(p200)
print("以下是你输入的内容：")
print("开奖月份:", inv_month)
print("1000 万特别奖:", inv_lotto['p1000w'])
print("200 万特奖:", inv_lotto['p200w'])
print("20 万头奖:", end="")
for n in inv_lotto['p20w']:
    print(n + "  ", end="")
print("\n200 元增开六奖:", end="")
for n in inv_lotto['p200']:
    print(n + "  ", end="")
ans = input("\n是否写入 Firebase 网络数据库？(y/n)")
if ans == 'y' or ans == 'Y':
    fdb.post('/invlotto/' + inv_month, inv_lotto)
```

程序 11-3 使用一个无限循环（while True）来让用户输入每一次开奖的号码，直到用户输入-1 才会使用 break 指令离开此循环。观察发票的开奖号码，主要有一个 1000 万的特别奖号码、一个 200 万的特奖号码、若干个 20 万的头奖号码以及若干个 200 元的增开六奖号码。由于头奖号码和增开六奖号码的号码数在每个月份中不一定会一样，因此在输入这两种号码的时候，要放在无限循环中，直到用户输入-1 时才结束。由于通过 input 函数输入的数据都被视为字符串，因此我们在测试-1 时，都会以 int 函数把字符串转换为整数再进行测试。

Firebase 的数据存取都是以 JSON 格式来操作的，而 python-firebase 的模块以字典类型来对应，因此在输入数据时，只要以 dict 字典类型的变量来存储数据，就可以直接存入 Firebase 数据库了，这也是为什么在循环的一开始，我们就以 inv_lotto = dict()这一行语句先把 inv_lotto 变量初始化为字典类型的原因。

为了便于日后的数据存取，在 invlotto 之下，再以开奖月份作为整个数据项的索引，例如在 2018 年 1 月开奖的发票（符合兑奖的月份是 2017 年 11 月和 12 月）号码，就以 201801 作为存储的路径，也就是把所有的号码放在 https://cgenkfust.firebaseio.com/201801 中。而 201801 这个路径名称一开始就放在 inv_month 变量中，而在存储数据的时候，以 fdb.post('/invlotto/' + inv_month, inv_lotto)写入就可以了。

完整的数据结构如图 11-14 所示。在 inv_lotto 字典变量中，除了 p1000w 和 p200w 分别放特别奖和特奖的唯一号码之外，也可以通过 list 列表类型设置 p20w 和 p200，用来存放一个以上的号码。

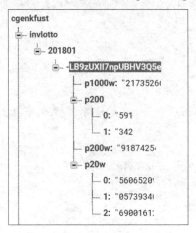

图 11-14　发票程序存储数据的数据结构

以下是程序 11-3 的运行过程：

```
(test) (d:\Anaconda3_5.0) C:\Users\USER\Documents\test>python 11-3.py
请输入开奖月份(例：201707，输入-1 结束):201801
请输入特别奖 1000 万的号码：21735266
请输入特奖 200 万的号码：91874254
请输入头奖 20 万的号码（输入-1 结束）：56065209
请输入头奖 20 万的号码（输入-1 结束）：05739340
请输入头奖 20 万的号码（输入-1 结束）：69001612
请输入头奖 20 万的号码（输入-1 结束）：-1
请输入增开六奖的号码（输入-1 结束）：591
请输入增开六奖的号码（输入-1 结束）：342
请输入增开六奖的号码（输入-1 结束）：-1
```

以下是你输入的内容：

```
开奖月份：201801
1000 万特别奖：21735266
200 万特奖：91874254
20 万头奖：56065209   05739340   69001612
200 元增开六奖：591   342
是否写入 Firebase 网络数据库？(y/n) y
请输入开奖月份(例：2017017，输入-1 结束) :-1
```

11-2-3　使用 Python 读取 Firebase 数据库

在程序 11-3 中，如果我们在运行的时候输入了两笔同样月份的开奖号码（例如 201811），此数据项并不会如我们预期的那样取代前一笔数据，而是同时存储两份同样的数据，但是拥有不同的 ID，如图 11-15 所示。

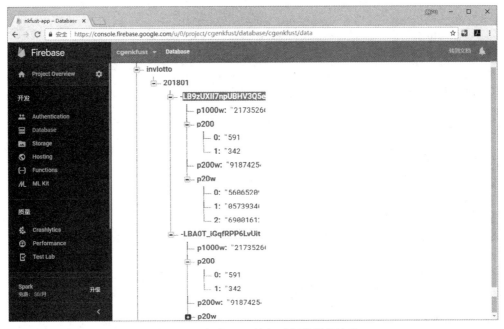

图 11-15　程序 11-3 输入重复数据的情况

这样的情况并不是我们想要的，因为同样的数据只要一份就可以了，也就是说，在写入之前，其实需要先检查该网址是否已有数据，那如何得知呢？很简单，在用户输入月份之后，以该月份读取数据内容，如果已有内容，就不允许再一次输入相同的数据，如果数据项是空的，才可以继续往下执行程序。

检查是否已有数据的方法不难，如果我们输入的月份是 201801，只要使用读取功能来获取该网址的数据就行，如此行语句：exist_data = fdb.get('/invlotto/'+inv_month, None)。在 python-firebase 模块中，如果该网址已有数据，就会把这些数据存放在 exist_data 变量中，如果没有数据，exist_data 就会被设置为 None。因此，我们只要执行上述语句，再检查该变量的内容是否为 None，如果是 None，就可以继续执行程序，如果不是，就用 continue 这条指令回到循环的最外层，让用户可以再重新输入下一组号码，或者以-1 结束输入的工作。请留意 continue 和 break 的不同，break 会离开这层循环，而 continue 则是中断这一轮循环的执行，回到这层循环开始处，重新下一轮循环的执行。

修改后的程序可参考程序 11-4。

程序 11-4

```
# _*_ coding: utf-8 _*_
# 程序 11-4 (Python 3 version)

from firebase import firebase
db_url = 'https://cgenkfust.firebaseio.com'
fdb = firebase.FirebaseApplication(db_url, None)

while True:
```

```python
inv_lotto = dict()
inv_month = input('请输入开奖月份(例：201707，输入-1 结束):')
if int(inv_month) == -1 :
    break
exist_data = fdb.get('/invlotto/'+inv_month, None)
if exist_data != None:
    print("该月份已有数据，请重新输入")
    continue
inv_lotto['p1000w'] = input('请输入特别奖 1000 万的号码：')
inv_lotto['p200w'] = input('请输入特奖 200 万的号码：')
inv_lotto['p20w'] = list()
while True:
    p20w = input('请输入头奖 20 万的号码（输入-1 结束）：')
    if int(p20w) == -1:
        break
    inv_lotto['p20w'].append(p20w)
inv_lotto['p200'] = list()
while True:
    p200 = input('请输入增开六奖的号码（输入-1 结束）：')
    if int(p200) == -1:
        break
    inv_lotto['p200'].append(p200)
print("以下是你输入的内容：")
print("开奖月份:", inv_month)
print("1000 万特别奖:", inv_lotto['p1000w'])
print("200 万特奖:", inv_lotto['p200w'])
print("20 万头奖:", end="")
for n in inv_lotto['p20w']:
    print(n + "  ", end="")
print("\n200 元增开六奖:", end="")
for n in inv_lotto['p200']:
    print(n + "  ", end="")
ans = input("\n 是否写入 Firebase 网络数据库？(y/n)")
if ans == 'y' or ans == 'Y':
    fdb.post('/invlotto/' + inv_month, inv_lotto)
```

以下是程序 11-4 的运行过程：

```
$ python 11-4.py
请输入开奖月份(例：201707，输入-1 结束):201511
该月份已有数据，请重新输入
请输入开奖月份(例：201707，输入-1 结束):201601
该月份已有数据，请重新输入
请输入开奖月份(例：201707，输入-1 结束):-1
```

从程序的运行过程可以看出，如果当前输入的数据曾经输入过了，过一小段时间之后，就会显示"该月份已有数据，请重新输入"的信息，然后回到"请输入开奖月份（例：201707，输入-1结束）："的提示信息，就可以重新输入数据了。

11-2-4 整合范例

由于我们难免会有输入错误的时候，因此在程序中不能没有修改数据的机会。这里因为数据内容不多，所以我们没有设计编辑的功能，而直接以删除再添加的组合操作来代替。此外，我们也需要显示当前已输入的数据，以供用户检查数据的正确性。当然，还应该让我们有删除过时数据项的机会。因此，整合上述几项功能，我们编写了一个程序，以菜单的方式让用户可以输入数据、显示数据以及删除数据。首先是菜单的部分，设计如下：

```
发票号码管理
-------------
1. 输入开奖号码
2. 显示开奖号码
3. 删除开奖号码
0. 结束程序
-------------
你的选择：
```

以一个自定义函数 disp_menu() 显示上述信息，并以 input() 函数获取用户的输入，把结果返回给调用者，然后在主程序中使用 ans=disp_menu() 得到用户想要执行的操作，主程序设计如下：

```python
while True:
    ans = disp_menu()
    if ans == 1:
        enter_lotto()
    elif ans == 2:
        disp_lotto()
    elif ans == 3:
        del_lotto()
    else:
        break
print("程序结束，谢谢使用")
```

其中，将 11-2-3 小节中输入兑奖号码的程序代码包装成自定义函数 enter_lotto()，而要显示兑奖号码，则是放在 disp_lotto() 中，删除的部分则是放在 del_lotto() 中。无论是要显示还是删除数据，首先要查询数据库中是否存有相对应月份的数据，我们用 lottos = fdb.get('/invlotto', None) 获取所有月份的数据，而使用 inv_months = list(lottos.keys()) 获取究竟有哪些月份的数据，例如如果已输入 201601 和 201511 这两个月份的开奖号码，那么 inv_months 会是一个列表变量，内容为 ['201511', '201601']，这两个值会是 lottos 的 key，通过它们可以再往下一层去查找各个月份的中奖号码，分别是 lottos['201511'] 和 lottos['201601']。详细的内容请参考程序 11-5。

程序 11-5

```python
# _*_ coding: utf-8 _*_
# 程序 11-5 (Python 3 version)

from firebase import firebase
db_url = 'https://cgenkfust.firebaseio.com'
fdb = firebase.FirebaseApplication(db_url, None)

def disp_menu():
    print('发票号码管理')
    print('-------------')
    print('1. 输入开奖号码')
    print('2. 显示开奖号码')
    print('3. 删除开奖号码')
    print('0. 结束程序')
    print('-------------')
    ans = input('你的选择：')
    return int(ans)

def enter_lotto():
    while True:
        inv_lotto = dict()
        inv_month = input('请输入开奖月份(例：201707，输入-1 结束)：')
        if int(inv_month) == -1 :
            break
        exist_data = fdb.get('/invlotto/'+inv_month, None)
        if exist_data != None:
            print("该月份已有数据，请重新输入")
            continue
        inv_lotto['p1000w'] = input('请输入特别奖 1000 万的号码：')
        inv_lotto['p200w'] = input('请输入特奖 200 万的号码：')
        inv_lotto['p20w'] = list()
        while True:
            p20w = input('请输入头奖 20 万的号码（输入-1 结束）：')
            if int(p20w) == -1:
                break
            inv_lotto['p20w'].append(p20w)
        inv_lotto['p200'] = list()
        while True:
            p200 = input('请输入增开六奖的号码（输入-1 结束）：')
            if int(p200) == -1:
                break
            inv_lotto['p200'].append(p200)
        print("以下是你输入的内容：")
```

```python
        print("开奖月份:", inv_month)
        print("1000万特别奖:", inv_lotto['p1000w'])
        print("200万特奖:", inv_lotto['p200w'])
        print("20万头奖:", end="")
        for n in inv_lotto['p20w']:
            print(n + "  ", end="")
        print("\n200元增开六奖:", end="")
        for n in inv_lotto['p200']:
            print(n + "  ", end="")
        ans = input("\n是否写入Firebase网络数据库？(y/n)")
        if ans == 'y' or ans == 'Y':
            fdb.post('/invlotto/' + inv_month, inv_lotto)

def disp_lotto():
    lottos = fdb.get('/invlotto', None)
    iflottos == None:
        print('没有任何开奖数据可供显示...')
        return
    inv_months = list(lottos.keys())
    print("现有数据如下：")
    for inv_month in inv_months:
        print("开奖月份：", inv_month)
        key_id = list(lottos[inv_month].keys())[0]
        print("1000万特别奖：{}".format(lottos[inv_month][key_id]['p1000w']))
        print(" 200万特奖：{}".format(lottos[inv_month][key_id]['p200w']))
        print("  20万头奖：", end="")
        for i in lottos[inv_month][key_id]['p20w']:
            print(str(i) + "  ", end="")
        print("\n    增开六奖：", end="")
        for i in lottos[inv_month][key_id]['p200']:
            print(str(i) + "  ", end="")
        print("\n")

def del_lotto():
    lottos = fdb.get('/invlotto', None)
    if lottos == None:
        print('没有任何开奖数据可供删除...')
        return
    inv_months = list(lottos.keys())
    print("现有可删除的数据如下：")
    for inv_month in inv_months:
        print(inv_month)
    target = input('请输入要删除的月份(-1表示不删除)：')
    if target not in inv_months:
        print("输入错误，无此月份的数据...")
```

```
            return
    
    key_id = list(lottos[target].keys())[0]
    print(lottos[target][key_id])
    ans = input('你确定要删除以上这份数据吗？(y/n)')
    if ans == 'y' or ans == 'Y':
        fdb.delete('/invlotto/'+target, None)

while True:
    ans = disp_menu()
    if ans == 1:
        enter_lotto()
    elif ans == 2:
        disp_lotto()
    elif ans == 3:
        del_lotto()
    else:
        break
print("程序结束，谢谢使用")
```

以下是程序 11-5 执行显示兑奖号码的操作过程：

```
发票号码管理
--------------
1. 输入开奖号码
2. 显示开奖号码
3. 删除开奖号码
0. 结束程序
--------------
你的选择：2

现有数据如下：

开奖月份： 201511
1000 万特别奖：07332260
 200 万特奖：20119263
  20 万头奖：76833937    28228875    83689131
增开六奖：096    819    105

开奖月份： 201601
1000 万特别奖：91605081
 200 万特奖：38187237
  20 万头奖：93749881    29592686    68783835
增开六奖：076    313    056
```

以下则是删除兑奖号码的操作过程：

```
发票号码管理
--------------
 1．输入开奖号码
 2．显示开奖号码
 3．删除开奖号码
 0．结束程序
--------------
你的选择：3
```

现有可删除的数据如下：

```
201511
201601
请输入要删除的月份(-1 表示不删除)：201601
{'p200': ['076', '313', '056'], 'p1000w': '91605081', 'p200w': '38187237',
'p20w': ['93749881', '29592686', '68783835']}
你确定要删除以上这份数据吗？(y/n)
```

11-3　网页连接 Firebase 数据库

本节要介绍如何在网页中以简单的 HTML 和 JavaScript 来连接 Firebase 数据库，显示出在 11-2 节中输入的数据，即实现这样一个完整的应用：使用本地计算机中的程序把数据输入远程的数据库，而实时在网页中同步反映出数据库中的这些数据变化。

要使网页可以让其他的网友浏览，需要把这个网页文件放在网页主机空间上，主机空间的服务非常多，读者可以使用自己原有的主机空间来放置本节中介绍的.html 网页文件，也可以利用 Firebase 免费的主机托管服务 Firebase Hosting。由于在网页中操作 Firebase 数据库只要使用在浏览器中执行的前端 JavaScript 程序，不需要任何其他的后端技术（如 PHP、JSP、NodeJS 等），因此任何可以放置静态网页文件的空间均可使用，连 Dropbox 这一类服务提供的存储空间，只要经过适当的设置都可以。

11-3-1　Firebase Hosting 免费主机空间的设置

Firebase 本身就提供免费（也有付费版本）的网页主机空间，可以用来放置静态（static）的网页文件（*.html），我们以此示范。图 11-16 所示为 Firebase Hosting 的主界面。

在这个主界面中有指导大家安装 Firebase 托管主机空间的说明。这个托管的主机空间当然是在 Firebase 的主机上，不过这个空间要通过在本地计算机上所安装的控制面板程序才能够管理，而其所谓的管理，不过就是把当前文件夹下的文件，利用管理程序把它上传到分配给你的主机空间上。因此，要创建并使用 Firebase Hosting，第一步就是在自己的计算机中安装管理程序。在单击"开始使用"按钮之后，会出现如图 11-17 所示的页面。

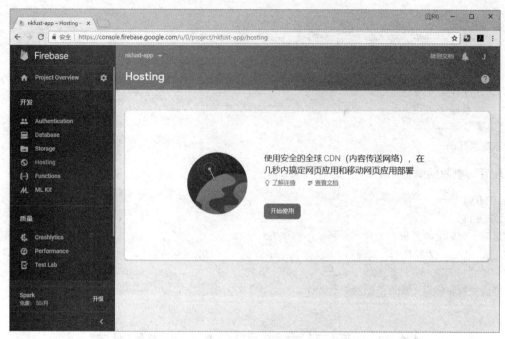

图 11-16　Firebase Hosting 的主界面

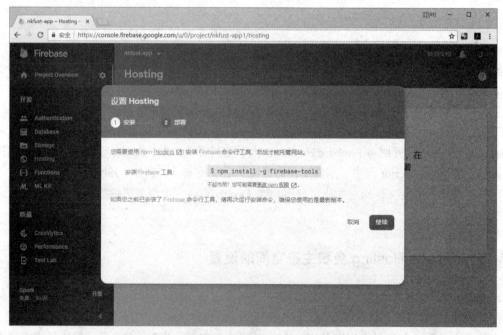

图 11-17　开始使用 Firebase 托管服务的说明页面

方法很简单，先在你的计算机中安装 Node.js，然后以 Node.js 的软件包管理程序 npm 来安装此空间所需要的工具程序集 firebase-tools。如果是 Mac OS 或 Linux 系统，别忘了使用管理员账号或在指令之前加上 sudo，而加上 -g 则表示此为全局模块。Node.js 的官方网址为 https://nodejs.org/，主页面如图 11-18 所示。

第 11 章　Firebase 在线实时数据库操作实践　| 255

图 11-18　Node.js 的官方网站页面

在官方网站中会按照当前浏览使用的操作系统提供适合的安装程序，在安装完成之后，就可以在刚才安装 Node.js 的文件夹下执行以下指令安装 Firebase 的主机工具程序集了：

```
sudo npm install -g firebase-tools
```

安装成功之后如图 11-19 所示。

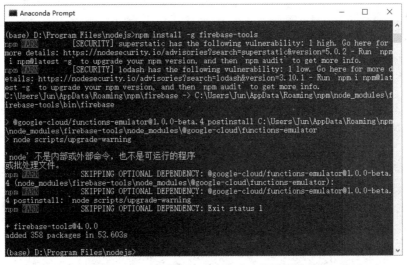

图 11-19　firebase-tools 安装成功的界面显示

安装完毕之后，请在自己的计算机中创建一个文件夹，专门用来存放要放在 Firebase Hosting 中的静态网页文件，如果是第一次使用，还需要先执行 firebase login 的登录操作。新版的 firebase-tools 在登录的时候会直接启动浏览器，在浏览器执行登录的操作时，会看到如图 11-20 所示的授权界面。

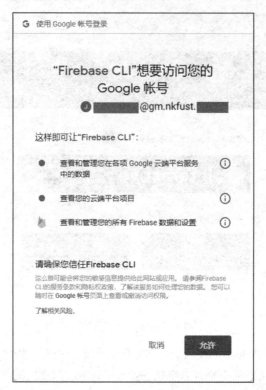

图 11-20　执行 firebase login 指令之后显示出的授权界面

在顺利完成授权之后，即可开始建立网站。但是在建立网站之前，请使用以下指令执行初始化的操作：

```
firebase init
```

上面的指令会试着连接你在 Firebase 上的账号，然后询问你要使用账号上的哪一个 App，以及要使用的目录名称和网页文件名等，操作过程如下：

```
(test) (d:\Anaconda3_5.0) D:\cgenkfust>firebase init

     ######## #### ######## ######## ########  ###       ######  ########
     ##        ##  ##    ## ##    ## ##       ## ##     ##    ## ##
     ######    ##  ######## ######   ########  #########  ######  ######
     ##        ##  ## ##    ## ##    ##       ## ##     ## ##  ## ##
     ##       #### ##  ##   ######## ######## ##    ##   ######  ########

You're about to initialize a Firebase project in this directory:

  D:\cgenkfust

? Are you ready to proceed? Yes
? Which Firebase CLI features do you want to setup for this folder? Press Space to select feature
s, then Enter to confirm your choices. Hosting: Configure and deploy Firebase Hosting sites
```

```
=== Project Setup

First, let's associate this project directory with a Firebase project.
You can create multiple project aliases by running firebase use --add,
but for now we'll just set up a default project.

? Select a default Firebase project for this directory: cgenkfust (cgenkfust)

=== Hosting Setup

Your public directory is the folder (relative to your project directory) that
will contain Hosting assets to be uploaded with firebase deploy. If you
have a build process for your assets, use your build's output directory.

? What do you want to use as your public directory? public
? Configure as a single-page app (rewrite all urls to /index.html)? Yes
+ Wrote public/index.html

i Writing configuration info to firebase.json...
i Writing project information to .firebaserc...

+ Firebase initialization complete!
```

上述步骤会在你当前所在的目录下放置一个 firebase.json 文件以及 public 的文件夹，完成之后，就可以开始编辑文件。请留意，在 public 中一定要有一个 index.html 才行。等到想要把网站文件上传的时候，再使用以下指令即可：

```
firebase deploy
```

以下是执行上述指令之后的信息：

```
 (test) (d:\Anaconda3_5.0) D:\cgenkfust>firebase deploy

=== Deploying to 'cgenkfust'...

i deploying hosting
i hosting: preparing public directory for upload...
+ hosting: 1 files uploaded successfully

+ Deploy complete!

Project Console: https://console.firebase.google.com/project/cgenkfust/
overview
 Hosting URL: https://cgenkfust.firebaseapp.com
```

就是这么简单。Firebase 帮我们把文件上传到虚拟主机中，同时准备了另一个同名但是不同主网域的网址作为主机的网站，以上例来说，我们的 App 名称为 cgenkfust，主要数据放在 https://cgenkfust.firebaseio.com，而网页则是 https:// cgenkfust.firebaseapp.com。

如果以上都能够顺利完成，接下来就将使用 Firebase 所提供的主机空间取出之前建立的数据项，详见 11-3-2 小节的内容。

11-3-2 使用 JavaScript 读取 Firebase 数据库

接下来的操作是在 11-3-1 小节所准备的空间中创建一个 index.html 文件（要存放在 public 文件夹下），把在 11-2 节所存储的发票兑奖号码显示在网页上，并把 https://cgenkfust.firebaseapp.com 这个网址提供给网友浏览。

要在网页中连接 Firebase 的数据库，一定要在<head>和</head>之间加上此 JavaScript 的链接：

```
<script src="https://cdn.firebase.com/js/client/2.4.0/firebase.js">
</script>
```

这是连接一个外部 JavaScript 程序的链接，也是 Firebase 提供的 API 链接库。完成链接之后，就可以在接下来的 JavaScript 程序代码中使用 Firebase 所提供的所有 API 存取其数据了。以下是一个简单的 index.html 程序范例，通过此网页可以把之前在 cgenkfust 中所存储的发票兑奖号码使用 console.log 输出到 Chrome 浏览器的 Console 控制台中，我们只要在浏览器中打开"开发者工具"窗口即可观察到结果。

```
<!DOCTYPE html>
<head>
<script src="https://cdn.firebase.com/js/client/2.4.0/firebase.js">
</script>
<meta charset='utf-8'>
<title>读取 Firebase 数据测试网页</title>
</head>
<body>
    <script>
        var ref = new Firebase('https://cgenkfust.firebaseio.com/invlotto');
        ref.on("value", function(inv_lottos) {
            console.log(inv_lottos.val());
        }, function (errorObject) {
            console.log("The read failed: " + errorObject.code);
        });
    </script>
<h2>
读取 Firebase 数据测试网页
</h2>
</body>
</html>
```

以下是再一次执行 firebase deploy 的过程：

```
(test) (d:\Anaconda3_5.0) D:\cgenkfust\public>firebase deploy

=== Deploying to 'cgenkfust'...

i  deploying hosting
i  hosting: preparing public directory for upload...
```

```
+ hosting: 2 files uploaded successfully
+ Deploy complete!

Project Console:
https://console.firebase.google.com/project/cgenkfust/overview
Hosting URL: https://cgenkfust.firebaseapp.com
```

观察的结果如图 11-21 所示。

图 11-21　通过 Console 观察 index.html 执行的结果

从图 11-21 的 Console 窗口中可以发现，存储在 inv_lottos 中的变量是一个对象，其中包含所有读取到的数据，在此例中包括201801的开奖数据，只要双击就可以进一步观察 inv_lottos 的数据内容。

比较特别的是，此程序虽然只有短短几行，但是可以在数据更新时立即在页面上呈现新的数据，不需要额外的程序代码，非常方便。

11-3-3　Firebase 网页设计

按照 11-3-2 小节的方式即可在网页中以 JavaScript 获取 Firebase 中的数据，并放在 JavaScript 中成为一个 Object。接下来，我们只要解析这个 Object，加上适当的 HTML 标签，就可以放在网页上了。本小节的目标是能够实现如图 11-22 所示的结果。

在图 11-22 中，我们也是在 public 文件夹之下编辑 index.html 的（位于范例文件中的 cgenkfust\public 文件夹下），为了方便操作要呈现的网页内容，我们在此使用了 jQuery 链接库，因此在<head></head>间除了加载 Firebase 的链接库之外，也要以如下标签加载 jQuery 链接库：

```
<scriptsrc="https://code.jquery.com/jquery-1.12.0.min.js"></script>
```

图 11-22　以网页的方式呈现 Firebase 数据库内容的结果

同时，我们在<body></body>之间设置一个<div>标签，给予此标签一个 id，名为 inv_tables：

```
<div id='inv_tables'>
</div>
```

接着在 JavaScript 的程序段落中就可以在解析获取的数据 Object 之后夹杂必要的 HTML 标签（以表格标签为主），放到一个字符串中（也是取名为 inv_tables），最后以 jQuery 的 HTML 方法把此字符串指定为 id 名称是 inv_tables 的<div>段落，方法如下：

```
$('#inv_tables').html(inv_tables);
```

以下程序代码即为 index.html 的完整内容：

```
<!DOCTYPE html>
<head>
<scriptsrc="https://code.jquery.com/jquery-1.12.0.min.js"></script>
<script src="https://cdn.firebase.com/js/client/2.4.0/firebase.js">
</script>
<meta charset='utf-8'>
<title>发票兑奖网</title>
</head>
<body>
    <script>
        var ref = new Firebase('https://cgenkfust.firebaseio.com/invlotto');
        ref.on("value", function(snapshot) {
            inv_lottos = snapshot.val();
            varinv_tables = "";
            for (var key in inv_lottos) {
                inv_tables += "<table width=600 border=2 align=center>";
                inv_tables = inv_tables + "<tr><td>开奖月份</td><td>" + key +
                             "</td></tr>";
```

```
            inv_month = inv_lottos[key];
            for (id in inv_month) {
                inv_tables = inv_tables + "<tr><td>1000万特别奖</td><td>"
                            + inv_month[id]['p1000w'] + "</td></tr>";
                inv_tables = inv_tables + "<tr><td>200万特奖</td><td>"
                            + inv_month[id]['p200w'] + "</td></tr>";
                inv_tables = inv_tables + "<tr><td>20万头奖</td><td>";
                for(vari in inv_month[id]['p20w']) {
                    inv_tables = inv_tables + inv_month[id]['p20w'][i] +
                            " ";
                }
                inv_tables = inv_tables + "</td></tr>";
                inv_tables = inv_tables + "<tr><td>200元增开六奖</td><td>";
                for(vari in inv_month[id]['p200']) {
                    inv_tables = inv_tables + inv_month[id]['p200'][i] +
                            " ";
                }
                inv_tables = inv_tables + "</td></tr>";
            }
            inv_tables += '</table><br>';
        }
        $('#inv_tables').html(inv_tables);
    }, function (errorObject) {
        console.log("The read failed: " + errorObject.code);
    });
</script>
<center>
<h2>发票兑奖网</h2>
<p>本网页仅供参考,请以兑奖部门的门户网站的公布为准</p>
</center>
<div id='inv_tables'>
</div>
</body>
</html>
```

JavaScript 并不在本书的讲解范围中,有兴趣了解更多内容的读者请自行参考 JavaScript 的相关书籍。

11-4　Firebase 数据库的安全验证

读者应该可以从前面的几个例子中发现操作 Firebase 的便利特性,可是,在程序的执行过程中并没有任何账号和密码的验证,难道不会有安全上的问题吗?当然有,对于 Firebase 数据库,如果没有进行安全性设置，任何知道网址的人都可以使用程序轻易地对数据进行修改和删除，这样岂不把数据置于"任人宰割"的境地！因此，本节的主要目的是学习如何设置 Firebase 数据库的安全性以及如何通过程序来安全地存取数据。

11-4-1　Firebase 安全性的设置

设置 Firebase 数据安全的第一步在于设置"规则"，如前文 11-1-2 小节的图 11-10 所示。

在默认情况下，.read 和 .write 都是 true，表示任何人不需要任何验证都可以读写这个 App 上的所有数据。我们希望所有的人都可以读取，但是不能写入，可以先试着把 .write 后面的 true 设置为 false，再单击右上角的"发布"按钮。此时，试着执行程序 11-1，会得到以下一大堆错误信息：

```
# python 11-1.py
Traceback (most recent call last):
  File "11-1.py", line 17, in <module>
    fdb.post('/user', user)
  File "/root/py3Project/venv/lib/python3.4/site-packages/firebase/decorators.py", line 19, in wrapped
    return f(*args, **kwargs)
  File "/root/py3Project/venv/lib/python3.4/site-packages/firebase/firebase.py", line 329, in post
    connection=connection)
  File "/root/py3Project/venv/lib/python3.4/site-packages/firebase/decorators.py", line 19, in wrapped
    return f(*args, **kwargs)
  File "/root/py3Project/venv/lib/python3.4/site-packages/firebase/firebase.py", line 101, in make_post_request
    response.raise_for_status()
  File "/root/py3Project/venv/lib/python3.4/site-packages/requests/models.py", line 862, in raise_for_status
    raise HTTPError(http_error_msg, response=self)
requests.exceptions.HTTPError: 401 Client Error: Unauthorized for url: https://nkfust-app.firebaseio.com/user/.json
```

其实这就是既没有操作权限又没有进行错误捕捉（try/except）会出现的情况。通过 Firebase Rules 既可以针对用户做不同权限的设置，也可以针对不同的目录进行权限的设置，还可以进一步针对每一个目录对不同的用户设置不同的权限，每一个目录的权限设置都包含它以下的所有目录。详细的内容请自行参考 Firebase 官方网站上的说明。

在本例中，我们很简单地设置成所有的用户都可以顺利读取此数据，但是只有登录的用户才有权限写入数据，这个 rules 的规则可设置如下：

```
{
    "rules": {
        ".read": true,
```

```
            ".write": "auth !== null"
        }
}
```

上例即为开放此 App 所有的目录给任意用户读取，但是只有登录的用户或程序（只有登录之后，auth 才会有内容）才拥有可以写入的权限。至于如何在程序中执行登录的操作，可参看 11-4-2 小节的说明。

11-4-2　电子邮件地址/密码的登录方式

既然我们设置了只有登录的用户或程序才能够写入数据，那么为了写入数据，需要在 Firebase 中设置验证的机制才行。Firebase 的验证机制可以是 Facebook、Twitter 等社区网站，但为了简单起见，我们使用自行管理用户的 Email/Password 机制，并在此机制下创建一个用来链接程序的用户，如图 11-23 所示。

如图 11-23 所示，有很多种可以验证用户身份的"登录方法"，在此我们选择"电子邮件地址/密码"选项，如图 11-24 所示。

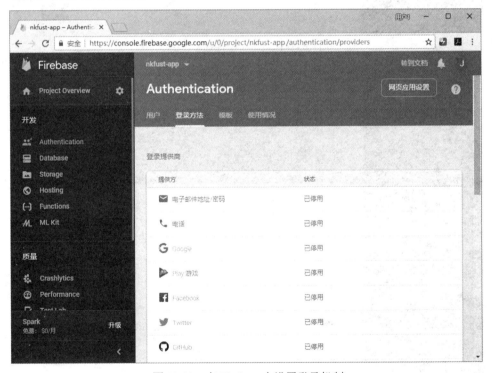

图 11-23　在 Firebase 中设置登录机制

在单击"保存"按钮之后，回到"用户"页签，再单击"添加用户"按钮来创建一个测试用的用户，如图 11-25 所示。

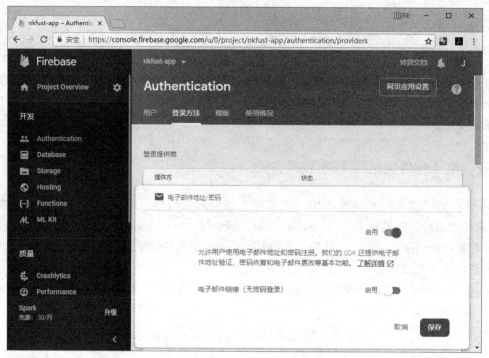

图 11-24　启用电子邮件的验证方式

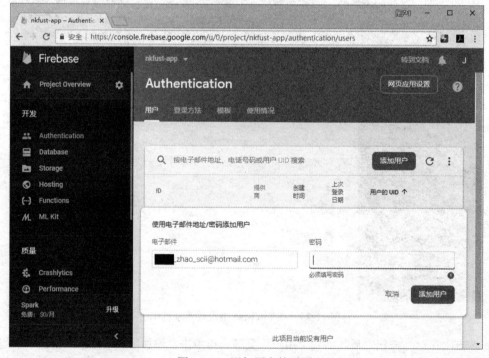

图 11-25　添加用户的页面

添加用户之后，回到"用户"页签，即可看到所有已添加好的用户列表，如图 11-26 所示。你可以按照需求创建任意数量的用户，但在此例中，我们只需要一个供程序链接使用的用户。

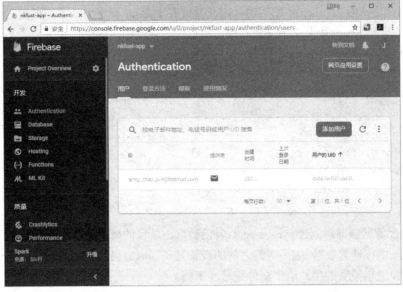

图 11-26　已添加好的用户列表

11-4-3　Python 端的设置

在使用 Python 程序登录账号之前，由于版本的更替，因此原来的 python-firebase 模块已经不适用了，需改为 pyrebase 模块。在使用之前，执行 pip install pyrebase 指令进行安装（在 Mac OS 和 Linux 下均能顺利安装，而作者当前使用的版本在 Windows 10 下安装时会遇到编码上的问题）。

新版本的 Firebase 要使用验证功能时，需要建立一个系统配置数据，可以在右上角的"网页应用设置"中找到。在 HTML 中登录账号所需的程序代码如图 11-27 所示。

图 11-27　在 HTML 中登录账号所需要的程序代码

由于此范例是使用 JavaScript 编写的,因此要放在 Python 程序中,还需要做一些修改,内容如下(别忘了,这是从账号中复制下来修改的,所以读者复制的内容应该和下面的不一样,以下例子使用的是 nkfust-app 这个 Firebase 数据库,并在 Mac OS 下运行程序):

```
config = {
    "apiKey": "AIzaSyCkzoQTc7SVi5EcPq26Tc530ThenywT7n4",
    "authDomain": "nkfust-app.firebaseapp.com",
    "databaseURL": "https://nkfust-app.firebaseio.com",
    "projectId": "nkfust-app",
    "storageBucket": "nkfust-app.appspot.com",
    "messagingSenderId": "276242527307"
}
```

使用以上配置数据即可通过 pyrebase 的 get 函数取出所需的数据。以下程序代码可以一次取出所有在 Firebase 中存储的数据(因为我们之前的设置是在读取时仍然不需要任何登录信息,所以在这里不需要提供之前设置的用户电子邮件账号及密码):

```
import pyrebase

config = {
    "apiKey": "AIzaSyCkzoQTc7SVi5EcPq26Tc530ThenywT7n4",
    "authDomain": "nkfust-app.firebaseapp.com",
    "databaseURL": "https://nkfust-app.firebaseio.com",
    "projectId": "nkfust-app",
    "storageBucket": "nkfust-app.appspot.com",
    "messagingSenderId": "276242527307"
}

firebase = pyrebase.initialize_app(config)

db = firebase.database()
data = db.get()
for d in data.each():
    print(d.key())
    print(d.val())
```

以下则是执行的结果:

 # python ftest.py
user
{'-Kx_p4rPlKIRIZgkBwK-': {'name': 'Judy Chen'}, '-KxYKPpW3GUELDeNxycA': {'name': 'Richard Ho'}, '-Kx_p39C3doASuYzZy3S': {'name': 'Richard Ho'}, '-Kx_p5dZnyTHgNjEpOQs': {'name': 'Lisa Chang'}, '-KxYKSd7PekRf8JPgNUo': {'name': 'Lisa Chang'}, '-KxY0t7rM9qj306IJdYY': {'name': 'Lisa Chang'}, '-KxYKRgJ8cJakIeWbeFn': {'name': 'Judy Chen'}, '-Kx_p3wIu4SCvhvDievi': {'name': 'Tom Wu'}, '-KxY0sCm5ouJ3qd_GMtC': {'name': 'Judy Chen'}, '-KxY0rFCkxDOxrEZBUbE': {'name': 'Tom Wu'}, '-KxY0qIe7HzapgR5jR0r': {'name': 'Richard Ho'}, '-KxYKQlGe4GO4WOZypCk': {'name': 'Tom Wu'}}
invlotto

{'201707': {'-KxY7ApcebmUj-KcCyr8': {'p200': ['904'], 'p20w': ['70628612', '87596250', '97294175'], 'p200w': '83660478', 'p1000w': '99768846'}}, '201709': {'-KxY7-mNJO9Zm5WKIgij': {'p200': ['136', '873', '474'], 'p20w': ['12182003', '48794532', '77127885'], 'p200w': '06840705', 'p1000w': '33612092'}}}
name
Jessica Tzeng

有关 pyrebase 的详细用法，包括如何安装以及所有可用函数的详细说明，可以参考网址：https://github.com/thisbejim/Pyrebase。

11-4-4　将具有用户验证功能的数据写入程序

我们将程序 11-1 修改一下，使用 pyrebase 模块写入数据内容，程序代码如下（加上电子邮件账号及密码验证）：

程序 11-6

```python
# -*- coding: utf-8 -*-
# 程序 11-6 (Python 3 version)

import pyrebase,time

config = {
    "apiKey": "AIzaSyCkzoQTc7SVi5EcPq26Tc530ThenywT7n4",
    "authDomain": "nkfust-app.firebaseapp.com",
    "databaseURL": "https://nkfust-app.firebaseio.com",
    "projectId": "nkfust-app",
    "storageBucket": "nkfust-app.appspot.com",
    "messagingSenderId": "276242527307"
}

firebase = pyrebase.initialize_app(config)
auth = firebase.auth()
user = auth.sign_in_with_email_and_password("email", "password")

db = firebase.database()

new_users = [
{'name': 'Richard Ho'},
{'name': 'Tom Wu'},
{'name': 'Judy Chen'},
{'name': 'Lisa Chang'}
]

for u in new_users:
    print("Store the data", u)
```

```
    db.child('user').push(u, user['idToken'])
time.sleep(3)
```

执行的过程如下：

```
# python ftest11-1.py
Store the data {'name': 'Richard Ho'}
Store the data {'name': 'Tom Wu'}
Store the data {'name': 'Judy Chen'}
Store the data {'name': 'Lisa Chang'}
```

执行的结果如图 11-28 所示。

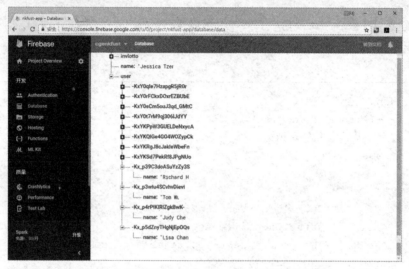

图 11-28　取出 Firebase Secrets 用于程序中

至于如何把这个机制加到程序 11-5 的发票号码输入管理程序，就作为习题留给读者了。

11-5　习　题

1. 请修改程序 11-5，自定义函数 del_lotto 在删除之前能够以比较完整的格式显示出要被删除的兑奖号码。

2. 同上题，把显示兑奖号码的部分另外独立出一个自定义函数，以供 del_lotto 和 disp_lotto 两个函数使用。

3. 请根据 11-3-3 小节中的 index.html 文件解析开奖月份（例如 201511）的字符串，以可兑奖发票月份作为显示内容（例如 2015 年 9 月或 10 月）。

4. 同上题，请让此网站的表格更美观，并突显出中奖号码的可辨识性。同时，把兑奖方法描述在此网页中（参考发票兑奖网页）。

5. 在程序 11-6 中加上在 11-4-4 小节所说明的内容，让写入数据时需要有权限的用户才能够进行操作。

第 12 章

Python 应用实例

※ 12-1　Facebook Graph API 的介绍与使用
※ 12-2　照片文件的管理
※ 12-3　找出网络中最常被使用的中文词
※ 12-4　MongoDB 数据库操作实践
※ 12-5　习题

12-1　Facebook Graph API 的介绍与使用

平时我们在使用 Facebook 的时候都是用自己的眼睛去看所有的信息，随后回复一些有兴趣的内容，不知读者有没有想过，如果通过程序帮我们先过滤一些信息或帮我们回复一些朋友所发的信息（例如帮我们为一篇文章都"点赞"），会不会比较有趣或省事呢？接下来将简要地说明如何使用 Python 连接 Facebook，执行一些自动化的操作。

12-1-1　安装 facebook-sdk

现在的社区网站都流行使用 API 来操作网站的内容，也就是网站本身提供一些标准的网络链接格式（以 URL 的形式呈现），让我们可以通过程序对该链接提出浏览请求（request），然后接收该网站所回复的一些信息再加以处理。

API 的全名为 Application Programming Interface，就是应用程序的编程接口。在以往，所谓的 API 指的多是一些链接库中的标准化函数接口，让我们在程序中可以通过函数调用的方法执行需要的功能以及返回值。但是，在因特网发达的今天，连网站都参照此方法，不同的是，我们调用的方式不再是函数调用，而是使用网址，并在网址后面加上特定的指令语句，而返回值则大多是用 HTTP 的协议来传输的。

Facebook 也不例外，它提供了许多丰富的 API，让我们可以轻易地通过 Python（当然还有许多其他的程序设计语言接口）来连接，除了获取信息之外，还可以进一步操作 Facebook 上的内容。由于是通过网址编码的方式调用的，因此我们甚至可以使用浏览器来获取想要的数据，不过，既然是要编写在程序中，还是以程序中的模块来调用会比较方便。

最基本的方法是使用 requests 模块直接获取返回值，比较简便的方式则是通过已经打包好的 SDK，也就是 facebook-sdk 来进行连接 Facebook 的操作。因此，在进入接下来的内容之前，请先利用 pip 在你的计算机中安装 facebook-sdk（注意，Mac OS 或 Linux 需在 pip 前加上 sudo）：

```
pip install facebook-sdk
```

安装完毕之后，即可在程序中以

```
import facebook
```

来加载 facebook-sdk 模块，并加以运用。不过在开始编写程序之前，我们可以先在 Facebook 所提供的开发环境中测试一下，请看 12-1-2 小节的说明。

12-1-2　Facebook Graph 简介

在 Facebook 的开发网站（https://developers.facebook.com/）中有一个"图谱 API 探索工具"（在 https://developers.facebook.com/docs/graph-api 中可以找到所有相关的说明），让 Facebook 应用程序的开发人员可以在编写程序之前先测试 Facebook API 的指令，并观察其返回值。当然，在使用之前，必须先以自己的 Facebook 账号登录才行。

在本小节中，我们要编写的程序并非 Facebook 的应用程序，只是通过自己的账号对自己的 Facebook 账号内容进行存取，所以并不需要建立 Facebook 应用程序。在登录自己的 Facebook 账号之后，请前往开发者网站，打开网页 https://developers.facebook.com/tools/，会看到如图 12-1 所示的网站页面。

图 12-1　Facebook 开发者网站页面

单击"Developer Tools"下方的"图谱 API 探索工具"（见图 12-2），就会打开"图谱 API 探索工具"的操作页面，如图 12-3 所示。

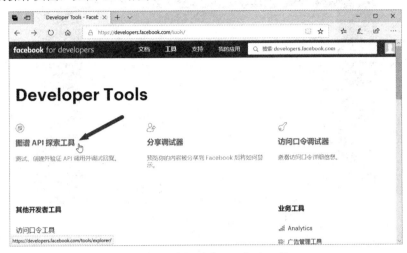

图 12-2　前往图谱 API 探索工具

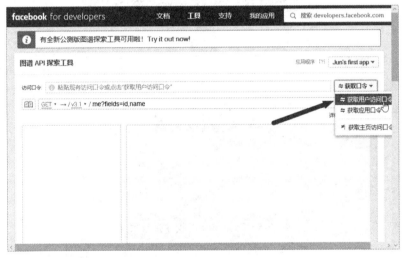

图 12-3　图谱 API 探索工具的操作页面

由于存取 Facebook 上的信息均需要获取授权，因此在 API 中获取授权的方式是使用 AccessToken（访问口令），也就是在图谱 API 探索工具中获取一个口令（Token，或称为令牌），然后把这个访问口令附加到 API 的网址上去，才可以得到存取数据的权限。因此，第一步是单击图 12-3 中箭头指向的"获取口令"按钮，再选择"获取用户访问口令"选项，然后进行获取授权内容的设置，如图 12-4 所示。

在 Facebook 中，对于权限设置的访问有非常严谨的规范，所以我们只需要勾选程序中会使用到的部分即可。设置完成后，系统会自动转往 Facebook 中的授权提示页面，如图 12-5 所示。

一切均完成之后，回到图谱 API 探索工具页面，接下来先做一些简单的操作。假设我们想要查看自己发过的文章，只要在中间的文本框中输入"me?fields=posts"，然后单击"提交"按钮，就可以看到相关内容，如图 12-6 所示。

图 12-4　进行获取授权内容的设置

图 12-5　Facebook 的程序授权页面

图 12-6　在图谱 API 探索工具中查询自己发过的文章

对于这些文章，我们可以进一步设置要显示多少篇。单击左侧的搜索字段设置处，会出现一个列表可供选择，如图 12-7 所示。

图 12-7　可以设置的参数项

不同的信息可以设置的参数内容不完全相同。在此例中，我们想要每次查询 10 篇文章，那么可以设置 limit 为 10，其他的部分请自行测试。例如，在参数中有一个 since 和一个 until，用于设置起始时间和结束时间，通过这两个参数的设置，我们可以指定显示在某一段时间内的所有帖文。只是要特别注意：时间的设置是以 UNIX 的 Epoch 时间为主的，这个值需要经过换算才能使用，所幸有专门协助我们转换这些数值的网站（https://www.epochconverter.com/），如图 12-8 所示。

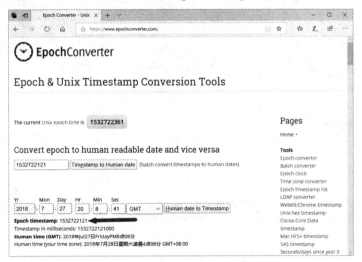

图 12-8　真实时间和 Epoch 时间的换算网站

图 12-9 是设置从 2018 年 2 月 1 日 0 时 0 分到 2018 年 4 月 25 日 0 时 0 分所发布的信息且最多显示 10 篇帖文，单击箭头所指的按钮，以便获取 API 网址。

图 12-9　设置参数后的结果

程序代码有许多种类型可以选择，我们选择"cURL"类型，如图 12-10 所示。

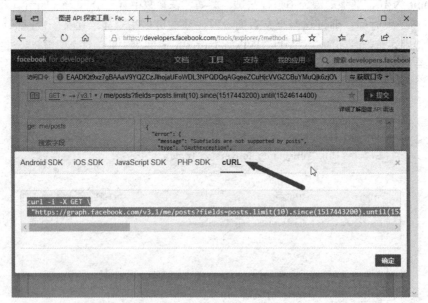

图 12-10　选择"cURL"类型

在 Python 中，我们要使用的是 cURL 的信息，请将这部分内容复制好，在 12-1-3 小节中要使用。

12-1-3　Python 程序存取 Facebook 设置

最简单的方法就是把图 12-10 中的网址记录下来，然后用 requests 获取网址所返回的结果，因为返回值是 JSON 格式，所以以 json.loads() 将数据存放到字典类型的变量中，再取出想要的值就可以了。

观察图 12-9 中的返回值可以发现：其一，数据是 JSON 格式的；其二，数据放在 data 这个 key 中，在 data 所对应的值中，则是一个由字典组成的列表。因此，我们第一阶段先要找出 data 这个 key 中的列表值，再以循环的方式逐一取出每一个字典变量，并找出 created_time 和 message，但由于并不是每一个信息均有 message 这个 key，因此在使用 message 这个 key 之前要先进行检查，以免发生错误。详细内容如程序 12-1 所示。

程序 12-1

```
# _*_ coding: utf-8 _*_
# 程序 12-1 (Python 3 Version)

import requests, json

url = "https://graph.facebook.com/v3.1/me?fields=posts&access_token=
EAADfQt9xz7gBAAaV9YQZCzJlhojaUFoWDL3NPQDQqAGqeeZCuHjcVVGZCBuYMuQjk6zjOVYrU0Xbj
44NVUrMYlnI0zG3TAxlZCbZAteIbs37ahUAiG8SVxhPT2GiLcOAhgkCnMwgVCZAggALnAN9ayNnhTb
TI3FXJ6S1Hzjvi6oIoTZADOjo5JSGbFUNiW4eEJMvrSmwD98XgquPr6O3V75"
res = requests.get(url)

data = json.loads(res.text)
for d in data['data']:
    if 'message' in d:
        print (d['created_time'], ':', d['message'])
        print('-----------------------------------')
```

程序 12-1 中有一点要注意，在图谱 API 探索环境中获取的访问口令是会过期的（因为它是测试应用程序用的，如果使用的是在 Facebook 中申请的正式应用程序的访问口令，就不会有过期的问题），因此隔一段时间要再次执行此程序时，可能需要重新获取访问口令和网址。图 12-11 所示是程序 12-1 的部分运行结果。

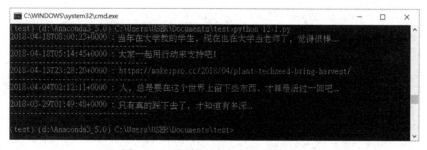

图 12-11　程序 12-1 的部分运行结果

不过，每一次都要先设置好参数再获取网址实在不太方便，所以这时就需要使用 facebook-sdk 模块了。使用 facebook-sdk 只要获取访问口令就可以了（只获取 token 就好，连接网址并不需要）。把获取的访问口令放在 token 变量中，然后调用 facebook.GraphAPI 函数，代码如下：

```
import facebook
token = "CAACEdEose0cBAHG7vhqsepqvLrFXWq4HSeCD03XejbXCDPijRP0sGpkZCyKsx2a
31lZCqtpiCmPnjWXHWvUZCdwxw2PakjWQnm20FZBLs5Bse2WmlQhbqAunplewE0cZCo1vZAU9AalBb
53awVrZBFhQhm9WmcLABpdrbVxcK4Deb0hmipZAibDf90Y2SVnVui57ITmA6ZC6hBXf9W9iiMQhZB"
g = facebook.GraphAPI(access_token=token)
```

接下来使用变量 g 存取我们在 Facebook 账号被授权的内容。facebook-sdk（网址为 https://facebook-sdk.readthedocs.org/）提供了几个好用的函数来调用，如表 12-1 所示（详细的内容请参考官方网站上的说明）。

表 12-1 facebook-sdk 提供的几个好用的函数

函数名称	说明
get_object(id)	获取 id 的对象
get_objects(ids)	获取列表 ids 的所有对象
get_connections(id, connection_name)	获取指定对象的所有指定连接
put_object(parent_object, connection_name, message)	写入 message 信息到父对象的指定连接
put_wall_post(message, attachment, profile_id)	把信息 messages 粘贴到指定用户的动态墙上
put_like(object_id)	对某一对象"点赞"
put_photo(image, message)	分享一张照片到 Facebook
delete_object(id)	删除指定的对象

以上函数如果有返回值，就以字典类型的变量存储起来，只要以字典类型的方式解析其中的内容就可以了。程序 12-2 用来获取所有信息获得"点赞"的人数和"点赞人"的名单。

程序 12-2

```
# -*- coding: utf-8 -*-
# 程序 12-2 (Python 3 Version)

import requests, json
import facebook

token = "EAACEdEose0cBAGWFrZBfyDkg2YLq35v5Voxk7ZBQlNDCJSoIaBcZBKJTmuHVAiWF2cJCqXUmsXbm
Bx9XvYCOEtZBljLM5rynisyjQ3YxcamhKLdK7OkeeqFZCQywIhNSXijZABwNnusV7vZAVz93ZAmpK9
mzz2vrEn2ZBdQKm0d10MTdXKKLH3U5ZCyTW0Uc5PDeq1WPsdZCsZAZCAwZDZD"
g = facebook.GraphAPI(access_token = token)

conn = g.get_connections(
    id='me', connection_name='posts',
    fields='created_time,message,likes')
```

```
posts = conn['data']

print("--------")
for post in posts:
    if 'message' in post:
        print("发帖日期: ",post['created_time'])
        print("贴文内容: ",post['message'])
        print("点赞人数: {}".format(len(post['likes']['data'])))
        print("-------------------------")
```

程序 12-2 使用 get_connections 提取自己发布的所有消息，并存放在 posts 变量中。posts 是一个字典，包含两个键，分别是 paging 和 data，如果数据量较大，那么 paging 中存储的是分页的消息，而 data 中的值才是真正存放消息列表的地方，因此我们要把 posts 重新指向 posts['data']，以获取所有的消息内容。

接下来程序会以一个循环把所有的消息都找出来存放在 p 中，再查看变量 p（字典类型）中有没有 likes 和 messages 这两个键，如果有才会加以处理。先分别取出创建时间 created_time 和消息内容 message，接下来处理"点赞"的人数。由于 p['likes']本身也是以 paging 和 data 这两个键为存储依据的，而 data 也是真正存放"点赞"人数的地方，因此使用 p['like']['data']才能够取出此列表，而要列出所有的人名，需要以一个循环逐一列出。图 12-12 所示是程序 12-2 的部分运行结果。

图 12-12　程序 12-2 的部分运行结果

12-1-4　通过 Python "发表"文章

从 12-1-3 小节的内容中读者应该可以发现，使用 facebook-sdk 可以省去自己处理网页数据的时间，因为可以直接调用它们的 API 函数来处理，而我们要把精力放在处理返回的字典类型的数据上。接下来将示范如何在自己的 Facebook 账号中使用程序来"发表"文章。

在使用 Python 程序"发表"文章之前，要确定 publish_actions 的权限是否已获取，如图 12-13 所示。

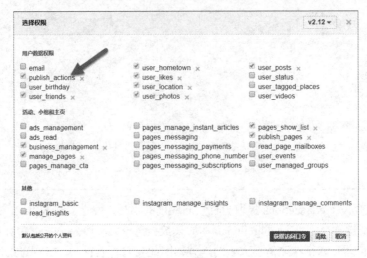

图 12-13　获取 publish_actions 的权限

接下来发表 Facebook 文章，只要通过 put_wall_post() 即可轻松完成，如程序 12-3 所示。

程序 12-3

```
# _*_ coding: utf-8 _*_
# 程序 12-3 (Python 2 Version)

import requests, json
import facebook

token = 
"EAACEdEose0cBALbvFFvh8Pr57JkugiIxvUi2B510BapZCY4k34m0X1yNL0ZCFnD6PIIChUCEZCpc
lSku16bmOXOgaCY5eQHUJSP3I1MSTHW9Jc0mFtbJEU3EtuEgnZAaZAaTJ4EV33YGLDdCdpB9mK75Bl
MCk63fTmgY6OZBXs2ztqmY91FZBMXKGhyutEguLfGhZA7q62RJiwZDZD"

g = facebook.GraphAPI(access_token=token)

attachment = {
    'name': '股票行情网址分享',
    'link': 'http://www.eastmoney.com/',
    'caption': '查行情',
    'description': '东方财富网是中国访问量最大、影响力最大的财经证券门户网站之一。这里做一个简单的接口让大家方便使用。',
    'picture': ' http://g1.dfcfw.com/g1/img2011/logo_comm.gif '
}

g.put_wall_post(message='这是使用 Python facebook-sdk 测试发表消息的范例', attachment=attachment)
```

图 12-14 所示为程序执行之后在 Facebook 中看到的结果。

图 12-14　程序 12-3 的运行结果

12-1-5　下载在 Facebook 中的照片

除了管理（查询和发表）帖文之外，Facebook 的照片也是很重要的一环。在这一小节中，我们将说明如何通过 facebook-sdk 下载自己在 Facebook 的相册中的所有照片到自己的本地硬盘上。同样使用 facebook-sdk，只不过之前存取的对象是 posts，而这次使用的是 photos，请参考程序 12-5 的内容。

开始程序设计之前再说明一下，Facebook 总共有三种元素，分别是 Nodes、Edges 以及 Fields。顾名思义，Nodes 就是主节点，Edges 是节点之间的关系，而 Fields 是其中用来记录属性的字段。Node 可以代表在 Facebook 中任何具体的东西，包括帖文、相册、照片或用户等，每一个 Node 都有自己的 id，通过 id 可以找出该 Node，然后从 Node 的 Fields 找出想要的信息。因此，我们的做法是，先找出所有的相册数据（在程序范例中放在 albums 中），然后针对所有的相册找出放在相册中的所有照片（在程序范例中放在 photos 中），接着针对每一个照片找出它的 id，以此 id 找出相片中第一个图像文件所在的位置，根据这个文件位置解析出适当的文件名，下载后加以存储。

以上操作过程请参考程序 12-4 的内容（请小心，本程序一旦执行会把你在 Facebook 上相册里所有的图像文件下载到本地计算机的硬盘中，如果你有非常多的照片，请务必加上 limit 的限制）。

程序 12-4

```
# -*- coding: utf-8 -*-
# 程序 12-4 (Python 3 Version)
import facebook, shutil, os, requests
token = 'EAACEdEose0cBAO3B2zRrFCw14fxEp4ZBnotAYcpKnEZAZC6fY7dxna6eRWQtr4xkRPHYyNjsra5NZAKPnjBfsoXy8Ri1lVndQpSTUZAw43kBO24QMylZB9tM6kFTpPbQvLr2EZCzyvWiFkHmXKLIjnSS0VWhY0GtwRchTYZB4A9flqqicuKyewXmiuW3zGXhv4BmZB74rP9x5cwZDZD'
g = facebook.GraphAPI(access_token=token, version="2.2")
albums = g.get_connections(id='me', connection_name='albums')
albums = albums['data']
```

```
for a in albums:
    photos = g.get_connections(id=a['id'], connection_name='photos')
    for photo in photos['data']:
        images = g.get_object(id=photo['id'], fields='images')
        image = images['images'][0]['source']
        #filename = image.split('/')[-1].split('?')[0]
        filename = os.path.basename(image).split('?')[0]
        print(filename)
        fp = open('fb-images/'+filename, 'wb')
        pic = requests.get(image, stream=True)
        shutil.copyfileobj(pic.raw, fp)
        fp.close()
```

在我们拿到的数据中，先使用 albums['data']取出所有相册的数据，再以循环取出每一本相册中所有的照片，就是通过 photos['data'] 取出所有的照片数据，接着以一个循环的方式取出每一张照片的数据放在变量 photo 中。所有图像文件的网址会放在 photo['images'] 中，以 photo['images'][0]['source']即可取出真正存放图像文件的网址，在此把它放在 image 变量中。典型的 image 内容如下：

https://scontent.xx.fbcdn.net/v/t31.0-8/12182944_254036751599098_3844344476584062021_o.jpg?_nc_cat=0&oh=cbe599f435ca6652c4f03951af851b4e&oe=5B51E134

在这里先以 os.path.basename 找出文件名的部分如下：

12182944_254036751599098_3844344476584062021_o.jpg?_nc_cat=0&oh=cbe599f435ca6652c4f03951af851b4e&oe=5B51E134

再以字符串分割方法 split 用"?"分割字符串以便取出前面的文件名。有了文件名之后，以写入模式打开该文件并将文件指针赋值给变量 fp，再调用 shutil.copyfileobj 存储这个图像文件。由于我们在程序中准备了一个目录文件"fb-images"，在程序执行完毕之后，所有下载的图像文件都会被存放在该目录下。图 12-15 所示是这个程序运行的结果。

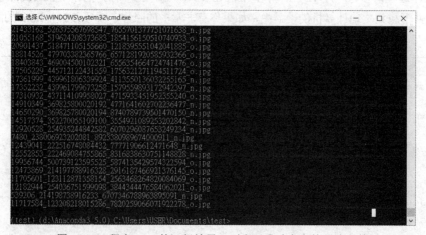

图 12-15　程序 12-4 的运行结果，列出已成功存盘的照片文件

12-2 照片文件的管理

随着手机相机功能的强大，拍照片基本不用花钱，而且手机每天都带在身上，相信大多数的朋友一定和作者一样，在计算机的硬盘里存放了一大堆照片文件，真的是不知如何处理。如果读者和作者一样非常重视照片的备份，也许会因为不断重复备份的关系导致后来在计算机中有些照片文件出现了很多备份，不仅浪费硬盘空间，也不易于管理。在这一节中，我们将教大家如何使用 Python 程序来分析和管理这些照片。

12-2-1 照片文件的分析

每一个照片文件除了图像信息之外，还会有其他的信息，例如文件大小、图像大小、色彩信息以及拍照的日期时间等，甚至还有 GPS 信息。从外部来看，就是主文件名、扩展名和文件大小以及日期，但是只要是照片文件，都会有"EXIF 国际标准信息"存储在文件中。EXIF 就是 Exchangeable Image File Format，最初是由日本电子工业发展协会专为数码相机中的照片所制定的标准，其中有非常多的字段可以记录和相片本身以及使用的摄像机等设备相关的信息，通常这些信息都会在相机拍摄的时候由相机上的软件加以记录，而我们在计算机中也可以通过图像处理软件加以修改或删除。

在这一小节，本来打算以照片的日期来作为整理照片文件的根据，但是存储在 EXIF 中的信息一般来说都是拍摄时的时间信息，以此为根据较为准确。如果文件中没有EXIF信息，就再以文件本身的日期时间为根据。而在 Python 程序中，有一个名为 ExifRead 的模块，可以让我们轻松地读取照片文件的 EXIF 信息。当然，要使用此模块，必须使用 pip install exifread 来安装。

要取出某一个图像文件的 EXIF 日期，操作如下：

```
$ python
Python 3.5.1 |Anaconda 2.4.1 (x86_64)| (default, Dec  7 2015, 11:24:55)
[GCC 4.2.1 (Apple Inc. build 5577)] on darwin
Type "help", "copyright", "credits" or "license" for more information.
>>> import exifread
>>> fp = open('99.jpg','rb')
>>> exif = exifread.process_file(fp)
>>> exif.keys()
dict_keys(['Thumbnail JPEGInterchangeFormat', 'EXIF ComponentsConfiguration',
'JPEGThumbnail', 'EXIF ColorSpace', 'EXIF CustomRendered', 'EXIF FlashPixVersion',
'EXIF WhiteBalance', 'EXIF ExposureMode', 'EXIF MeteringMode', 'EXIF
SubSecTimeDigitized', 'EXIF SubjectDistanceRange', 'Image Software', 'EXIF
DateTimeDigitized', 'Image DateTime', 'EXIF MakerNote', 'Image Orientation', 'EXIF
ISOSpeedRatings', 'Image Model', 'EXIF FocalLength', 'EXIF ShutterSpeedValue',
'EXIF ExifImageWidth', 'EXIF LightSource', 'Thumbnail Compression',
'Interoperability InteroperabilityIndex', 'EXIF DateTimeOriginal', 'Image
YCbCrPositioning', 'Thumbnail YResolution', 'EXIF SubSecTime', 'EXIF
```

```
SceneCaptureType', 'Image GPSInfo', 'Image YResolution', 'EXIF Flash', 'EXIF
ExposureBiasValue', 'EXIF ExposureTime', 'Image ResolutionUnit', 'Thumbnail
JPEGInterchangeFormatLength', 'Image XResolution', 'EXIF FNumber', 'EXIF
ExifImageLength', 'EXIF SubSecTimeOriginal', 'Image ExifOffset', 'EXIF
InteroperabilityOffset', 'Thumbnail Orientation', 'Interoperability
InteroperabilityVersion', 'Thumbnail XResolution', 'EXIF DigitalZoomRatio',
'Image Make', 'EXIF ExifVersion', 'Thumbnail ResolutionUnit'])
>>> dt = exif['EXIF DateTimeOriginal']
>>> dt.values
'2016:01:22 14:26:41'
```

首先用 open 打开一个图像文件，然后通过函数 exifread.process_file() 获取所有 EXIF 信息并存放到 exif 变量中，使用 exif.keys() 就可以看出其中有多少条信息了。在这些信息中，我们对 EXIF DateTimeOriginal 有兴趣，因为它是这张照片的原始拍照时间记录，使用 dt.values 可以列出其值，在此例中为 2016 年 1 月 22 日 14:26:41 拍下这张照片的。

所以，如果我们要以年月来作为整理文件的依据，只要取出此图像信息就可以了。不过，有些时候图像文件可能是由计算机软件产生的，此类图像文件可能没有 EXIF 信息，这时就要以文件本身的日期时间作为依据。以下为获取文件创建日期和时间的方法：

```
$ python
Python 3.5.1 |Anaconda 2.4.1 (x86_64)| (default, Dec  7 2015, 11:24:55)
[GCC 4.2.1 (Apple Inc. build 5577)] on darwin
Type "help", "copyright", "credits" or "license" for more information.
>>> import time, os
>>> time.strftime('%Y:%m:%d', time.localtime(os.stat('99.jpg').st_ctime))
'2016:02:17'
```

从上述两个程序片段可以发现，文件本身所记录的时间是该文件被创建的日期和时间，并不一定是拍照时间，所以如果找得到，还是以 EXIF 信息为主。

接下来我们要编写一个程序，给定一个目录，把该目录下所有的 JPG、PNG 文件复制到程序执行所在目录下的 photos 文件夹之下，并将找到的照片文件以年份/月份（例如，某一文件的拍摄日期是 2016 年 1 月 12 日，就会存放在 photos/2016/1/12 目录下）来分类，如果遇到同名的文件，就在原有文件的主文件名称后面加上"_"和一个数字，若仍有重复，则继续递增该数字，直到没有重复的文件为止。详细内容请参考程序 12-5。

程序 12-5

```
# -*- coding: utf-8 -*-
# 程序 12-5 (Python 3 Version)

import os, time, exifread, glob, sys, shutil

def get_year_month(fullpathname):
    fp = open(fullpathname, 'rb')
    exif = exifread.process_file(fp)
```

```python
        ym = 0
        if 'EXIF DateTimeOriginal' in exif:
            ym = exif['EXIF DateTimeOriginal'].values
        else:
            ym = time.strftime('%Y:%m:%d', \
                time.localtime(os.stat(fullpathname).st_ctime))
    fp.close()
    return ym[0:4], ym[5:7]

if len(sys.argv)<2:
    print("Usage: python 12-6.py <source_dir>")
    exit()
source_dir = sys.argv[1]
if not os.path.exists('photos'):
    os.mkdir('photos')
allfiles = glob.glob(source_dir+'/*.jpg') + glob.glob(source_dir+'/*.png')

for imagefile in allfiles:
    filename = os.path.split(imagefile)[-1]
    y, m = get_year_month(imagefile)
    target_dir = os.path.join(os.path.join('photos', y ),m)
    if not os.path.exists(target_dir):
        os.makedirs(target_dir, exist_ok=True)
    i=0
    ori_filename = filename
    while True:
        if not os.path.exists(os.path.join(target_dir,filename)):
            print("target:{}".format(filename))
            shutil.copy(imagefile, os.path.join(target_dir,filename))
            break
        else:
            ext = os.path.splitext(ori_filename)[-1]
            filename = "{}-{}{}".format(os.path.splitext(ori_filename)[0] \
                ,str(i), ext)
            i = i + 1
```

你可以找一些原有的照片文件来试试看。为了避免因为程序操作错误而导致毁损了你宝贵的照片，在实验之前别忘了先备份你的照片文件。

12-2-2 找出重复的照片文件

基本上，程序 12-5 已经有基本的找出重复照片的能力了，因为既是相同的时间又是同名的文件，所以很有可能是同一张照片文件。而且因为我们使用附加数字的方式放在文件名后面，所以具有相同文件名的文件会放在一起，通过操作系统的图片预览功能很容易就可以看出是不是同一张照片。

然而，正规来讲，要辨别两个文件是否为同一张照片，除了使用眼睛来看之外，还是有一些方法可以使用的。为了避免陷入图像处理的讨论，本小节仅使用比较简便的方法来粗略地判断两个图像文件是否为一模一样的文件。

其实用文件名和文件的大小来判断照片文件非常不准确，因为文件名非常容易在使用时被更改，最好的方式就是比较其内容的一致性。要比较两个文件的内容是否一样，只要使用 open 方法的 read 函数把文件读取到变量中，再加以比较即可，代码如下：

```
(test) (C:\ProgramData\Anaconda3) C:\myPython\py2>python
Python 3.6.2 |Anaconda, Inc.| (default, Sep 19 2017, 08:03:39) [MSC v.1900 64 bit (AMD64)] on win32
Type "help", "copyright", "credits" or "license" for more information.
>>> img1 = open('10.jpg').read()
>>> img2 = open('10a.jpg').read()
>>> img1 == img2
True
>>> img3 = open('11.jpg').read()
>>> img1 == img3
False
>>> type(img1)
<type 'str'>
>>> len(img1)
52308
```

在上述程序片段中打开了 3 个文件，并分别放在 img1、img2 以及 img3 中。其中，10.jpg 和 10a.jpg 其实是同一个图像文件的复制品，而 11.jpg 则是另外一个文件。使用 open('10.jpg').read() 可以直接把文件打开之后放在字符串变量 img1 中，其他的以此类推。有了变量之后，只要通过 "==" 判别是否一样就可以知道两者是否为同一个文件了（文件内容是否完全相同）。

然而，由于是整个文件读进来，因此文件有多大，该字符串变量的内容就有多大，这种情况如果只是用来判别少数的文件还可以，若要通过数据库存储这些文件用于后续的判别，则显然不切实际。

在计算机科学领域中有一个被称为 MD5 的算法，它是一个信息摘要算法，无论你给它多少数据，它都会根据这些数据编码成一个 128 位（16 个字节）的值（Hash Value，哈希值），而不同的数据一定会得出不同的值，即使只有一点点差异，也会产生截然不同的 Hash Value。也就是说，在程序中可以使用图像文件的内容作为输入，以产生的 Hash Value 作为索引值，如果有两个文件的索引值是相同的，就可以推论这两个文件的内容必然一模一样。

在 Python 中有一个模块 hashlib 可以产生此 Hash Value，操作如下：

```
$ python
Python 3.5.1 |Anaconda 2.4.1 (x86_64)| (default, Dec  7 2015, 11:24:55)
[GCC 4.2.1 (Apple Inc. build 5577)] on darwin
Type "help", "copyright", "credits" or "license" for more information.
```

```
>>> img1 = open('10.jpg','rb').read()
>>> img2 = open('10a.jpg','rb').read()
>>> img3 = open('11.jpg','rb').read()
>>> import hashlib
>>> m1 = hashlib.md5(img1).digest()
>>> m2 = hashlib.md5(img2).digest()
>>> m3 = hashlib.md5(img3).digest()
>>> m1
b'\xd8V\x1co\xaf_vv\x7f\xca@v\x91\xa0\x8e^'
>>> m2
b'\xd8V\x1co\xaf_vv\x7f\xca@v\x91\xa0\x8e^'
>>> m3
b'M\xa1EYEmK\x8f\x947\xb9\x18\xc6U !'
```

如上所述，原本的 img1~img3 可以由 m1~m3 取代，将这些值存放在数据库中，即可在程序 12-5 的操作过程中配合数据库的 select（搜索）功能，在复制文件之前先检查是否已有相同的文件存放在文件夹中。程序 12-6 就是一个简单的例子。

程序 12-6

```
# -*- coding: utf-8 -*-
# 程序 12-6 (Python 3 Version)

import os, hashlib, glob

allfiles = glob.glob('*.jpg') + glob.glob('*.png')

allmd5s = dict()
for imagefile in allfiles:
    print(imagefile + " is processing...")
    img_md5 = hashlib.md5(open(imagefile,'rb').read()).digest()
    if img_md5 in allmd5s:
        print("----------------")
        print("以下为重复的文件：")
        print(os.path.abspath(imagefile))
        print(allmd5s[img_md5])
    else:
        allmd5s[img_md5] = os.path.abspath(imagefile)
```

这个程序会在自己所在的目录下找出所有的 .jpg 和 .png 文件，然后针对每一个文件建立 md5 之后存放到 allmd5s 字典中。在字典中，除了存放该图像文件的 md5 之外，也存放它的绝对文件路径。每一个要处理的文件都会在计算完 md5 之后先看看这个值有没有在 allmd5s 中，如果有，就表示此为重复文件，列出两个文件的绝对路径，如果不在字典中，就将此值加入字典中，再对比下一个文件，直到所有的文件都对比完毕为止。以下是程序的运行结果：

```
$ python 12-7.py
./webpage1.png is processing...
./webpage0.png is processing...
./webpage2.png is processing...
./webpage3.png is processing...
./webpage4.png is processing...
./webpage0a.png is processing...
----------------
```

以下为重复的文件:

```
/Volumes/Transcend/Dropbox/book_example/webpage0a.png
/Volumes/Transcend/Dropbox/book_example/webpage0.png
```

如果你使用的是 Mac OS 操作系统，还可以在程序中加入系统的 open 指令，打开重复的图像文件供用户查看，如程序 12-7 所示。

程序 12-7

```python
# _*_ coding: utf-8 _*_
# 程序 12-7 (Python 3 Version)

import os, hashlib, glob

allfiles = glob.glob('*.jpg') + glob.glob('*.png')

allmd5s = dict()
for imagefile in allfiles:
    print(imagefile + " is processing...")
    img_md5 = hashlib.md5(open(imagefile,'rb').read()).digest()
    if img_md5 in allmd5s:
        os.system("open " + os.path.abspath(imagefile))
        os.system("open " + allmd5s[img_md5])
    else:
        allmd5s[img_md5] = os.path.abspath(imagefile)
```

至于如何扩充此功能、整合数据库以及 12-2-1 小节所述的功能，就留在习题中，读者可自行练习。

12-2-3 将照片文件重新编号

有了 glob 函数，重新编号非常方便，如程序 12-8 所示。

程序 12-8

```python
# _*_ coding: utf-8 _*_
# 程序 12-8 (Python 3 Version)

import glob, os
```

```
allfiles = glob.glob('*.jpg') + glob.glob('*.png')
count = 1
for afile in allfiles:
    print(afile)
    ext = afile.split('.')[-1]
    newfilename = "{}.{}".format(str(count), ext)
    os.rename(afile, newfilename)
    count += 1
print("完成...")
```

在程序中先取出当前目录下的所有 .jpg 和 .png 图像文件，然后以一个循环处理所有的文件。在更名之前，先以 split 分割出扩展文件名，再配合 format 函数附加回去。而文件的编号则是以变量 i 来维护的，更名则是通过 os.rename 函数来实现的。以下为运行结果：

```
$ python 12-8.py
webpage0.png
webpage0a.png
webpage1.png
webpage2.png
webpage3.png
webpage4.png
完成...
$ ls
1.png    12-9.py 2.png    3.png    4.png    5.png    6.png
```

12-3　找出网络中最常被使用的中文词

许多程序设计书籍都会有计算文章中某些词出现频率的范例程序，但是使用的对象都是英文文章，主要的原因是英文的分词非常容易，只要使用空白和标点符号即可。如果是中文呢？要计算单个字非常简单，但是如果要计算的单位是"词"就非常麻烦了。在这一节中，我们将介绍一个中文分词模块 jieba，并说明如何用于 Python 程序中。

12-3-1　搜索新闻文章

阅读到此处的读者应该都有能力轻松地利用程序在网络上搜索出一大堆网页上的文字数据。程序 12-9 是一个到某新闻网站提取实时新闻标题的程序。

程序 12-9

```
# _*_ coding: utf-8 _*_
# 程序 12-9 (Python 3 Version)
```

```
import requests
from bs4 import BeautifulSoup

url = 'http://www.****daily.com/****daily/hotdaily/headline'

news_page = requests.get(url)
news = BeautifulSoup(news_page.text, 'html.parser')

news_title = news.find_all('div', {'class': 'aht_title'})

headlines = ''
for t in news_title:
    title = t.find_all('a')[0]
    headlines += title.text

print(headlines)
```

每一个网站使用的 HTML 标签不尽相同,所以应用在你的目标网站时,可能会需要做一些修改。此外,在下载使用的时候,务必要留意知识产权以及相关的法律责任。

以此网站为例,它们把所有的头条新闻都放在<div class='aht_title'...>标签中,而且在其中建立了<a>链接,为了方便读者理解,我们分两个步骤来完成标题的提取。第一步是把所有 class 是 aht_title 的<div>都找出来,放在 news_title 变量中。第二步是找出每个 news_title 项目(应该是<div></div>标签)中的<a>标签,找到之后再把 text 文字取出即可。

因为我们取出的数据是要用于分词分析的,所以只要把这些文字都附加到 headlines 字符串中即可。然而有一点要注意,如果要搜集很多不同时间点的新闻信息,为了避免后续的统计错误,还要再加上去除重复新闻的功能才行。

12-3-2 安装中文分词模块 jieba

有了新闻信息内容之后,接下来就是分词了。在 Python 中要为中文文章分词,现在较多人使用 jieba(结巴,网址为 https://github.com/fxsjy/jieba)。它的安装非常简单,只要使用 pip install jieba 即可。

安装完毕之后,可以以如下形式使用它:

```
$ python
Python 3.5.1 |Anaconda 2.4.1 (x86_64)| (default, Dec  7 2015, 11:24:55)
[GCC 4.2.1 (Apple Inc. build 5577)] on darwin
Type "help", "copyright", "credits" or "license" for more information.
>>> import jieba
>>> words = jieba.cut("联合国教科文组织指出,教育是国家最重要的竞争力。")
>>> for word in words:
...     print(word)
... 
联合国
教科文
```

组织指出，教育是国家最重要的竞争力。

12-3-3 找出文章中最常被使用的词汇

结合上述两项功能，把所有分析过的词汇都放入字典 dict 类型中，再统计出现的频率，就可以找出某一特定网页中最常出现的词汇是哪些了。请参考程序 12-10 的内容。

程序 12-10

```python
# -*- coding: utf-8 -*-
# 程序 12-10 (Python 3 Version)

import requests, jieba, operator
from bs4 import BeautifulSoup

url = 'https://www.*****daily.com/hot/daily'

news_page = requests.get(url)
news = BeautifulSoup(news_page.text, 'html.parser')

news_title = news.find_all('div', {'class': 'aht_title'})

headlines = ''
for t in news_title:
    title = t.find_all('a')[0]
    headlines += title.text

words = jieba.cut(headlines)

word_count = dict()

for word in words:
    if word in word_count.keys():
        word_count[word] += 1
    else:
        word_count[word] = 1

sorted_wc = sorted(word_count.items(), \
    key=operator.itemgetter(1), reverse=True)
```

```
for item in sorted_wc:
    if item[1]>1:
        print(item)
    else:
        break
```

由于在本例中文章的内容偏少，因此大部分词汇其实都只出现了 1 次，建议读者搜集到更多词汇后，再来试试本程序的效果。此外，为了避免显示太多的单词，在程序的最后设计为只有出现两次以上的词汇才会被显示出来。

此外，由于字典类型的变量并不能直接拿来排序，因此我们使用 sorted 函数来排序，而且是以 word_count.items()先取出所有的项目，并以 operator.itemgetter(1)取出 word_count 的 value（值）作为排序的依据。在 sorted 函数中，也可以使用 reverse=True 指定反向排序。以下是程序 12-10 的运行结果：

```
$ python 12-11.py
(' ', 22)
('\u3000', 7)
('【', 5)
('周刊', 5)
('】', 5)
('壹', 5)
('」', 4)
('「', 4)
('说', 2)
('被', 2)
('后', 2)
('你', 2)
('致命', 2)
('：', 2)
('偷', 2)
('大', 2)
('老婆', 2)
('！', 2)
('发', 2)
('并', 2)
('复', 2)
('憨', 2)
('最', 2)
```

由于 jieba 的中文分词功能还不算实用，因此得到的结果仅作为参考之用。如果我们只是对某些特定的词（例如产品名称或人名）感兴趣，建议创建自己的词库，这样使用起来会比较准确。

12-4 MongoDB 数据库操作实践

在之前的课程中，读者学习了如何把从网络上下载的数据放在数据库中，我们选用的数据库是传统的 MySQL 数据库以及最简易的 SQLite，这都属于关系数据库，在下载数据之前，要先定义数据表的格式，之后在存储数据的时候不具有改变格式和类型的弹性。另外，在 Firebase 中，我们看到了 NoSQL 数据库在操作上的便利性，NoSQL 数据库非常适合用来存储从网络上提取的数据。在这一节中，我们再学习另一个 NoSQL 数据库—— MongoDB，它也是一个非常受欢迎的 NoSQL 数据库，而且可以自行安装在本地计算机中，使用上非常方便。

12-4-1 建立本地的 MongoDB 数据库

MongoDB 之所以受欢迎，原因之一可能是它提供了免费的服务器，让用户可以自行安装在本地的计算机中。为了练习 MongoDB，请读者前往 https://www.mongodb.com/download-center #community 下载本地端操作系统格式的安装文件，如图 12-16 所示。

按图 12-16 中箭头所指的位置选择下载安装文件，再完成 MongoDB 服务器的安装。和一般的服务器软件不一样的是，MongoDB 在安装完毕之后并不会顺便启动服务器，必须由我们手动执行程序来启动。

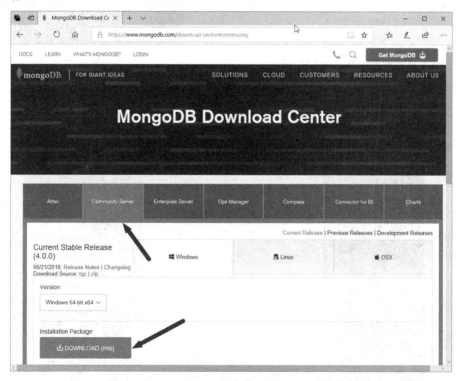

图 12-16　Community 版本的 MongoDB 下载页面

首先，创建一个要存放数据库的目录，接着在 Windows 命令提示符环境中执行命令 mongod（此例为 C:\mydb），然后把工作目录切换到刚刚安装好服务器的目录下（此例为 C:\Program Files\MongoDB\Server\3.6\bin），之后执行 mongod，并指定数据库存储的目录为 C:\mydb，代码如下：

```
C:\mydb>cd "\Program Files\MongoDB\Server\3.6\bin"

C:\Program Files\MongoDB\Server\3.6\bin>mongod --dbpath c:\mydb
    2018-05-01T02:05:44.225-0700 I CONTROL  [initandlisten] MongoDB starting :
pid=5924 port=27017 dbpath=c:\mydb 64-bit host=DESKTOP-45K8LAQ
    2018-05-01T02:05:44.239-0700 I CONTROL  [initandlisten] targetMinOS: Windows
7/Windows Server 2008 R2
    (...略
    2018-05-01T17:05:45.375+0800 I STORAGE  [initandlisten] createCollection:
local.startup_log with generated UUID: c434a79e-ddbd-4461-af9b-cd931b4477fa
    2018-05-01T17:05:47.302+0800 I FTDC     [initandlisten] Initializing
full-time diagnostic data capture with directory 'c:/mydb/diagnostic.data'
    2018-05-01T17:05:47.334+0800 I NETWORK  [initandlisten] waiting for
connections on port 27017
```

由上述信息可以看出，服务器在 27017 端口侦听连接，因此我们只要通过客户端程序就能够操作本地端的 MongoDB 服务器。由于此服务器程序在执行的时候会占用一个命令提示符窗口，因此请启动另一个单独的命令提示符窗口执行此服务器，原来执行 Python 程序虚拟环境的那个命令提示符窗口请保留用于开发程序。

官方的客户端程序是 MongoDB Compass，在安装之后就会在程序集中找到，如图 12-17 所示。

图 12-17　在 Windows 程序集中的 MongoDB Compass Community

执行之后，首先会看到同意条款，必须要同意才能够进入主程序中，如图 12-18 所示。

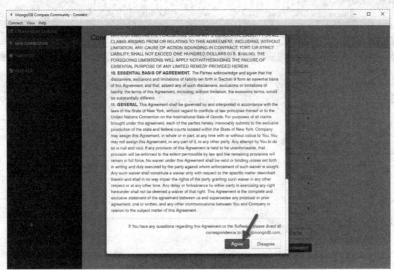

图 12-18　MongoDB Compass Community 的同意条款

在单击"Agree"按钮之后,即可进入欢迎界面,欢迎界面中包括一些特色的使用说明与简易的操作教学,如图 12-19 所示。

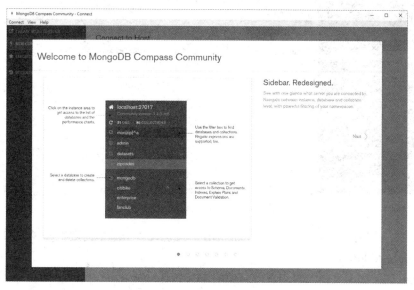

图 12-19　MongoDB Compass Community 的欢迎界面

离开欢迎界面后,即可看到设置连接信息的界面,第一次使用时,由于还没有设置任何账号和密码,因此可以直接单击"CONNECT"按钮连接数据库(什么数据都不需要设置),如图 12-20 所示。

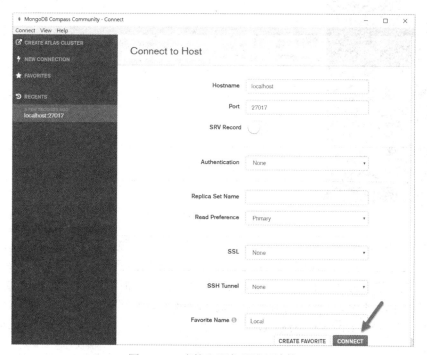

图 12-20　直接和服务器进行连接

连接完成之后,在界面中会呈现出当前的数据库状况,如图 12-21 所示。

图 12-21　当前的数据库状况

从图 12-21 可以看到，第一次进入 MongoDB 时，包含 3 个基本的数据库（Database），分别是 admin、config 和 local。

MongoDB 属于面向文档的 NoSQL 数据库（Document Oriented Database），在数据库之下是所谓的集合（Collection），在每一个集合里面则是一个个的文档（Document），其中文档是以 JSON 类型来存储的。当我们单击 local 数据库之后，可以看到如图 12-22 所示的界面。

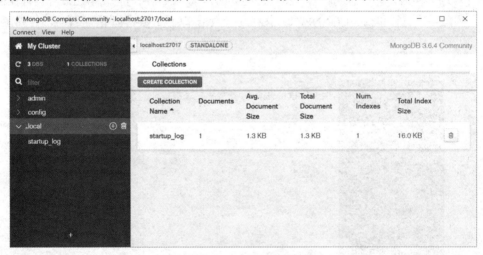

图 12-22　local 数据库的内容

如图 12-22 所示，在此数据库中有 Collection（集合）的名称，以及摘要该 Collection 中有几个 Document（文档），还有数据量等相关数据。回到如图 12-21 的界面（My Cluster），单击 CREATE DATABSE 按钮，就会出现如图 12-23 所示的创建数据库的对话框，直接在对话框中输入数据库名称以及所要添加的集合名称（此例分别为 mydata 和 dailynews）。

输入完成后，单击 CREATE DATABASE 按钮，回到 My Cluster 界面，即可看到新创建的数据库，如图 12-24 所示。

单击进入数据库，可以看到当前新创建的 mydata 内容，跟预期一样，里面什么都没有。如果想创建额外的 Collection，可以单击图 12-25 箭头所指的 CREATE COLLECTION 按钮。

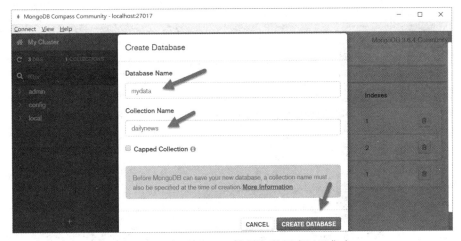

图 12-23　在 MongoDB 中添加数据库以及集合

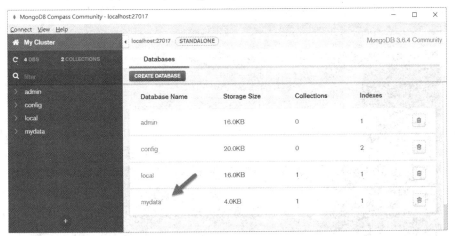

图 12-24　新创建 mydata 数据库的摘要界面

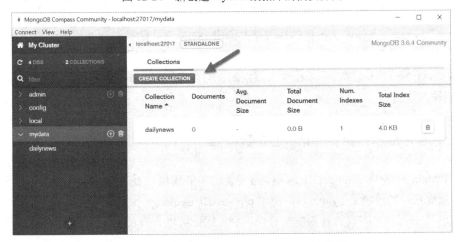

图 12-25　单击 CREATE COLLECTION 按钮

如果想要到 dailynews 中输入数据（Document），就直接单击 dailynews 这个 Collection，进入如图 12-26 所示的界面。

图 12-26　mydata.dailynews 这个 Collection 的数据操作界面

在单击 INSERT DOCUMENT 按钮之后，会看到如图 12-27 所示的输入界面。

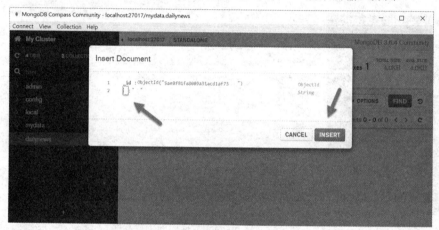

图 12-27　MongoDB 输入 Document 的界面

如图 12-27 所示，左侧箭头所指的地方是要编辑 JSON 格式的数据，在编辑完成之后，再单击 INSERT 按钮就可以了。对于每一个 Document，MongoDB 都会帮我们自动创建一个独一无二的 id，请不要随意改变它们。读者可以在输入数据的界面自行练习一下。接下来使用 Python 帮我们以自动方式输入数据。

12-4-2　使用 Python 操作 MongoDB 数据库

要在 Python 中操作 MongoDB，同样先安装相关的模块。在 Python 程序包中，用于操作 MongoDB 最受欢迎的模块是 pymongo，使用 pip install pymongo 安装。安装完成之后，由于我们的 MongoDB 服务器并没有设置任何安全验证机制，因此可以直接使用。在 Python Shell 环境下的简易操作示例如下：

```
(test) (C:\ProgramData\Anaconda3) C:\myPython>python
Python 3.6.2 |Anaconda, Inc.| (default, Sep 19 2017, 08:03:39) [MSC v.1900 64
bit (AMD64)] on win32
```

```
Type "help", "copyright", "credits" or "license" for more information.
>>> from pymongo import MongoClient
>>> client = MongoClient()
>>> db = client.mydata
>>> collection = db.dailynews
>>> data = {'name':'Richard Ho', 'mobile':'09210000000'}
>>> collection.insert_one(data)
<pymongo.results.InsertOneResult object at 0x0000025C17809A88>
>>> collection.find_one()
{'_id': ObjectId('5ae91c1f18e3e507387ea5ac'), 'name': 'Richard Ho', 'mobile': '09210000000'}
>>>
```

在上述例子中，我们使用 client = MongoClient() 和服务器建立连接，接着使用 db.client.mydata 设置数据库，然后通过 collection = db.dailynews 设置要操作的集合（其中 mydata 和 dailynews 都是之前我们在 MongoDB Compass Community 中创建的），之后就可以直接针对 Collection 这个对象进行数据的操作了。在此，我们先设置一个字典类型的数据变量 data，通过 insert_one 方法把这笔数据存储到数据库中，再调用 find_one() 列出其内容，同样的内容也可以在 MongoDB Compass Community 中看到，如图 12-28 所示。

笔者编写本书时 PyMongo 的版本是 3.6.1，在其官方网站中有详细的教学（网址：https://api.mongodb.com/python/current/tutorial.html）。由于它的 Document 使用 JSON 格式，因此在存储前准备数据时只要以 JSON 格式赋值给变量即可，至于同一个 Collection 中的 Document，并不一定要使用相同类型的键，在类型上非常自由。

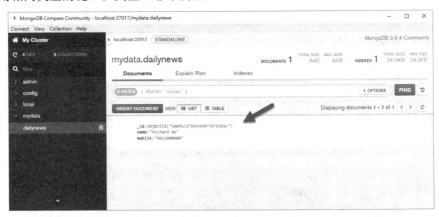

图 12-28　在界面中查看已存储的数据

我们每一次存储一笔 Document 进去，服务器就会自动地为这个 Document 创建一个独一无二的 ID（其键为_id），因此要在程序中调用 insert_one() 时，也会通过 inserted_id 属性把这个 ID 取出来，代码如下：

```
>>> data = {'name':'Judy Chen', 'mobile':'09211111111'}
>>> post_id = collection.insert_one(data).inserted_id
>>> post_id
ObjectId('5ae9bbea992df1209400490c')
```

现在我们在 Collection 中已经有两笔数据了，如果要搜索里面的数据，可以通过 find_one() 函数来完成。在不加任何参数的情况下，它返回的是第一笔加入的数据，代码如下：

```
>>> import pprint
>>> pprint.pprint(collection.find_one())
{'_id': ObjectId('5ae9bb93992df1209400490b'),
 'mobile': '0921000000',
 'name': 'Richard Ho'}
```

也可以使用之前取得的 ID（post_id）来搜索，代码如下：

```
>>> pprint.pprint(collection.find_one(post_id))
{'_id': ObjectId('5ae9bbea992df1209400490c'),
 'mobile': '09211111111',
 'name': 'Judy Chen'}
```

或者使用键值来搜索，代码如下：

```
>>> pprint.pprint(collection.find_one({'name':'Judy Chen'}))
{'_id': ObjectId('5ae9bbea992df1209400490c'),
 'mobile': '09211111111',
 'name': 'Judy Chen'}
```

如果指定的值在 Collection 中找不到，就会返回 None，代码如下：

```
>>> pprint.pprint(collection.find_one({'name':'Tom Wang'}))
None
```

若需要一次加入一笔以上的数据项（Document），在设置数据时，就以 JSON 的列表格式，再调用 insert_many 函数即可，代码如下：

```
>>> many_data = [{'name':'Tom Wang', 'mobile':'0923499444'}, {'name':'Morris Chang', 'mobile':'0922333445'}]
>>> collection.insert_many(many_data)
<pymongo.results.InsertManyResult object at 0x000002C87E9A6208>
```

若要显示一个以上的数据，则直接调用 find() 函数再配合循环指令即可，代码如下：

```
>>> documents = collection.find()
>>> for doc in documents:
...     pprint.pprint(doc)
...
{'_id': ObjectId('5ae9bb93992df1209400490b'),
 'mobile': '0921000000',
 'name': 'Richard Ho'}
{'_id': ObjectId('5ae9bbea992df1209400490c'),
 'mobile': '09211111111',
 'name': 'Judy Chen'}
{'_id': ObjectId('5ae9be28992df1209400490d'),
 'mobile': '0923499444',
```

```
 'name': 'Tom Wang'}
{'_id': ObjectId('5ae9be28992df1209400490e'),
 'mobile': '0922333445',
 'name': 'Morris Chang'}
```

通过 count() 函数可以知道当前有多少笔 Document 在 Collection 中，代码如下：

```
>>> collection.count()
4
```

其他的功能请读者自行前往官方网站上查询。

12-4-3　MongoDB 数据库应用实例

回想程序 12-9 的功能，可以把某一个网站上的新闻标题下载之后显示在屏幕上。现在我们修改一下这个程序，让它不只可以在屏幕上显示出新闻标题，还可以将其存储到 MongoDB 中。请参考程序 12-11。

程序 12-11

```python
# -*- coding: utf-8 -*-
# 程序 12-11 (Python 3 Version)
from pymongo import MongoClient
import requests
from bs4 import BeautifulSoup

client = MongoClient()
db = client.mydata
collection = db.dailynews

url = 'https://www.****daily.com/hot/daily'

news_page = requests.get(url)
news = BeautifulSoup(news_page.text, 'html.parser')

news_title = news.find_all('div', {'class': 'aht_title'})

headlines = list()
for t in news_title:
    news = dict()
    title = t.find_all('a')[0]
    news['title'] = title.text
    headlines.append(news)

print(headlines)
collection.insert_many(headlines)
```

在程序 12-11 中，原本 headlines 只是一个字符串，每次找到新闻标题之后都以字符串串接的方式把所有的新闻标题串在一起，成为一个更长的字符串。现在我们把它改为列表（list）类型，并在循环中建立一个暂时的 news 字典，每次找到一个标题之后就把该新闻标题以 news['title'] = title.text 的方式设置键为title，然后把新闻标题作为其值，接着 append 到 headlines 串行中。整个循环走完一遍之后，使用这行指令：collection.insert_many(headlines)，就可以一次性把所有的新闻标题都放在 MongoDB 中，通过 MongoDB Compass Community 可以看到运行的结果，如图 12-29 所示。

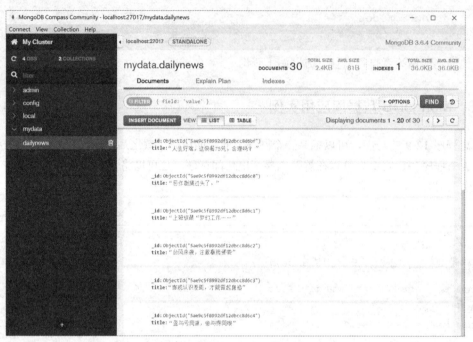

图 12-29　程序 12-11 的运行结果

不过，这个程序如果很快地执行第二遍的话，在数据库中就会出现重复的项目。如何避免重复的情况发生呢？就留给读者作为习题了。

12-5　习　题

1. 程序 12-5 只处理.jpg 和.png 图像文件，请加入.bmp 和.tif 类型的文件。
2. 同上题，请配合链接库的功能以及 12-2-2 小节所介绍的 MD5 函数，创建可以避免复制同样图像文件的程序。
3. 以程序 12-10 为基础，建立一个横跨至少 10 个新闻内容的网站，搜索当日的新闻，并找出使用最多的词汇。
4. 如果我们对某些特定人物的相关新闻感兴趣，那么该如何编写一个程序可以到各大新闻网站搜索该人物出现在文章中的频率呢？
5. 请修改程序 12-11，使其在提取新闻并存放进 MongoDB 时不会出现重复项目的情况。

第 13 章

Python 绘图与图像处理

❋ 13-1　Matplotlib 的安装与使用
❋ 13-2　pillow 的安装与使用
❋ 13-3　批量处理图像文件
❋ 13-4　习题

13-1　Matplotlib 的安装与使用

Matplotlib 是由已故的程序设计师 John Hunter 所开发的一套操作接口类似于 MATLAB，且非常好用的高质量绘图链接库。之所以叫作 plot，主要的原因是它可以像 Plotter 绘图机一样，无论多复杂都可以根据输入的向量数据把它们画出来。因此，只要安装这套链接库之后，给予适当的数据，就可以画出高质量的数据或函数图形。这些功能在本书的前面几章已有简单的示范，在本章中将有详细的说明。

13-1-1　Matplotlib 介绍

在第 4 章对 Matplotlib 的安装有详细的步骤说明，简单地说，就是先安装 Anaconda 这组完整的程序包（到官方网站上下载一个 500 多兆字节的应用程序，再执行安装即可），所有绘图需要的工具已经全部包含在其中了，如果还是有缺的话，可以再通过 pip install 指令进行额外的安装。图 13-1 所示是 Matplotlib 链接库的官方网站首页（网址：http://matplotlib.org）。

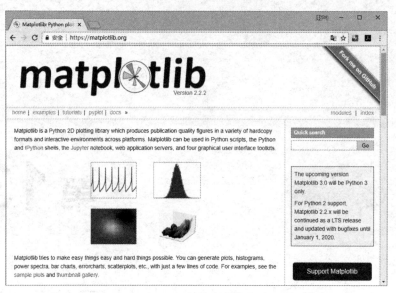

图 13-1　Matplotlib 链接库的官方网站首页

我们从网站上看到目前最新的版本是 2.2.2，即将到来的 3.0 版本将只会支持 Python 3。从网站上的介绍可以了解 Matplotlib 绘图功能的多样性，在其链接 examples 中也有许多成果展示，如图 13-2 所示。

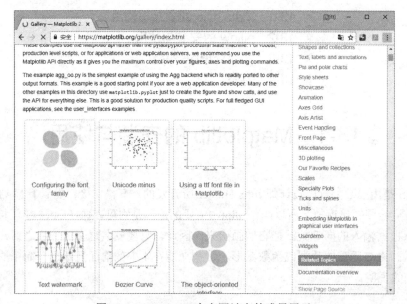

图 13-2　Matplotlib 官方网站上的成果展示

在官方网站上有许多范例程序，读者可以看看感兴趣的图形是如何做出来的。要使用 Matplotlib 绘图，第一步是导入 pyplot 模块，方法如下：

```
import matplotlib.pyplot as plt
```

因为 pyplot 这个对象经常会用到，所以我们以别名的方式重新命名为 plt，之后的操作都以此名称为主。其实，我们可以把 pt 看作一台绘图机，你给它下指令，它就会在一张虚拟的图表中绘出我们所指定的内容，一直到调用 pt.show()才会显示在屏幕上。pyplot 的所有可用指令详列在官方网站上，网址为 http://matplotlib.org/api/pyplot_summary.html（官方网站还提供了一本多达 2864 页的电子书，可以下载下来仔细研读），读者可以前往查阅。

使用 Matplotlib 绘图的顺序如下：

（1）import matplotlib.pyplot as plt。
（2）设置 x 和 y 两个数值列表。
（3）plt.plot(x, y)，除了 x 和 y 之外，在参数行中还可以加上一些其他的设置，例如加上此图形的名称、颜色以及线条样式等。
（4）plt.plot(x, y)可以调用多次，每一次调用就是根据一组数据把图形绘制出来。
（5）通过 plt.xlim()、plt.ylim()以及 plt.xlabel()等函数对图表的格式、外观、细节呈现的相关数据进行设置。
（6）最后，以 plt.show() 输出到屏幕界面上。

13-1-2 使用 Matplotlib 画图

在 Matplotlib 中画图和我们平时使用的绘图软件是不同的，它主要用来绘制图表，所以要给它提供 x 轴和 y 轴所有数值的列表，而这两个数值列表的数目要能够逐一配对，也就是 1 个 x 值要搭配 1 个 y 值。所以可以看作：

x=[x1,x2,x3,…,xn]
y=[y1,y2,y3,…,yn]

程序 13-1 是一个绘制折线图的简单程序。

程序 13-1

```
# -*- coding: utf-8 -*-
# 程序 13-1 (Python 3 Version)
import matplotlib.pyplot as plt
w = [1, 3, 4, 5, 9, 11]
x = [1, 2, 3, 4, 5, 6]
y = [20, 30, 14, 67, 42, 12]
z = [12, 33, 43, 22, 34, 20]

plt.plot(x, y, lw=2, label='Mary')
plt.plot(w, z, lw=2, label='Tom')
plt.xlabel('month')
plt.ylabel('dollars (million)')
plt.legend()
plt.title('Program 13-1')
plt.show()
```

此程序的运行结果如图 13-3 所示。

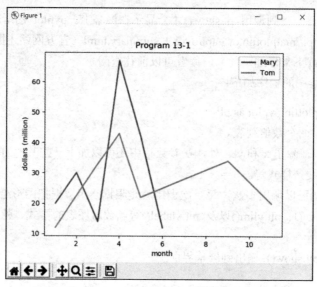

图 13-3　程序 13-1 的运行结果

在程序中，除了指定两组数值列表之外，我们分别使用两个 plot 绘出不同的两条线，Matplotlib 会自动帮我们设置不同的线条颜色，而我们另外使用 lw 参数设置线条粗细以及使用 label 参数设置线条的名称。

至于图表本身的设置，至少包括 xlabel 和 ylabel，分别设置了 x 轴和 y 轴的标签名称，以及 title 用来设置整张图表的上标题，最后调用 legend 绘出图例。基本的功能就是这样的。

绘制图表最重要的除了呈现的方式之外，就是数据内容了。这些要呈现的数据内容当然不能"写死"在程序中，最好存放在外部的数据源中，包括文件、数据库以及因特网上的数据。数据库和因特网上的数据可以参考本书之前的内容用程序提取下来，后文将介绍如何加载数据文件，然后将之绘制成图表。

在下面的范例中，笔者下载了中国某地区各县市人口的数据，将之以每一行一个"县市名称，人口数"为格式，存储在 popu.txt 中。为了节省显示的空间，县市名称的部分使用的是字母的缩写，如下所示：

```
NTP, 3971250
TP,  2704974
TY,  2108786
TC,  2746112
TN,  1885550
KS,  2778729
YLC, 458037
```

在程序中，先使用 open 的 readlines() 把所有数据以每行一笔数据的方式读入一个列表变量 populations 中，再将其拆解成两个列表变量 city 和 popu，分别存放城市名称以及相对应的人口数。由于 bar 的绘制需要两组数字，因此我们调用 NumPy 中的 arange 函数产生 city 的索引值列表，存放在 ind 中，除了绘制 bar（直方图）之外，也可以使用 xticks 把每一个图表的名称加在 x 轴。详细内容请参考程序 13-2。

程序 13-2

```python
# -*- coding: utf-8 -*-
# 程序 13-2 (Python 3 Version)

import matplotlib.pyplot as plt
import numpy as np

with open('popu.txt', 'r') as fp:
    populations = fp.readlines()

city = list()
popu = list()

for p in populations:
    cc, pp = p.split(',')
    city.append(cc)
    popu.append(int(pp))

ind = np.arange(len(city))

plt.bar(ind, popu)
plt.xticks(ind+0.5, city)
plt.title('Program 13-2')
plt.show()
```

此程序的运行结果如图 13-4 所示。

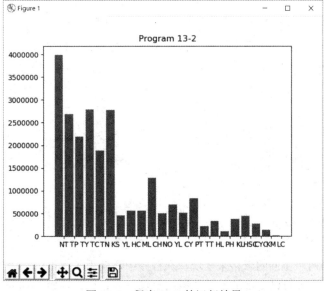

图 13-4 程序 13-2 的运行结果

13-1-3 统计图的绘制

本小节将以某地区 1986—2015 年之间出生人口数的统计数据为例，说明如何绘制各种常用的统计图表以及设置的细节。本小节使用的数据格式如下：

```
1986    307363  159087  148276
1987    314245  163431  150814
1988    343208  178349  164859

...省略...
2013    194939  101132  93807
2014    211399  109268  102131
2015    213093  110801  102292
```

这个数据文件名称为 yrborn.txt，总共有 4 个字段，以空白加以间隔。第 1 个字段是年份，第 2 个字段是总出生人口，第 3 个字段是男孩出生人数，而第 4 个字段则是女孩出生人数。对于要使用的数据来说，第 2 个字段是可以通过第 3 个字段和第 4 个字段计算得出的，所以加载时我们会把第 2 个字段舍弃不用。

在程序中同样是以 readlines 加载，而使用 split() 分割字段。以下是加载数据文件所使用的程序片段：

```python
with open('yrborn.txt', 'r') as fp:
    populations = fp.readlines()
```

分割数据以便用于字典变量 yrborn，代码如下：

```python
yrborn = dict()
for p in populations:
    yr, tl, boy, girl = p.split()
    yrborn[yr] = {'boy': int(boy), 'girl': int(girl)}
```

如果文件中各个字段的间隔是空格符，split() 就不需要设置任何参数即可调用。在程序中分别使用 3 个列表变量（bp、bp_b、bp_g）来记录总的出生人数、男孩的出生人数以及女孩的出生人数：

```python
bp = list()
bp_b = list()
bp_g = list()
for yr in yrlist:
    boys = yrborn[yr]['boy']
    girls = yrborn[yr]['girl']
    bp.append(boys + girls)
    bp_b.append(boys)
    bp_g.append(girls)
```

另外，为了使用两个不同的表格来呈现，在程序中还使用了 subplot() 函数。这个函数所传入的数值分别代表行数、列数以及接下来要使用的是哪一张表格。例如，subplot(211)表示我们的图表将分为 2 行 1 列，共 2 张图，并指定接下来要画的是第 1 张图（第 3 个参数），以此类推。请看以下的程序片段：

```
pt.subplot(211)
pt.plot(bp)
pt.xlim(0,len(bp)-1)
pt.title('1986 - 2015 (Total)')
pt.subplot(212)
pt.plot(bp_b)
pt.plot(bp_g)
pt.xlim(0,len(bp_b)-1)
pt.title('1986 - 2015 (Boy:Girl)')
```

以上程序片段将出生人口总数画在第 1 张图中（上方），而男女比例则画在第 2 张图中（下方）。完整的程序请参考程序 13-3。

程序 13-3

```
# -*- coding: utf-8 -*-
# 程序 13-3 (Python 3 Version)

import matplotlib.pyplot as plt
import numpy as np

with open('yrborn.txt', 'r') as fp:
    populations = fp.readlines()

yrborn = dict()

for p in populations:
    yr, tl, boy, girl = p.split()
    yrborn[yr] = {'boy': int(boy), 'girl': int(girl)}

ind = np.arange(len(yrborn))
yrlist = sorted(list(yrborn.keys()))
bp = list()
bp_b = list()
bp_g = list()
for yr in yrlist:
    boys = yrborn[yr]['boy']
    girls = yrborn[yr]['girl']
    bp.append(boys + girls)
    bp_b.append(boys)
    bp_g.append(girls)

plt.subplot(211)
plt.plot(bp)
plt.xlim(0,len(bp)-1)
```

```
plt.title('1986 - 2015 (Total)')
plt.subplot(212)
plt.plot(bp_b)
plt.plot(bp_g)
plt.xlim(0,len(bp_b)-1)
plt.title('1986 - 2015 (Boy:Girl)')
plt.show()
```

程序 13-3 的运行结果如图 13-5 所示。

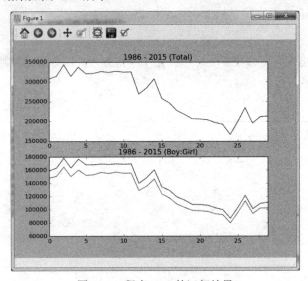

图 13-5　程序 13-3 的运行结果

如果我们打算把第 2 张图换成直方图，可以修改程序如程序 13-4 所示。

程序 13-4

```
# -*- coding: utf-8 -*-
# 程序 13-4 (Python 3 Version)

import matplotlib.pyplot as plt
import numpy as np

with open('yrborn.txt', 'r') as fp:
    populations = fp.readlines()

yrborn = dict()

for p in populations:
    yr, tl, boy, girl = p.split()
    yrborn[yr] = {'boy': int(boy), 'girl': int(girl)}

ind = np.arange(1986,2016)
yrlist = sorted(list(yrborn.keys()))
```

```
bp = list()
bp_b = list()
bp_g = list()
for yr in yrlist:
    boys = yrborn[yr]['boy']
    girls = yrborn[yr]['girl']
    bp.append(boys + girls)
    bp_b.append(boys)
    bp_g.append(girls)

width = 0.35
plt.subplot(211)
plt.plot(ind, bp)
plt.xlim(1986,2015)
plt.title('1986 - 2015 (Total)')

plt.subplot(212)
plt.bar(ind, bp_b, width, color='b')
plt.bar(ind+0.35, bp_g, width, color='r')
plt.xlim(1986,2015)
plt.title('1986 - 2015 (Boy:Girl)')

plt.show()
```

在此程序中，我们使用 pt.bar()来绘出条状图。因为同一个数据项要绘制两个图形，一个是男孩的出生人数，另一个是女孩的出生人数，所以在输出时要指定条状图的宽度，同时也要在 x 轴给定一个位移才行，代码如下：

```
pt.bar(ind+0.35, bp_g, width, color='r')
```

当然，也要指定不同的颜色才能够区分出不同的线条。Matplotlib 使用一个字母来表示颜色，r 是红色，b 是蓝色，以此类推。另外，pt.xlim 我们也做了改变，直接按数据的年度来标示，这样更能看清楚图表的内容。程序 13-4 的运行结果如图 13-6 所示。

接下来，我们要读入另一个文件，是不同年份大专院校的总数，其格式如下：

```
1986  105
1987  105
... 略 ...
2014  159
2015  158
```

第 1 个字段是学年度，第 2 个字段是学校数量，保存在 school.txt 中。我们的程序除了读取上述两项信息之外，还分别读取当年度每个人拥有的大学数量，或者其倒数，即每所学校可以拥有的学生数量（假设所有的人都顺利长大且都想要进入大学就读），共制作成 4 个图表，如程序 13-5 所示。

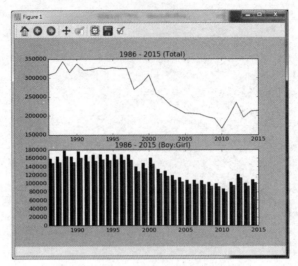

图 13-6　程序 13-4 的运行结果

程序 13-5

```
# -*- coding: utf-8 -*-
# 程序 13-5 (Python 3 Version)

import matplotlib.pyplot as plt
import numpy as np

def f1(x):
    return int(float(bp[x])/float(school[x]))

def f2(x):
    return float(float(school[x])/float(bp[x]))

with open('school.txt', 'r') as fp:
    schools = fp.readlines()

school = list()
for s in schools:
    school.append(int(s.split()[1]))

with open('yrborn.txt', 'r') as fp:
    populations = fp.readlines()

yrborn = dict()

for p in populations:
    yr, tl, boy, girl = p.split()
    yrborn[yr] = {'boy': int(boy), 'girl': int(girl)}

yrlist = sorted(list(yrborn.keys()))
bp = list()
for yr in yrlist:
```

```
        boys = yrborn[yr]['boy']
        girls = yrborn[yr]['girl']
        bp.append(boys + girls)
yr = range(1986, 2016)
ind = np.arange(len(bp))
plt.subplot(221)
plt.plot(yr, bp, lw=2)
plt.xlim(1986,2015)
plt.title('1986 - 2015 (Total)')

plt.subplot(222)
plt.plot(yr, school,lw=2)
plt.xlim(1986,2015)
plt.title('1986 - 2015 School Numbers')

pt.subplot(223)
plt.plot(yr, list(map(f1, ind)), lw=2)
plt.xlim(1986,2015)
plt.title('Person/School')

plt.subplot(224)
plt.plot(yr, list(map(f2, ind)), lw=2, color='r')
plt.xlim(1986,2015)
plt.title('School/Person')
plt.show()
```

我们使用了两个自定义函数 f1 和 f2，分别用来计算每所学校可拥有的学生数量以及每个人拥有的大学数量。由于在绘图时需要的是一个列表，因此我们在主程序中使用 list(map(f1, ind))这行语句，其中 map 函数会根据 ind 列表的内容逐一调用 f1，把最后的结果存储在内存中，我们再以 list()函数将其转换为列表类型用于绘图。程序 13-5 的运行结果如图 13-7 所示。

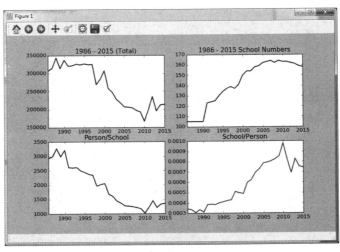

图 13-7　程序 13-5 的运行结果

13-1-4　数学函数图形的绘制

在 Matplotlib 中绘制数学函数图形以及更加复杂的图形都会搭配 NumPy 模块，主要的原因除了 NumPy 使用更有效率的存储数据的方法之外，还提供许多相当实用的方法，包括我们之前在第 4 章曾经使用过的 sin 函数和 cos 函数等。

而在开始绘制函数图形之前，先说明 linespace 方法，它的用法如下：

```
import NumPy as np

x = np.linspace(0, 1, 10)
```

np.linspace(0,1,10)表示要产生一个数值从 0 开始到 1 结束的 10 个元素的数组，其结果如下：

```
>>>x
array([ 0.        , 0.11111111, 0.22222222, 0.33333333, 0.44444444,
        0.55555556, 0.66666667, 0.77777778, 0.88888889, 1.        ])
```

这种方式非常方便我们用来设置一个指定个数的数值列表，例如我们想要绘制 sin 函数图形，想要从 0 到 360（请留意，在 NumPy 中使用的是弧度，所以应该是 2 到 2pi）描出 sin 函数图形，但是只使用 20 个点，就可以使用 x = np.linspace(0,2*np.pi, 20)产生 20 个 0～2pi 的数值，再输入 np.sin(x)中即可。请参考以下程序片段：

```
>>> import NumPy as np
>>> import matplotlib.pyplot as plt
>>>x = np.linspace(0,2*np.pi, 20)
>>>plt.plot(x, np.sin(x), 'bo')
[<matplotlib.lines.Line2D object at 0x0000000004FD5630>]
>>>plt.show()
```

上述程序片段执行的结果如图 13-8 所示。

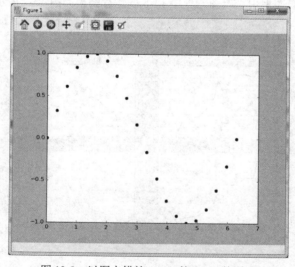

图 13-8　以图来描绘 0~2pi 的 sin 函数图形

我们轻易就可以把图形加密一些，只要更改以下语句即可：

>>>x = np.linspace(0,2*np.pi, 100)

结果如图 13-9 所示。

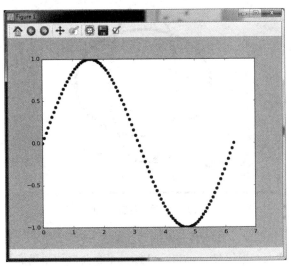

图 13-9　改为使用 100 点来描绘 sin 函数图形的结果

通过以上概念，我们使用圆的三角函数就可以轻松地绘出正圆和椭圆，如程序 13-6 所示。

程序 13-6

```
# _*_ coding: utf-8 _*_
# 程序 13-6 (Python 3 Version)

import matplotlib.pyplot as pt
# -*- coding: utf-8 -*-
# 程序 13-6 (Python 3 Version)

import matplotlib.pyplot as plt
import numpy as np

degree = np.linspace(0, 2*np.pi, 200)
x = np.cos(degree)
y = np.sin(degree)

plt.xlim(-1.5, 1.5)
plt.ylim(-1.5, 1.5)
plt.plot(x, y, 'bo')
plt.plot(0.5*x, 1.5*y, 'ro')

plt.show()
```

程序13-6绘制了两个图形，一个是正圆，另一个是椭圆，如图13-10所示。

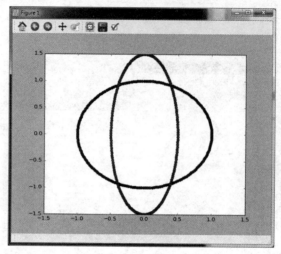

图13-10 使用圆方程式描绘出正圆和椭圆

依此方法，我们还可以绘出沙漏线和心脏线等，如程序13-7所示。为了让图形比较平滑，在程序13-7中并不指定描绘点的形状（linestyle），Matplotlib会自动帮我们把每一个点都连接起来，就像我们在前面几章中所使用的一样。

程序13-7

```python
# -*- coding: utf-8 -*-
# 程序 13-7 (Python 3 Version)

import matplotlib.pyplot as plt
import numpy as np

a = 1.5
b = 1
degree = np.linspace(0, 2*np.pi, 200)
x1 = a * (1 + np.cos(degree)) * np.cos(degree)
y1 = a * (1 + np.cos(degree)) * np.sin(degree)

x2 = a * np.sin(2*degree)
y2 = b * np.sin(degree)

plt.xlim(-2, 3.5)
plt.ylim(-2.5, 2.5)
plt.plot(x1, y1, color='red', lw=2)
plt.plot(x2, y2, color='blue', lw=2)
plt.title("数学函数图形")
plt.show()
```

运行结果如图 13-11 所示。

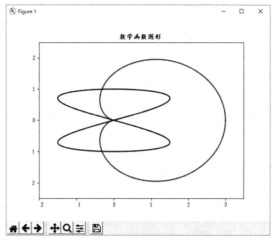

图 13-11　使用 Matplotlib 绘制沙漏线和心脏线函数图形

图 13-11 的标题中我们使用了中文，在默认情况下，Matplotlib 是无法显示中文的，如果没有做过调整，在中文输出的地方会看到一些空白的格子。

要让 Matplotlib 显示中文，在设置时分为两部分。首先，找到一个中文字体文件，把它放在 Matplotlib 程序包存放字体文件的地方，在本书的例子中，我们都是通过 virtualenv 创建一个虚拟的环境，在此环境中安装程序包和运行程序。假设我们创建的虚拟环境叫作test，则所有在此虚拟环境下安装的程序包都会被存放在 test\Lib\site-packages 文件夹下（假设在 Windows 操作系统中），所以 Matplotlib 程序包的文件夹（或目录）就会是 test\Lib\site-packages\matplotlib。Matplotlib 把所有的 TTF 字体文件存放在 matplotlib\mpl-data\fonts\ttf 之下，因此，只要找到合适的 TTF 中文字体文件，并复制到这个文件夹中就可以了。以 Windows 10 操作系统为例，所有的字体文件都存放在 Windows\Fonts 之下，请到此文件夹中把楷体的文件复制一份到 matplotlib\mpl-data\fonts\ttf 文件夹中，如图 13-12 所示。

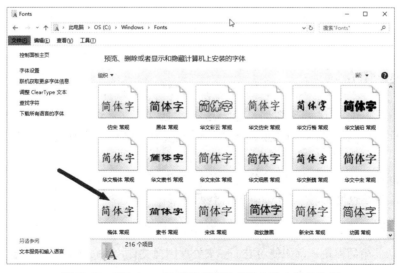

图 13-12　Windows 10 操作系统的楷体字体文件的位置

有了字体文件之后，接下来要通知 Matplotlib 使用这个字体来处理文字的输出，设置的文件为 test\Lib\site-packages\matplotlib\mpl-data\matplotlibrc（再强调一次，这里的 test 是指我们创建的虚拟环境的名称），启动之后，找到大约 190 行的位置，修改如下：

```
#font.family         : sans-serif
font.family          : DFKai-sb
#font.style          : normal
#font.variant        : normal
#font.weight         : normal
#font.stretch        : normal
```

其实就是把 font-family 设置为楷体的名称 DFKai-sb 而已，只要完成上述两个步骤的设置，就可以在 Matplotlib 的图表中自由地输出中文了。最后，如果想把这些图形保存起来，可以使用以下命令：

```
plt.savefig("mypic.png", format="png", dpi=200)
```

执行上述命令就会在当前目录下存储一个名为 mypic.png 的文件，并指定其 DPI（分辨率）为 200（屏幕的 DPI 大约都在 100 以下，而打印的文件需要分辨率足够大，大约都要在 300DPI 以上才行，打印机至少可以支持 600 以上的 DPI）。另外，此指令一定要在 plt.show()之前使用，执行 plt.show()之后，内存中图形的内容就会被清空，所以在执行 plt.show()之后是存不到任何东西的。

因为篇幅的关系，其他部分就留给读者自行参考相关的书籍。

13-2　pillow 的安装与使用

除了绘制图表之外，Python 在图像处理方面也有非常好用的模块，一些正规的图像处理算法都难不倒这些模块。不过，对于大多数朋友来说，倒是不需要使用这么专业的功能，能够为图像文件放大或缩小、调整一下颜色大概就够在日常生活中使用了。这一节来教大家如何用短短的几行程序代码实现图像文件的管理。

13-2-1　pillow 简介

传统上，在 Python 中处理图像，第一选择就是 PIL（Python Imaging Library，网址为 http://www.pythonware.com/products/pil/），但是由于该项目已许久没有维护，也不支持 Python 3.*，因此如果没有特殊的版本考虑，直接使用 pillow 即可。pillow 的官方网站网址为 http://python-pillow.org/，是一个 PIL 的分支，因此大部分在 PIL 上可以使用的方法，在 pillow 上都可以使用无误。安装也很简单，只要如下一行代码即可：

```
pip install pillow
```

若想要使用其中的模块，例如使用 Image 来处理图像文件，则使用以下方式导入：

```
from PIL import Image
```

就这么简单，之后就可以使用了。假设我们要使用 Image 打开一个图像文件，只要使用如下程序片段即可：

```
from PIL import Image
im = Image.open('mypic.png')
im.show()
```

这样的 3 行程序代码就可以把在 13-1-3 小节存储的图像文件打开并显示在屏幕上。

13-2-2 读取图像文件的信息

在 13-2-1 小节中，我们使用 Image.open 打开了图像文件并存放在变量 im 中，下面就可以使用 im 存取这张图像的相关数据了。表 13-1 是几个比较常用的图像数据属性。

表 13-1　几个常用的图像数据属性

属性名称	说明
format	源文件所使用的格式
mode	图像模式，如 RGB 或 CMYK 等
size	以元组(width, height)返回图像的尺寸
width	图像的宽度
height	图像的高度
palette	此图像使用的调色盘
info	以字典的类型返回此图像的相关信息

我们可以通过 Python Shell 执行，代码如下（以下是在 Mac OS 下执行的例子）：

```
$ python
Python 3.5.1 |Anaconda 2.4.1 (x86_64)| (default, Dec  7 2015, 11:24:55)
[GCC 4.2.1 (Apple Inc. build 5577)] on darwin
Type "help", "copyright", "credits" or "license" for more information.
>>>from PIL import Image
>>>im = Image.open('mypic.png')
>>>im.size
(1600, 1200)
>>> im.info
{'dpi': (200, 200)}
>>>im.mode
'RGBA'
>>>im.format
'PNG'
```

其中，size 以及 width 和 height 指的都是像素（pixel），也是我们常用的单位。

13-2-3 简易图像文件处理

使用 Image 模块，通过其内建的一些方法，就可以对图像执行一些简单的操作。而比较复杂且正式的图像处理方法（如图像锐化、高斯模糊等），则不在此小节的讨论范围。除了 open 和 show 之外，表 13-2 整理了几个比较常用的 Image 方法，其他的方法以及正式的说明请参考官方网站的内容。

表 13-2 比较常用的 Image 方法

方法名称	说明
close()	关闭该图像并释放占用的内存空间
convert()	转换图像的单元格式，包括 1、L、P、RGB、RGBA、CMYK、YCbCr、LAB、HSV、I、F 等，其中 1 为黑白图像，而 L 是 8 位的灰度图像
copy()	使用 im2 = im.copy() 即可把 im 复制到 im2 中
crop(box)	box 是一个 4 个元素的元组类型，使用 im2 = im.crop((0,0,500,500)) 即可把 im 这个图像的左上角(0,0,500,500)区域的图像裁切下来，放到 im2 中
getpixel(xy)	xy 是一个具有两个元素的元组类型，即为欲查询的(x,y)坐标。此方法会返回指定坐标像素的颜色值
histogram()	返回该图像的直方图
offset(xoffset, yoffset)	调整图像左上角的位置
paste(im, box)	把另一个图像 im 贴到当前这个图像中，方便用来制作图像文件的固定标志
resize(size)	重新把图像大小设置为 size，size 为一个具有两个元素的元组类型
rotate(angle)	把图像旋转 angle 度
save(fp,format)	以 format 格式存储这个图像文件
r, g, b = im.split()	把图像 im 分割成 3 个平面，不同的图像格式有不同的分割结果
thumbnail(size)	制作尺寸为 size 大小的缩略图
verify()	验证图形的数据内容是否正确

基本上处理程序就是使用 open 把图像文件打开并加载到变量中，接着针对变量进行处理，处理的结果可以使用 show 显示在屏幕界面上，或者调用 save 存到文件中，不再操作时，则以 close 释放所占用的内存。

程序 13-8 为上述方法的简单应用，分别计算原图及其 3 个不同颜色的平面，并从原图中取出中间（600×600）大小的图像区块，利用 Matplotlib 绘图功能，绘出其直方图，比较这些图片中不同亮度的分布情况。

程序 13-8

```
# -*- coding: utf-8 -*-
# 程序 13-8 (Python 3 Version)

import matplotlib.pyplot as plt
import numpy as np
from PIL import Image
```

```
sample = Image.open('sample.jpg')
im = sample.convert('L')
w, h = im.size

crop = im.crop((w/2-300, h/2-300, w/2+300, h/2+300))
crop_hist = crop.histogram()

ori = sample.resize((600,600))
im = ori.convert('L')
hist = im.histogram()

r, g, b = ori.split()
r_hist = r.histogram()
g_hist = g.histogram()
b_hist = b.histogram()

ind = np.arange(0, len(crop_hist))
plt.plot(ind, crop_hist, color='cyan', label='cropped')
plt.plot(ind, hist, color='black', lw=2, label='original')
plt.plot(ind, r_hist, color='red', label='Red Plane')
plt.plot(ind, g_hist, color='green', label='Green Plane')
plt.plot(ind, g_hist, color='blue', label='Blue Plane')
plt.xlim(0,255)
plt.ylim(0,8000)
plt.legend()
plt.show()
```

此程序先载入 sample.jpg，调用 convert 把原图转换成灰度之后，取出其原图的直方图，接下来使用 crop 裁切出中间（600×600）的部分另外统计，再调用 split 把原图的 RGB 三个原色平面分别取出，也取出其直方图。最后把这些直方图使用不同的颜色描绘在图上。图 13-13 所示是这个程序运行的结果。

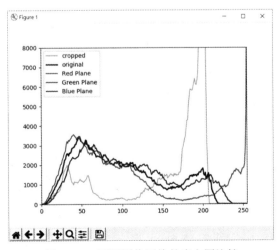

图 13-13　不同图像区块的直方图比较

由于直方图的数字和图像的大小有关，而 crop 裁切自原图，因此数量级并不一样。在计算原图的直方图时，我们使用 resize 把原图调整到和被裁切的图形一样大之后再绘制上去，呈现出来会比较有感觉。

除了 Image 模块之外，常用的还有 ImageDraw 和 ImageFont 模块。通过 ImageDraw 可以创建一个新的或者使用现有的用 Image 打开的图像，然后在其上进行绘图的操作，而 ImageFont 则是创建可以使用的文字相关的图像数据。接下来的程序 13-9 会示范如何使用 ImageDraw 模块在图像文件中绘制图形，同时在图形的正中央写入一段文字。ImageDraw 的 Draw 系列方法（函数）基本上涵盖了所有绘图所需要的方法，包括直线、圆形以及各种图形形状等，只要先使用以下方式做好设置即可：

```
im = Image.open('sample.jpg')
dw = ImageDraw.Draw(im)
```

基本上所有在 dw 上进行的绘制工作都会在界面 im 上，也就是在之前加载的图像文件上，等于是在图像上绘图一样。常用的 Draw 绘图方法如表 13-3 所示。

表 13-3 常用的 Draw 绘图方法

绘图方法	说明
chord(xy, start,end,fill,outline)	在 xy 坐标方框内绘制弦
ellipse(xy,fill,outline)	在 xy 坐标方框内绘制椭圆
line(xy,fill,width)	绘制直线
pieslice(xy,start,end,fill,outline)	绘制扇形
point(xy,fill)	画一个点
polygon(xy,fill,outline)	绘制多边形
rectangle(xy,fill,outline)	绘制矩形
text(xy,text,fill,font)	写入文字
textsize(text,font)	设置文字大小

在此表格中的 xy 有时是具有两个元素的元组，有时则是 4 个元素的元组，视该方法（函数）需要的坐标而定。例如，在 line 中，因为要有起始坐标和结束坐标，所以必须要有 4 个元素。而颜色的指定方式也有所不同，例如在 line 中要指定颜色使用 fill 参数，可以通过 fill = (r, g, b)设置 RGB 的颜色，而有些函数则使用 color=(r, g, b)来设置。

假设要在图像上画一条(0,0)~(500,500)的黄色粗线，可以使用如下程序代码：

```
im = Image.open('sample.jpg')
dw = ImageDraw.Draw(im)
dw.line((0,0,500,500), fill=(255,0,0), width=50)
im.show()
```

程序 13-9 示范如何在图像上画一个红色的×，在中间画一个圆，同时写一行文字上去。

程序 13-9

```
# _*_ coding: utf-8 _*_
# 程序 13-9 (Python 3 Version)

from PIL import Image, ImageDraw

im = Image.open('sample_s.jpg')
w, h = im.size
dw = ImageDraw.Draw(im)
dw.line((0,0,w,h),width=20, fill=(255,0,0))
dw.line((w,0,0,h),width=20, fill=(255,0,0))
dw.ellipse((50,50,w-50,h-50),outline=(255,255,0))
dw.text((100,100),'This is a test image')
im.show()
```

程序 13-9 的运行结果如图 13-14 所示。

图 13-14　程序 13-9 的运行结果

13-3　批量处理图像文件

了解了 13-2 节介绍的 Image、ImageDraw 以及 ImageText 模块功能之后，在这一节中就可以搭配 glob 取出所有的图像文件加以处理了。要做到批量调整图像文件的大小并为图像文件加上各种商标、公司 Logo 或中文字体，就非常容易了。

13-3-1　为自己的照片加上专属标志和批量调整照片尺寸

在网络上发表过文章的朋友应该知道，图像的处理是其中重要的一环。主要的原因除了避免自己辛苦的工作成果（摄影照片或手绘作品）被其他人恶意下载盗用之外，还有就是博客的不同版型可能需要不同分辨率的照片，只要上传适用的分辨率即可，既符合网页的编排，又可以避免上传过大的图像文件（现在的相机和手机的分辨率越来越高，很多文件都超过 3MB），浪费主机上宝贵的空间。因此，在这一小节中，我们可以编写一个程序，只要给定一个目录，就会把该目录下所有的图像文件找出来，在照片上加上自己设置的 Logo 和版权文字，同时调整到适当的大小，最后存储在自定义的另一个文件夹中（在这个范例程序中是存放在 resized_photo 子文件夹中，由 target_dir 变量中的设置值指定）。请参考程序 13-10。

程序 13-10

```python
# _*_ coding: utf-8 _*_
# 程序 13-10 (Python 3 Version)
import sys, os, glob
from PIL import Image, ImageDraw

source_dir = '.'
target_dir = 'resized_photo'
image_width = 800

if len(sys.argv) > 1:
    source_dir = sys.argv[1]

print('Processing: {}'.format(source_dir))

if not os.path.exists(source_dir):
    print("I can't find the specified directory.")
    exit(1)

allfiles = glob.glob(source_dir+'/*.jpg') + glob.glob(source_dir+'*.png')
if not os.path.exists(target_dir):
    os.mkdir(target_dir)

logo = Image.open('logo.png')
logo = logo.resize((150,150))
for target_image in allfiles:
    pathname, filename = os.path.split(target_image)
    print(filename)
    if filename[0] == '.': continue  # Only for Mac OS to skip hidden files
    im = Image.open(target_image)
    w, h = im.size
    im = im.resize((800, int(800/float(w) * h)))
    im.paste(logo, (0,0), logo)
    im.save(target_dir+'/'+filename)
    im.close()
```

在执行程序之前，必须准备一张 logo.png 并放在和此程序同一个目录之下，最好是 .png 格式的透明背景的图像，如此放在我们的目标照片中就不会有突兀的感觉了。程序 13-10 执行之后，会把指定的文件夹中的所有 .jpg 和 .png 图像文件全部取出，然后逐一把图像的宽度设置为 800，高度则根据相对的比例进行调整，其运算方法如下：

```
    im = Image.open(target_image)
    w, h = im.size
    im = im.resize((800, int(800/float(w) * h)))
```

对于 Mac OS 而言，所有的文件都会以"."开头设置一个索引用的隐藏文件，这些文件会造成执行上的错误，所以我们使用如下方法避开这些文件：

```
    pathname, filename = os.path.split(target_image)
    print(filename)
    if filename[0] == '.': continue  # Only for Mac OS to skip hidden files
```

如果你的系统是 Windows，就可以删除上述程序片段的最后一行语句。若要把 logo.png 贴在目标图像上，则可以使用以下语句：

```
    im.paste(logo, (0,0), logo)
```

这一行指令把 Logo（要事先打开）贴到 im 图像的左上角坐标(0,0)的位置上（也可以自己修改此坐标，放在右上角或左下角都行），最后一个 mask 参数也是使用同一个 Logo 图像，这样就可以让 Logo 完美地和 im 图像贴合在一起，而不会出现黑边或白边。图 13-15 所示是其中一幅图像的运行结果。

图 13-15　程序 13-10 的运行结果

配合 13-2 节中介绍的 ImageDraw，也可以轻松地把文字加在 Logo 的左侧或下方，方法请看 13-3-2 小节的说明。

13-3-2　中文字体的处理与应用

在 13-3-1 小节中，我们使用 ImageDraw 的 text 简单地把文字放在图像文件的任一指定位置，由于没有使用任何 ImageFont 设置文字格式，因此看到的是非常小且不美观的点阵英文字体。其实，只要拿到 TrueType 文件，ImageFont 就可以让我们把这些美观的文字取出使用，再往图像中置入文字时就会更加美观。

ImageFont 设置文字的格式如下：

```
from PIL import ImageFont
font = ImageFont.truetype('yourfontfile.ttf', fontsize)
```

接着可以把 font 变量用于任何可以设置字体的 ImageDraw 方法（函数）中，例如：

```
draw.text((10,10), 'Hello world', font=font)
```

在网络上有许多字体可以下载，例如 Google Fonts: https://github.com/google/fonts 和 http://www.1001freefonts.com/ 等，读者可根据自己的需求下载使用，但是在使用之前，还是要留意一下版权上的问题。

那么中文字体呢？网络上也有免费的中文字体文件可以下载（使用搜索引擎搜索"中文字体免费下载"即可看到许多可以下载的免费字体），无论是中文还是英文字体，均可下载到程序的目录供 ImageFont 使用。

有了中文字体以及 ImageFont 和 ImageDraw.text，就可以很方便地把文字放在图像文件中。如果想要把文字刚好放在整张图的正中间，可以编写程序 13-11。

程序 13-11

```
# _*_ coding: utf-8 _*_
# 程序 13-11 (Python 3 Version)
from PIL import Image, ImageDraw, ImageFont

text_msg = 'Hello, world!'
im = Image.open('sample_s.jpg')
im_w, im_h = im.size

font = ImageFont.truetype('font/timesbd.ttf', 80)
dw = ImageDraw.Draw(im)
fn_w, fn_h = dw.textsize(text_msg, font=font)
x = im_w/2-fn_w/2
y = im_h/2-fn_h/2
dw.text((x+5, y+5), text_msg, font=font, fill=(25,25,25))
dw.text((x, y), text_msg, font=font, fill=(128,255,255))
im.show()
```

在上述程序中，使用 textsize 计算使用 Font 字体的字符串本身的宽度（fn_w）和高度（fn_h），然后搭配之前获取的图像宽度（im_w）和高度（im_h），就可以通过以下式子把文字的位置设置到图像的正中间：

```
x = im_w/2-fn_w/2+5
y = im_h/2-fn_h/2+5
```

为了让文字更加醒目，先把计算出来的位置往右下角各移动 5 个像素，以 fill=(25,25,25) 灰黑的深色贴上文字，再把位置移回之前计算出来的位置，以想要显示的文字颜色（此例为 fill=(128,255,255)）贴一次，就可以呈现出想要的效果了。产生的图像如图 13-16 所示。

图 13-16　在图像文件的正中间加入文字

读者可以试着把上述程序的英文改为中文，当然使用的字体文件也要是中文的 TrueType 字体文件才行，在 Python 3 之下可以正确无误地执行，但是如果你使用的是 Python 2，别忘了要把 text_msg 使用 unicode(text_msg,'utf-8')处理过才行，请参考程序 13-12 的内容。

程序 13-12

```python
# -*- coding: utf-8 -*-
# 程序 13-12 (Python 3 Version)
from PIL import Image, ImageDraw, ImageFont

text_msg = u'此为测试用图像'
im = Image.open('sample_s.jpg')
im_w, im_h = im.size

font = ImageFont.truetype('font/msyhbd.ttc', 80)
dw = ImageDraw.Draw(im)
fn_w, fn_h = dw.textsize(text_msg, font=font)
x = im_w/2-fn_w/2
y = im_h/2-fn_h/2
dw.text((x+5, y+5), text_msg, font=font, fill=(25,25,25))
dw.text((x, y), text_msg, font=font, fill=(128,255,255))
im.save('sample_s_0.jpg')
im.close()
```

加上中文的图像文件如图 13-17 所示。

除了把文字贴到图像上之外，其实在许多场合也有把文字转成图像文件的需求，程序 13-13 可以让你输入一段中文，并指定要使用的大小和颜色，然后就可以产生一个对应的具有透明背景的.PNG 图像文件。

图 13-17　加上中文的图像文件范例

程序 13-13

```
# -*- coding: utf-8 -*-
# 程序 13-13 (Python 3 Version)
import os
from PIL import Image, ImageDraw, ImageFont

msg = input('请输入要转换的文字：')
font_size = int(input('文字大小：'))
font_r = int(input('红色值：'))
font_g = int(input('绿色值：'))
font_b = int(input('蓝色值：'))
filename = input('要存储的文件名：')
fill = (font_r, font_g, font_b)

im0 = Image.new('RGBA', (1,1))
dw0 = ImageDraw.Draw(im0)
font = ImageFont.truetype('font/wt014.ttf',font_size)
fn_w, fn_h = dw0.textsize(msg, font=font)
im = Image.new('RGBA', (fn_w, fn_h), (255,0,0,0))
dw = ImageDraw.Draw(im)
dw.text((0,0), msg, font=font, fill=fill)
if os.path.exists(filename+'.png'):
    ans = input('此文件已存在，要覆写吗？(y/n)')
    if ans != 'y' and ans != 'Y':
        exit(1)
im.save(filename+'.png', 'PNG')
print('已写入文件：'+filename+'.png')
im.close()
```

在程序中，先以 Image.new 在内存中创建一个像素大小为 1×1 的新空白图像文件，并链接到 dw0 中，以方便计算用户输入的文字的真正宽（fn_w）和高（fn_h），再以 fn_w 和 fn_h 创建要用于贴上文字的图像文件，贴上文字后加以存储。以下是这个程序的执行过程：

```
D:\>python 13-13.py
请输入要转换的文字：Python 从入门到活用
文字大小：80
红色值：255
绿色值：255
蓝色值：255
要存储的文件名：booktitle
已写入文件：booktitle.png
```

不用说，此时写入的 booktitle.png 就是一个内容为"Python 从入门到活用"的文本文件，文字本身为白色，而其背景是透明的，便于运用在一些不支持中文字体的图像应用程序中，也可以拿来作为 Logo 使用。

13-3-3　为图像文件加入水印功能

在 13-3-2 小节创建新的图像文件的过程中，并没有提及我们使用 RGBA 格式时的特色。RGBA 模式对于每一个像素点的记录使用的是一个具有 4 个元素的元组，分别是(r, g, b, a)，其中 r 代表红色的颜色值，最小值是 0，最大值是 255，g 代表绿色，b 代表蓝色，这 3 个颜色值的组合即为显示出来的真正颜色。至于 a 则是 alpha 值，代表此颜色的透明程度，0 表示完全没有颜色，而 255 表示不透明，颜色整个盖住背景。因此，只要选用适当的 a 值，就可以做到文字水印的效果。

在程序 13-14 中，我们让此程序从命令行参数中输入要被加上水印的图像文件，然后输入要加在图像上的水印文字的内容，接着指定文字的大小。有了这些数值之后，按照 13-3-2 小节介绍的方法，先准备一张此文字的图像放在 im 中，而此文字是以 fill=(255,255,255,100)来设置其透明度的，通过文字大小的尺寸以及背景图像的尺寸计算出文字图像 im 要贴到背景图像 image_file 的左上角位置，最后以 image_file.paste(im, (x, y), im)贴上即可。详细的内容请参考程序 13-14。

程序 13-14

```python
# -*- coding: utf-8 -*-
# 程序 13-14 (Python 3 Version)
import os, sys
from PIL import Image, ImageDraw, ImageFont

if len(sys.argv)<2:
    print("请指定要处理的图像文件！")
    exit(1)
filename = sys.argv[1]

msg = input('请输入要做水印的文字：')
font_size = int(input('文字大小：'))
fill = (255,255,255,100)

image_file = Image.open(filename)
im_w, im_h = image_file.size

im0 = Image.new('RGBA', (1,1))
```

```
dw0 = ImageDraw.Draw(im0)
font = ImageFont.truetype('font/wt014.ttf',font_size)
fn_w, fn_h = dw0.textsize(msg, font=font)
im = Image.new('RGBA', (fn_w, fn_h), (255,0,0,0))
dw = ImageDraw.Draw(im)
x = int(im_w/2 - fn_w/2)
y = int(im_h/2 - fn_h/2)
dw.text((0, 0), msg, font=font, fill=fill)
image_file.paste(im, (x, y), im)
image_file.show()
filename, ext = filename.split('.')
if os.path.exists(filename+'_wm.png'):
    ans = input('此文件已存在，要覆写吗？(y/n)')
    if ans != 'y' and ans != 'Y':
        exit(1)
image_file.save(filename+'_wm.png', 'PNG')
print('已写入文件：'+filename+'_wm.png')
```

以下是程序 13-14 的执行过程：

```
D:\ >python 13-14.py sample_s.jpg
请输入要做水印的文字：浮水印文字测试
文字大小：100
此文件已存在，要覆写吗？(y/n) y
已写入文件：sample_s_wm.png
```

图 13-18 是这个程序的运行结果图。

图 13-18　加上中文水印效果的运行结果

利用此方式可以把任何中英文字以水印的方式加到图像的任意位置。当然，配合 glob 的应用，还可以批量地进行添加水印的操作。

13-4 习　　题

1. 请参考你所在城市一年内每天的气温值，编写一个可以绘出气温走势图和气温比率饼图的程序。（温度值分段方式：小于等于零摄氏度，1~9 摄氏度，10~19 摄氏度，20~29 摄氏度，30~39 摄氏度，40 摄氏度以上。）

2. 参考程序 13-7，请设计可以绘制任意二元一次函数图形的程序（$y=ax^2+bx+c$，其中 a、b、c 由用户输入）。

3. 请修改程序 13-14，把文字水印改为加在图像文件的右下角位置。

4. 请修改程序 13-14，除了加上文字之外，还要加上自定义 Logo 图像文件。

5. 请修改程序 13-14，使其可以指定一个目标文件夹，然后把该文件夹的所有图像文件都加上文字水印，并存储在本地的文件夹中。

第 14 章

用 Python 打造特色网站

* 14-1 使用 Python 编写一个网站程序
* 14-2 Django 简介
* 14-3 认识 Django Framework 的架构
* 14-4 Django 与数据库
* 14-5 习题

14-1 使用 Python 编写一个网站程序

既然 Python 在市场上这么受欢迎，应用层面这么广，那么当然可以用来作为制作网站的程序设计语言了。事实上，市面上有非常多的知名网站是使用 Python 编写出来的，根据 https://www.shuup.com/blog/25-of-the-most-popular-python-and-django-websites/ 上所列出的网站，连 YouTube 和 Dropbox 都使用 Python 作为其网站的主要或用来强化网站服务的技术。因此，接下来我们会以两个章节的篇幅带领读者以最快的速度入门，在最短的时间内建立一个使用 Python 编写的个人专业网站。读者届时就可以把之前学到的内容应用在自己的网站中了。

14-1-1 网站原理

由于网站程序和个人计算机程序在运行和使用上有许多概念是不一样的，因此尽管都是使用 Python 编写程序，但是有许多概念还是要先在这一小节中建立，之后在编写网站程序时才能够知道其中一些程序代码的原理。

一个网站要能够接受世界各地的网友浏览，当然要有一台 24 小时对外连通的计算机（即服务器），并在这台计算机中执行一些程序（服务程序，或称为服务器软件），以便随时接收来自各地的连接请求。这些请求从比较高级的角度来看，如果是以 HTTP 请求的，就会交由服务器上专门接收此协议请求的服务程序来处理。这一类服务程序有许多种类，但是在一台服务器上通常只会执行其中一种，当前市场占有率最高的是一个名为 Apache 的网页服务器（另一个则是 Nignx）。

当 Apache 收到来自外界浏览器的 HTTP 请求（request）之后，就会负责把这个请求对应到其管理的目录中，取出此目录中相对应的文件送回给请求的浏览器，交由浏览器处理。而请求的文件通常可以分成两大类，其一是前端（浏览器这边要处理的）用的文件，又称为静态文件，例如.html、.js、.jpg 等，另一种是后端（Apache 这边要处理的）先执行过之后，再把结果交给浏览器的文件，又称为动态文件，这些文件主要是.php、.asp（Windows 的 IIS 服务器使用的后端文件）和放在 CGI 目录下的可执行文件，例如.pl、.cgi、.py 以及任何可以在服务器上执行并使用 CGI 作为其网关的程序。

例如，假设一个网站在 Apache 中把它的网址对应到/var/www/html 之下，然后网址是 http://www.xxx.com，那么当浏览器使用 http://www.xxx.com 这个网址请求送到服务器的时候，因为没有指定任何文件，Apache 默认会找出放在/var/www/html 之下的 index.html 文件，并传送给执行此 URL 请求的浏览器，而该浏览器在收到此文件之后，就会开始解析这个 index.html，并把解析的结果显示在浏览器上。

如果此时浏览器使用 http://www.xxx.com/userlist.php 这个网址，Apache 会在收到之后先调出 userlist.php，发现这是一个服务器端要执行的 PHP 程序文件，Apache 就会调用服务器中的 PHP 执行程序启动 userlist.php 的执行操作，然后把执行的结果通过 Apache 转交给浏览器（但请注意，这不是 Apache 默认的行为，要安装一些 Apache 的模块，并进行相关的设置才可以），让用户可以在浏览器中看到结果。因为 PHP 是大部分 Apache 默认的后端程序设计语言，所以使用 PHP 编写的程序文件，只要放在对应的目录下即可使用。

其他的程序设计语言就不一样了，如果要使用其他的程序设计语言，有一些是直接使用自己的后端服务器，有一些则是和 Apache 服务器搭配，走 CGI（Common Gateway Interface）通道，放在 CGI 的目录下，通过 CGI 的接口调用参数以及输出，几乎所有可以在服务器执行的文件都可以成为网站后端所使用的语言。然而，CGI 的设置以及输入输出的要求非常烦琐，因此后来又出现了 WSGI（Web Server Gateway Interface），也是后来 Python 的 Framework 所使用的接口，通过适当的设置，就可以轻松地使用 Python 建立网站的网页功能。这些部署的方法在第 15 章中有完整的说明。

而在本章中，先把焦点集中在自己的计算机中编写网站，主要使用 Python 的 Django，它本身就有一个自带的测试用的网站服务器，我们不需要安装其他的服务器软件（如 Apache），就可以直接在自己的计算机中浏览自己编写的网站，十分方便。

14-1-2 网站程序的输入与输出

如同 14-1-1 小节所述，和一般程序是由用户主动以 python xxx.py 执行的情况不同，网站的后端程序是在网站被浏览器请求时才会通过 Apache 这一类网页服务器提取并交由 WSGI 网关转送给 Python 的解释器来执行，之后再把执行结果通过 WSGI 转送回 Apache，最后转到远端的浏览器手中。

因此，同样是使用 Python 来设计程序，但是在输入输出部分，网站所使用的方法和个人计算机一般程序所使用的方法完全不一样。例如，在一般程序中，想要获取用户输入的数据时，我们只要直接使用 input 函数就可以了，但是网页上的程序因为没有直接和用户互动的机会，所以我们只能通过用户在网址上加上的参数（例如 http://www.xxx.com/?x=10&y=20）来获取 x 和 y 的值，或者准备一个窗体让用户在网页上填写，等用户单击 Submit（提交）按钮之后，再通过对窗体数据的解析来获取想要的内容，之后才能够加以处理。这比传统的程序复杂许多。

另外，在输出部分也是如此。在网站程序的输出方面，无法像一般程序一样，使用 print 输出到屏幕上，别忘了，服务器的屏幕和用户的屏幕可不是同一个，如果直接输出到服务器的屏幕上（终端程序），那么在远端的用户根本看不到。因此，网站后端程序要输出，也要通过 Apache 服务器转送，并以 HTML 语法格式作为输出的内容。

也就是一定要有一个清楚的概念，我们接下来编写的网站程序是放在服务器端执行，而所能存取的对象都是服务器上的资源，包括数据库、磁盘目录以及各种各样的文件等，所有在浏览器端用户所拥有的数据（用户的计算机）都是接触不到的。而且，每一次被执行的时候，基本上都是独立的行为，我们只能使用 cookie 或 session 来确定这一次连接的对象是否之前曾经来过，通过辨别出来的身份延续之前的操作。

这就是我们需要使用网站框架的原因。由于要处理的输入输出内容以及格式在成为网站程序之后就变得比较麻烦，为了省去这些设置的细节工作，就有了一些网站框架，只要遵循这些框架的流程去设计，就可以节省许多在程序中要自己花时间处理的细节，让开发人员可以把精力集中在要提供的主要网站服务上。

14-1-3　使用 Python 编写的网站框架

为了解决一些网络连接上的烦琐细节，许多工程师设计了精巧的网页框架（Web Framework），让开发者可以不用烦心去处理和网站提供服务没有关系的部分。而在 Python 语言中，经常被讨论的有 Flask 和 Django 这两个网站开发用的 Framework。Flask 是一个比较小的框架（作者称之为 microframework（微框架）），主架构非常简单，但是可以通过 extensions 拓展它的功能，适合只想做简单网站而不想进行太多额外设置的朋友。当前版本是 1.0.2 版，主网站网址为 http://flask.pocoo.org/。

使用 Flask Web Framework 非常容易上手，在官方网站中有详细的使用说明。在这里，我们以一个简单的例子来说明。首先，创建一个目录，假设我们把它命名为 flask，并在此目录下放置所有建立 Flask 网站需要的文件。首先，建立一个虚拟环境，然后使用以下语句指定安装 Flask 模块：

```
pip install Flask
```

接着在 flask 目录下创建一个名为 index.py 的文件，内容如程序 14-1 所示。

程序 14-1

```
# 程序 14-1 (Python 3 version)
from flask import Flask
app = Flask(__name__)
```

```python
@app.route('/')
def hello():
    return('欢迎光临，您好！')

@app.route('/about')
def about():
    return('这是一个使用Flask建立的小网站测试')

@app.route('/user/<username>')
def show_user(username):
    return('User Name is {}'.format(username))

if __name__ == '__main__':
    app.run()
```

一开始就是这么简单。使用以下方式即可启动服务器测试：

```
python index.py
```

此时，服务器本机的 5000 端口侦听浏览器的请求，也就是说，此时启动浏览器，使用 http://localhost:5000 即可浏览此网页的运行结果。一些执行的过程也会被显示在信息中，代码如下：

```
(venv) (C:\Users\user\Anaconda3) C:\flask>python index.py
 * Serving Flask app "index" (lazy loading)
 * Environment: production
   WARNING: Do not use the development server in a production environment.
   Use a production WSGI server instead.
 * Debug mode: off
 * Running on http://127.0.0.1:5000/ (Press CTRL+C to quit)
127.0.0.1 - - [04/May/2018 11:18:17] "GET / HTTP/1.1" 200 -
127.0.0.1 - - [04/May/2018 11:18:48] "GET / HTTP/1.1" 200 -
127.0.0.1 - - [04/May/2018 11:18:48] "GET /favicon.ico HTTP/1.1" 404 -
127.0.0.1 - - [04/May/2018 11:18:50] "GET /about HTTP/1.1" 200 -
```

@app.route('/')用于指定当浏览器浏览到根网址时，接下来要启用的函数是什么，此例中为 hello()。以此类推，http://localhost:5000/about 会调用 about()函数，另外，http://localhost:5000/user/Tom 会把字符串"Tom"作为参数，放在 username 变量中，然后传到 show_user(username)函数中加以处理。

然而，要输出网页数据则不会这么简单，因此 Flask 提供了网页模板的功能（采用 Jinja2 模板引擎），让网页开发者把一些固定使用的.html 网页编排文件放在 templates 目录下，然后使用如下程序代码把变量送到网页模板文件中，以简化输出网页格式的编排操作：

```python
from flask import render_template

@app.route('/user/')
@app.route('/user/<username>')
def show_user(username=None):
    return render_template('show_user.html', name=username)
```

在上面这个例子中,我们希望使用 http://localhost:5000/user 可以看到"Hello World!"的字样,而 http://localhost:5000/user/John 则可以看到"Hello John!"的字样,而且这些文字必须是使用 HTML 排过版的,可以先在 templates 目录下放置 show_user.html 文件,代码如下:

```html
<!DOCTYPE html>
<html>
<head>
<title>这是一个 Flask 测试用的网页</title>
</head>
<body>
<h2>
{% if name %}
Hello {{ name }}!
{% else %}
Hello World!
{% endif %}
</h2>
</body>
</html>
```

然后把程序 14-1 改成程序 14-2 所示的样子。

程序 14-2

```python
# 程序 14-2 (Python 3 version)

from flask import Flask
from flask import render_template

app = Flask(__name__)

@app.route('/')
def hello():
    return '欢迎光临,您好!'

@app.route('/about')
def about():
    return '这是一个使用 Flask 建立的小网站测试'

@app.route('/user/')
@app.route('/user/<username>')
def show_user(username=None):
    return render_template('show_user.html', name=username)

if __name__ == '__main__':
    app.run()
```

从网站上读取数据时（例如，要从 login 的页面获取用户输入的名称和密码），首先要建立一个窗体的网页，然后使用 request 模块（请勿和 requests 模块混淆）获取窗体内的数据，范例如下：

```
@app.route('/login', methods=['POST', 'GET'])
def login():
    error = None
    if request.method=='POST':
        username = request.form['username']
        password = request.form['password']
        ... 处理用户验证的程序代码 ...
    return render_template('login.html', error=error)
```

使用 request.form 获取用户输入的数据，加以处理之后，再把准备好的数据转到 login.html 显示。当然，如果没有任何登录的数据，在 login.html 中就要显示窗体，让用户有地方可以填写数据。

Flask 其余的部分请自行参考官方网站上的说明文件。

相比于 Flask 的简单容易上手，但是很多事情都要自己动手加入，Django 则是一个非常成熟的大型网站框架。它本身设计了一个 MVC 架构，开发者必须遵循该架构去建构网站，但是只要做完简单的设置工作，就会有一个具备许多功能的网站，连数据库的抽象化都准备好了，进行一些简单的修改，就可以有一个功能还算完备的小型 CMS（Content Management System）网站。在视频网站上甚至有人展示了在 16 分钟（也有 30 分钟的版本）内从无到有建立一个博客系统网站的过程，有兴趣的读者可以去看看。

Django 主网站网址为 https://www.djangoproject.com/，截至笔者写作本书时，其版本是 2.0.5，版本经常更新，也拥有许多活跃的社区和支持者，Django 当前几乎是使用 Python 建立正式网站的唯一选择。接下来将以 Django 为主，说明如何善用其功能建立一个可以读写数据库的实用网站。

14-2　Django 简介

Django 是一个开放源码的 Web 应用框架，自然全部是由 Python 编写而成的，于 2005 年正式发布，现在有一个专属的基金会在管理。它主要的特色是采取 MVC 的软件设计模式（其实理论上是 MVC，只是在 Django 中使用的是 Model、Template 和 View，所以也常被称为 MTV），通过此模式的搭配运用可以用于建立复杂且连接数据库应用的大中型网站。最重要的是，大部分 PaaS 云平台（如 Heroku、Azure、Google App Engine）都支持 Python/Django 的快速部署。也就是说，开发者在自己的计算机中完成开发之后，可以跳过主机的设置，直接通过 PaaS 的功能在"云"开设网站。

14-2-1　下载与安装 Django

在下载并安装 Django 之前，建议读者使用 virtualenv 建立一个虚拟环境，接着在此虚拟环境中安装 Django 的最新版本，再使用 django-admin startproject 创建一个项目，并于此项目中开始网站的设置与编写工作，详细的过程如下（假设我们已创建一个名为 D:\django 的目录，所有的操作都在此目录下完成）：

```
(C:\Users\user\Anaconda3) D:\django>virtualenv VENV
Using base prefix 'c:\\users\\user\\anaconda3'
New python executable in D:\django\VENV\Scripts\python.exe
Installing setuptools, pip, wheel...done.

(C:\Users\user\Anaconda3) D:\django>VENV\Scripts\activate

(VENV) (C:\Users\user\Anaconda3) D:\django>pip install django
Collecting django
  Downloading https://files.pythonhosted.org/packages/23/91/2245462e57798e9251de87c88b2b8f996d10ddcb68206a8a020561ef7bd3/Django-2.0.5-py3-none-any.whl (7.1MB)
    100% |████████████████████████████████| 7.1MB 4.3MB/s
Collecting pytz (from django)
  Using cached https://files.pythonhosted.org/packages/dc/83/15f7833b70d3e067ca91467ca245bae0f6fe56ddc7451aa0dc5606b120f2/pytz-2018.4-py2.py3-none-any.whl
Installing collected packages: pytz, django
Successfully installed django-2.0.5 pytz-2018.4

(VENV) (C:\Users\user\Anaconda3) D:\django\mysite>python manage.py migrate
Operations to perform:
  Apply all migrations: admin, auth, contenttypes, sessions
Running migrations:
  Applying contenttypes.0001_initial... OK
  Applying auth.0001_initial... OK
  Applying admin.0001_initial... OK
  Applying admin.0002_logentry_remove_auto_add... OK
  Applying contenttypes.0002_remove_content_type_name... OK
  Applying auth.0002_alter_permission_name_max_length... OK
  Applying auth.0003_alter_user_email_max_length... OK
  Applying auth.0004_alter_user_username_opts... OK
  Applying auth.0005_alter_user_last_login_null... OK
  Applying auth.0006_require_contenttypes_0002... OK
  Applying auth.0007_alter_validators_add_error_messages... OK
  Applying auth.0008_alter_user_username_max_length... OK
  Applying auth.0009_alter_user_last_name_max_length... OK
  Applying sessions.0001_initial... OK

(VENV) (C:\Users\user\Anaconda3) D:\django\mysite>python manage.py runserver
Performing system checks...

System check identified no issues (0 silenced).
May 04, 2018 - 14:30:24
```

```
Django version 2.0.5, using settings 'mysite.settings'
Starting development server at http://127.0.0.1:8000/
Quit the server with CTRL-BREAK.
```

经过上述步骤之后，就可以使用浏览器开启 http://localhost:8000 了，马上就会看到 Django 顺利启动的界面，如图 14-1 所示。

图 14-1　Django 第一次启动时的屏幕显示界面

以下则是当前的目录结构：

```
(VENV) (C:\Users\user\Anaconda3) D:\django>tree /f mysite
卷 DATA 的文件夹 PATH 列表
卷序列号为 00000029 8E0F:8785
D:\DJANGO\MYSITE
│   db.sqlite3
│   manage.py
│
└───mysite
    │   settings.py
    │   urls.py
    │   wsgi.py
    │   __init__.py
    │
    └───__pycache__
            settings.cpython-36.pyc
            urls.cpython-36.pyc
            wsgi.cpython-36.pyc
            __init__.cpython-36.pyc
```

14-2-2 Django 目录及重要配置文件解说

在 14-2-1 小节中,我们使用以下命令创建了一个 Django 项目:

```
django-admin startproject mysite
```

也就是说,我们把项目命名为 mysite,这时 Django 会在此目录下创建一个名为 mysite 的文件夹,在这个文件夹中包含 manage.py 这个主要的管理程序,以及另一个名为 mysite 的子文件夹。另外,db.sqlite3 是在执行 python manage.py migrate 之后产生的,用来对应数据库的使用(它就是 SQLite 数据库文件)。实际上,在配置文件的过程中,mysite 之下的 settings.py 和 urls.py 是最重要的两个文件。至于 wsgi.py,则是在部署到主机上时才会用到。

在 mysite 子文件夹下的文件中,urls.py 用来做网址的对应工作,类似在 Flask 中使用的 @app.route,它可以定义当服务器收到什么样的网址时,要把工作交给哪一个函数来处理。urls.py 的设置方法在 Django 2.0 之后与之前的版本相差很大,在接下来的程序中,我们使用的是 Django 2.0 之后新的设置方式。另外,settings.py 则是用于设置整个项目的,如果我们在网站中添加新功能,通常都要到 settings.py 中做好设置才能够使用。

由于 Django 考虑到的是中大型的网站,也很重视组件 Reuse(重用)的特性,因此在建立网站的 Project 之下,是由许多 app 组成的,网站要能够顺利运行,需要在 VENV\mysite 之下使用以下命令创建一个以上的 app,用来真正执行网站的工作(假设在此想要建立一个可以帮我们做短网址转址工作的网站,把这个服务做 ugo):

```
((VENV) (C:\Users\user\Anaconda3) D:\django>cd mysite

(VENV) (C:\Users\user\Anaconda3) D:\django\mysite>python manage.py startapp ugo

(VENV) (C:\Users\user\Anaconda3) D:\django\mysite>dir
 驱动器 D 中的卷是 DATA
 卷的序列号是  8E0F-8785

 D:\django\mysite 的目录

2018/05/04  下午 02:37    <DIR>          .
2018/05/04  下午 02:37    <DIR>          ..
2018/05/04  下午 02:30           131,072 db.sqlite3
2018/05/04  下午 02:29               553 manage.py
2018/05/04  下午 02:30    <DIR>          mysite
2018/05/04  下午 02:37    <DIR>          ugo
               2 个文件        131,625 字节
               4 个目录 453,431,123,968 可用字节
```

执行以上指令之后,Django 会再创建一个 ugo 文件夹(也就是这个 app 的名称,请注意它所在的位置),而 ugo 文件夹下面包含下列文件:

```
(VENV) (C:\Users\user\Anaconda3) D:\django\mysite>dir ugo
 驱动器 D 中的卷是 DATA
 卷的序列号是 8E0F-8785

 D:\django\mysite\ugo 的目录

2018/05/04  下午 02:37    <DIR>          .
2018/05/04  下午 02:37    <DIR>          ..
2018/05/04  下午 02:37                66 admin.py
2018/05/04  下午 02:37                86 apps.py
2018/05/04  下午 02:37    <DIR>          migrations
2018/05/04  下午 02:37                60 models.py
2018/05/04  下午 02:37                63 tests.py
2018/05/04  下午 02:37                66 views.py
2018/05/04  下午 02:37                 0 __init__.py
               6 个文件            341 字节
               3 个目录 453,431,123,968 可用字节
```

从 __init__.py 文件可以看出，这个目录本身被当作一个可以导入（import）的模块，因此在后续的章节要使用的时候，一定要记得用 import ugo 导入才能够看见这个模块中的程序内容。此外，在 settings.py（在 mysite 目录下）中也要加入 ugo，代码如下：

```
"""
Django settings for mysite project.

Generated by 'django-admin startproject' using Django 2.0.5.

For more information on this file, see
https://docs.djangoproject.com/en/2.0/topics/settings/

For the full list of settings and their values, see
https://docs.djangoproject.com/en/2.0/ref/settings/
"""

import os

# Build paths inside the project like this: os.path.join(BASE_DIR, ...)
BASE_DIR = os.path.dirname(os.path.dirname(os.path.abspath(__file__)))

(...省略...)
ALLOWED_HOSTS = []



# Application definition

INSTALLED_APPS = [
```

```
    'django.contrib.admin',
    'django.contrib.auth',
    'django.contrib.contenttypes',
    'django.contrib.sessions',
    'django.contrib.messages',
    'django.contrib.staticfiles',
    'ugo',
]

MIDDLEWARE = [
    'django.middleware.security.SecurityMiddleware',
    'django.contrib.sessions.middleware.SessionMiddleware',
    'django.middleware.common.CommonMiddleware',
(...以下省略...)
```

接下来要让网站可以真正显示出我们想要的内容，主要按照以下几个步骤操作。

（1）确定在 settings.py 中是否导入了所有的 App。
（2）在 urls.py 中建立网址的对应关系，设置好什么样的网址要调用哪一个函数的对应关系。
（4）在 views.py 中编写对应的被调用函数。
（5）如有必要，设置模板 template 文件，让正确的模板在 views.py 中可以调用。
（6）如有必要，设置 models.py 的内容，建立与数据库对应的关系。

14-2-3　前端与后端的搭配

Django 所扮演的角色即为所谓的网站后端，也就是这些文件是在服务器上被执行的程序。至于前端，就是用户通过执行浏览器存取网站时会得到的 HTML 和 JavaScript 文件。在大部分情况下，我们会以 templates 模板的方式把在 Python 函数中执行完的结果转移到相对应的模板中，整合完之后再送到用户的浏览器中。

所以，如果有网页编排设计，就都放在.html 文件中，也就是前端的设计内容（例如 CSS、JavaScript 等）。而这些内容习惯上使用外部的文件（例如 style.css、my.js 等）放在网站的目录中。这些文件通过 Django 并不能直接在任意地方存取，一定要把它们放在 static 静态文件目录中，这些我们会在后续的章节中说明，在此之前，我们的范例中先把所有的设置（包括 CSS 或 JavaScript）写在.html 文件中，使用模板的方式来加载。

此外，还有一些前端专用的 Framework，例如 jQuery、Ajax 以及 Bootstrap 等，则是以 CDN 的链接方式，在.html 文件中通过网址链接的方式连到 CDN 上的文件，这样就可以免去下载之后再放到 static 目录中的手续了。这也是我们在范例网站中会使用的方式。

接下来，我们一步一步地使用 Django 完成"短网址转址服务网站"。完成之后，只要我们购买一个短网址放在主机上，就可以给自己或网友提供短网址的网址功能，就像是 http://tar.so/news 一样。

14-2-4　建立你的第一个 Django 网站

我们之前让 Django 很快启动起来，但是并没有任何内容，只是验证我们的安装是否正确而已。接下来，在这一小节中，要建立第一个有自己内容的 Django 网站。首先，设置 urls.py 中的网址对应关系，原来的网址对应关系看起来是这样的：

```
"""mysite URL Configuration

The 'urlpatterns` list routes URLs to views. For more information please see:
    https://docs.djangoproject.com/en/2.0/topics/http/urls/
Examples:
Function views
    1. Add an import:  from my_app import views
    2. Add a URL to urlpatterns:  path('', views.home, name='home')
Class-based views
    1. Add an import:  from other_app.views import Home
    2. Add a URL to urlpatterns:  path('', Home.as_view(), name='home')
Including another URLconf
    1. Import the include() function: from django.urls import include, path
    2. Add a URL to urlpatterns:  path('blog/', include('blog.urls'))
"""
from django.contrib import admin
from django.urls import path

urlpatterns = [
    path('admin/', admin.site.urls),
]
```

我们要加上两行内容，变成以下这个样子：

```
from django.contrib import admin
from django.urls import path
from ugo import views

urlpatterns = [
    path('admin/', admin.site.urls),
    path('', views.index),
]
```

其中，from ugo import views 的目的是导入我们之后要编写在 views.py 中所有的函数，其中 views.index 就可以对应到此网址要执行的 index()函数。而接下来的 path('', views.index)则表示要响应的网址类型和对应的函数。在此例中，开头和结尾之间没有任何内容，表示是根路径所在的位置，也就是 http://localhost:8000/这个网址。所以这一行的意思是，如果有任何人浏览根网址，就去执行在 views 中的 index()。至于 admin，在 14-4 节中再加以介绍，先放着不要理会。

有了网址的对应关系之后，接下来改写 views.py 的内容。在 views.py 中改写为以下程序代码：

```
# -*- coding:utf-8 -*-
from django.shortcuts import render
from django.http import HttpResponse
def index(request):
    return HttpResponse("Hello, 欢迎光临！")
```

第一行是为了能够在程序中使用中文，而导入的 HttpResponse 模块负责协助我们把输出的内容转换成 HTTP 格式。在此例中，index(request)中的 request 参数并没有用到，我们直接使用 HttpResponse 函数把"Hello，欢迎光临！"这几个字发送给浏览器。

完成以上编辑之后，在 mysite 文件夹下执行 python manage.py runserver，就可以看到我们的网页在 http://localhost:8000 之下出现"Hello，欢迎光临！"这几个字。按照此方法可以定义任何想要的网址和函数的对应关系，然后在函数中写出想要显示的网页内容。

不过，如果功能只有这样，那还不如使用原有的静态.html 来放置网站，何必这么麻烦？当然不能只有这样。首先，输出的部分必须像之前介绍的 Flask 一样，要能够使用 template 来输出网页。另外，还要能够有简单地显示窗体以及获取窗体属性的方法。最后，要能够轻松地把我们要存储的数据和数据库连接好，这些都将在后面的章节中陆续说明。在此之前，让我们从了解 Django 的 MTV 架构开始。

14-3 认识 Django Framework 的架构

要能够活用 Django 这套网站 Framework，了解其架构以及精神非常重要。它是以一个大中型的网站为设计目标的，因此在许多地方设想得比较周到，对于初学者来说，也许比较麻烦，但是当你的网站内容越来越多时，就会发现这样设计的优点所在。

Django 使用了最流行的 MVC Web 框架，也就是把模型（Model）、视图（View）和控制（Control）分开，各管各的，方便团队合作，确保做出来的系统更好维护。秉持这个概念，Django 使用 Template 模板作为视图（显示输出的地方），而把控制逻辑写在 View 中，真正处理数据的地方是它的 Model，因此大部分人都把它称为 MTV 架构，其实就概念上来说是一样的。

14-3-1 Django 的 MTV 架构

到底什么是 MTV 呢？分别是 Model、Template、View 这几个英文单词的缩写，其中，Model 是用来描述和存储数据的地方。在 Django 中，存储数据主要是以类 Class 来定义的，并放在 models.py 文件中。做好设计之后，Django 会自动把这些定义的内容对应到数据库的数据表中（要执行 makemigrations）。也就是说，网站开发者只要定义好 Class 中的变量和类型即可，至于如何定义数据库中的数据表、如何创建数据库以及日后存取数据库的内容，都是由 Django 中预先写好的程序来处理的。网站开发者不需要烦恼这部分工作，只要做好相对应的操作（如执行 python manage.py migrate）就可以了。甚至，日后换另一套数据库系统，程序代码也不用更改。这就是所谓的数据抽象化的概念。

以我们要设计的转址服务网站来说，在 models.py 中会看到如下定义：

```
from django.db import models

class GOURL(models.Model):
    t_url = models.CharField(max_length=255)
    s_url = models.CharField(max_length=20)
    count = models.IntegerField()
```

这些字段分别用来记录要被转址的目标网址的 t_url、短网址的 s_url 以及这个网址被使用了几次的 count，这些内容会被记录到数据库中。

而 Template 就是把我们要输出的网页先以.html 文件制作好。制作.html 文件的人员可以是网站的程序设计师，也可以是另外专职负责网页前端的设计人员。所有的格式都和原有的 HTML 和 CSS 一样，唯一的差别在于把想要显示变量的地方用一些特殊的标记标出来（大部分都是使用"{{ }}"双大括号标记以及"{% %}"），这些符号中的变量会在函数操作并执行得到结果之后传送给.html 文件，在.html 文件中的那些符号就是模板专用的语法。例如上述例子，如果有一个名为 stat.html 的文件，想要呈现出一个指定转址的现状统计，可以设计如下：

```
<!DOCTYPE html>
<html>
<head><title>List all sp</title>
</head>
<body>
<h2>
Short URL: {{ gourl.s_url }} <br>
Target URL: {{ gourl.t_url }} <br>
Counts: {{ gourl.count }}
</h2>
</body>
</html>
```

视图（View）则是一堆函数所在的地方，也就是编写程序逻辑的地方，自然 views.py 中就是负责大部分控制与整合的程序设计。在 views.py 中的函数，如果要使用 template，就要先导入 render_to_response 模块，在计算完所有的数据之后，再把要显示的数据以变量的方式，通过 render_to_response('stat.html', { 'gourl' : gourl }), 把 gourl 变量传送到 stat.html，让 stat.html 可以使用变量显示出最终的结果。

简而言之，遵循这个架构，建立网站的第一点就是到 models.py 中设置要使用的数据（如果暂时没有用到数据库，此处可以省略），接着到 urls.py 中设置网址的对应函数，然后设计要输出的 template，最后到 views.py 中编写处理数据的函数，把变量转传给.html 的文件。

14-3-2　URL 的对应方法详解

回顾一下之前 urls.py 中的设置：

```
path('', views.index)
```

不像 Django 2.0 以前的版本在 urls.py 中使用的是 url() 函数，其中的字符串是以正则表达式的格式来设置的，在 2.0 版之后的 url 设置变得很简单，只要使用 path() 函数把想要分配的网址直接指定给第一个参数的字符串就好了。在此例中，如果使用的是空字符串""，表示网址后没有加任何东西，即一般主网址所在的位置，在这里就交给 views.py 中的 index() 函数来执行。

如果我们要使用类似 http://localhost:8000/about 的网址，让网友可以浏览"关于我们"的信息呢？那么可以在下面加入另一组设置：

```
path('', views.index)
path('about/', views.about)
```

有一些情况是需要在网址后面加上可以变动的文字内容作为网页显示的参数，例如 /hello/name 中要把 name 的内容作为参数取出来，可以使用如下方法：

```
url('hello/<str:username>/, views.hello)
```

如上所示，在网址栏的设置中只要使用角括号"< >"包含起来的部分就会被当作一个参数，在格式中以冒号区分，冒号之前指定的是参数的类型，而冒号之后指定的是参数的名称，提取之后自动传送给后面那个函数（此例为 hello）。因此，在 views.py 中编写 hello 函数的时候，要写成如下所示的样子：

```
def hello(request, username):
    return HttpResponse("Hello " + username)
```

关于 urls.py 更详细的内容，请参考官方网站上的说明：https://docs.djangoproject.com/en/2.0/ref/urls/。

14-3-3　模板的使用

至于模板的部分，要使用之前，一定要先在 settings.py 中做好文件夹的设置。首先准备一个放置模板专用的 templates 文件夹。创建好之后，ugo 的目录结构如下（有些朋友会把 templates 放在 ugo 这个 app 下，让 app 更容易成为一个单独运行、可以重用的模块，如果网站中只有一个 app，也可以把 templates 放在网站的根目录下）：

```
(VENV) (d:\Anaconda3_5.0) D:\django\mysite>dir ugo
 驱动器 D 中的卷是 WINVISTA
 卷的序列号是  5ACE-070E

 D:\django\mysite\ugo 的目录

2018/05/05  上午 07:36    <DIR>          .
2018/05/05  上午 07:36    <DIR>          ..
2018/05/05  上午 07:15                66 admin.py
2018/05/05  上午 07:15                86 apps.py
2018/05/05  上午 07:17    <DIR>          migrations
```

```
2018/05/05  上午 07:15                 60 models.py
2018/05/05  上午 07:40    <DIR>          templates
2018/05/05  上午 07:15                 63 tests.py
2018/05/05  上午 07:41                274 views.py
2018/05/05  上午 07:15                  0 __init__.py
               4 个文件            549 字节
               4 个目录  3,418,877,952 可用字节
```

接着在 settings.py 中找到设置 templates 的地方：

```
TEMPLATES = [
    {
        'BACKEND': 'django.template.backends.django.DjangoTemplates',
        'DIRS': [os.path.join(BASE_DIR, 'templates')],
        'APP_DIRS': True,
        'OPTIONS': {
            'context_processors': [
                'django.template.context_processors.debug',
                'django.template.context_processors.request',
                'django.contrib.auth.context_processors.auth',
                'django.contrib.messages.context_processors.messages',
            ],
        },
    },
]
```

把 DIRS 那一行本来是空的内容改为下面这一行：

```
'DIRS': [os.path.join(BASE_DIR, 'templates')],
```

这表示我们的 templates 目录是放在项目的目录之下的。然后，到 templates 目录下建立一个 index.html，代码如下：

```html
<!DOCTYPE html>
<html>
<head>
    <meta charset='utf-8'>
    <title>
        我的第一个 Django 网站
    </title>
</head>
<body>
<h1>欢迎光临</h1>
<h2>现在时刻：{{ now }}</h2>
</body>
</html>
```

注意到了吗？我们使用模板语言的{{ now }}把传进来的 now 变量显示出来。其他的部分都是传统的 HTML 语法。

最后一个步骤是到 views.py 中修改 index 函数的内容：

```
# -*- coding:utf-8 -*-
from django.shortcuts import render
from django.http import HttpResponse
from datetime import datetime
def index(request):
    return render(request, 'index.html', {'now': datetime.now})
```

此函数的重点在于导入 django.templat.loader 的 get_template 模块，通过此模块加载 index.html 文件，然后使用它的 render 方法把 now 变量以字典 dict 的类型传入，在计算之后会得到一个整合后的网页，我们把它放在 html 中，最后以 HttpResponse 返回，如此就大功告成了。图 14-2 所示是此网站的运行结果。

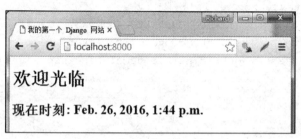

图 14-2　使用模板的主网页

如果我们传递的变量中有列表的形式（例如 userlists），在模板中可以使用 for 循环把这些都显示出来，程序片段如下：

```
<h3>User Lists</3>
<ul>
{% for user in userlists %}
    <li> {{ user.name }} </li>
{% empty %}
    <p>There is no user in the list</p>
{% endfor %}
</ul>
```

其中的{% for %}和{% endfor %}必须成对出现，它是一个循环标记，用来逐一显示 userlists 变量中的内容，如果 userlists 是没有任何内容的空列表，就会显示放在{% empty %}下的内容，此例为"<p>There is no user in the list</p>"。

使用模板建立网页的两大重点，其中之一就是如何把数据（变量）传到模板（通常都是.html）中，让模板的 rendering（渲染）机制把它们显示出来。除了之前使用的方式，把想要传递进去的变量使用字典的方式一个一个赋值进去之外，其实有更简单的方法，就是调用 locals()函数。

locals()函数的功能就是以字典的形式返回当前内存中的所有局部变量，因此我们在使用 render 之前就可以用这种方式来传递数据：

```
now = datetime.now
userlists = list()
userlists.append({'name': 'Richard'})
userlists.append({'name': 'John'})
userlists.append({'name': 'Mary'})
return render(request, 'index.html', locals())
```

在上面这个例子中，在 render 函数内只要调用 locals() 就可以了，now、userlists 这两个变量会一并被传递到 index.html 中，之后在 index.html 模板中就可以自由地使用这两个变量了。

另一个是模板本身的设计，所有的 HTML 相关技术都可以用于模型的设计上。在最新的网页设计中，许多网页都有共同的部分，也都可以利用共享模板的方式来简化重复的设计内容。假设我们的网页中都有共同的页尾设计，就可以先设计一个名为 footer.html 的文件，接着在 index.html 文件的后面使用以下指令把 footer.html 文件加入 index.html 中：

```
{% include 'footer.html' %}
```

只是 include 还不够，因为网页的设计通常有非常多样的变化，有时也可能是类似的网页，但是有些地方的内容（例如网页的标题、某些部分的组件）不一样，或者同样的页首、页尾格式，但是在其他的一些小地方要根据不同的网页加以变化，这些都可以进一步设置，要具备这样的弹性，这些方式要使用到模板的 extends 功能。

通常要使用 extends 模板功能时，我们会定义一个被用来继承使用的基础模板 base.html，代码如下：

```
<!DOCTYPE html>
<html>
<head>
<meta charset='utf-8'>
<title>{% block title %}{% endblock %}</title>
<body>
<header> ... </header>
<nav>...</nav>
{% block main %}{% endblock %}
<footer> ... </footer>
</body>
</html>
```

上述 base.html 中有两个地方可以进行设置，分别是{% block title %}和{% block main %}。在上述设计中，只要有 extends 文件，再设置 title 和 content 就可以了，代码如下（以 index.html 为例）。

```
{% extends 'base.html' %}
{% block title %}欢迎光临{% endblock %}
{% block main %}
... 这里放所有想要呈现在 index.html 中的主要内容 ...
{% endblock %}
```

按照以上设置方式可以轻易地制作出具有相同设计的网页，而不需要在不同的模板中放置同样的内容。

当然，模板的功能不会只有这么简单，事实上模板本身就有一套语法，这些语法我们将会在使用到的时候再加以说明。详细的内容可以参考官方的网址：https://docs.djangoproject.com/en/2.0/ref/templates/。

14-3-4 使用静态文件夹存取文件

因为 Django 在对应网址和函数的时候会使用 urls.py 中的 path()函数来对应，所以如果我们只是要从网站中显示图像文件或者使用 CSS、JavaScript 文件，似乎不需要用到网址对应。在 Django 中，这一类文件统称为静态文件（static files），要另外特别处理。在 settings.py 配置文件中可以找到以下内容（应该是在文件的最后面）：

```
# Static files (CSS, JavaScript, Images)
# https://docs.djangoproject.com/en/2.0/howto/static-files/

STATIC_URL = '/static/'
```

指的是，当我们指定网址为 http://localhost:8000/static 时，这个网址就不会被 urls.py 拿去对应到函数，而是直接从网站中放置静态文件的目录中获取。但是，静态文件究竟放在哪里？要指定在此行的后面：

```
STATIC_URL = '/static/'
STATIC_ROOT = os.path.join(BASE_DIR, 'static')
```

就像是 templates 一样，此设置表示把所有的静态文件都放在基本网站目录下面的 static 文件夹下。只要做了这个设置，就可以在其下设置 js 文件夹，用来存放 JavaScript 文件，css 文件夹用来放 CSS 相关文件，而 images 文件夹用来存放所有的图像文件。例如，我们有一个 logo.png 图像文件，使用 http://localhost:8000/static/images/logo.png 即可直接跳过 urls.py 中的网址对应，直接显示该图像文件。那么，如何用在 templates 文件中呢？使用方法如下：

```
... 省略 ...
    {% load staticfiles %}
    <img src="{% static 'images/logo.png' %}" width=150/>
... 省略 ...
```

在任何 templates 文件中（此例为 index.html），加入上述两行即可。其实，在一个文件中，{% load staticfiles %}只要使用一次即可。以此类推，我们在 HTML 文件中经常使用到的自定义.js 和.css 文件就可以轻松用于 templates 文件中了。

14-4 Django 与数据库

毫无疑问，要使用 Python 这一类程序设计语言来制作网站，我们最看重的就是它的强大运算能力、丰富多样的第三方程序包以及数据库的数据存取功能。如果不使用数据库的功能，那么只要使用静态的 HTML 文件和前端的 JavaScript 就很好用了。由于后端的网站应用很广泛地使用了数据库的连接功能，因此 Django 这个 Web 框架当然也就对数据库的访问有非常完整的支持。而且，不同于前面介绍的连接 MySQL 和 SQLite 数据库，Django 进一步把数据库抽象化成为一个模型，根据此模型，我们只要在 models.py 中创建一个类，其他数据库的创建以及数据表的定义就全部交由 Django 内部去处理，网站开发者完全不用担心，这样就大大地降低了网站开发者编写访问数据库程序方面的工作量。这点对于初学者来说不是很直观，因为它是以 Python 自己原有的数据操作方式来操作数据库的，但是只要熟悉之后，就会发现其便利之处。

14-4-1 在 Django 中使用数据库

要在 Django 中使用数据库，首先要在 models.py 中建立一个模型，也就是一个要处理的类 class，在此 class 中指定要使用的各个数据项分别是什么。一个 class 就相当于关系数据库（如 SQLite 及 MySQL）中的一个数据表，而在 class 中的每一个数据项就是一个字段。因此，每一个字段都要指定其正确的数据类型（如字符串类型、数值类型、日期时间类型等）以及特性（如最大长度、最小长度、是否允许此字段内容为空等）。

可以指定的数据类型以及特性在官方网站（https://docs.djangoproject.com/en/2.0/topics/db/models/）中均可以查询到。表 14-1 是一些比较常用的类型。

表 14-1　一些比较常用的类型

类型	说明
AutoField	自动增加数值的整数类型，会自动被加到 model 中
BigIntegerField	可以存储-9 223 372 036 854 775 808～9 223 372 036 854 775 807 的整数类型
BooleanField	可以存储 True/False 的类型
CharField	用来存储字符串文字的类型
DateField	用来存储日期的类型，可以对应到 datetime.date
DateTimeField	用来存储日期和时间的类型，可以对应到 datetime.datetime 格式
DecimalField	定点数的数值类型，需指定数值的位数以及小数点的位数，其中 max_digits 的位数为全部数值使用的位，包含小数字数
EmailField	用来存储电子邮件的类型
FloatField	用来存储浮点数的类型
IntegerField	用来存储从-2 147 483 648～2 147 483 647 的整数
PostiveIntegerField	用来存储 0～2 147 483 647 的正整数
PositiveSmallIntegerField	用来存储 0～32 767 的正整数
SmallIntegerField	用来存储-32 768~32 767 的整数
TextField	用来存储大量文字内容的类型
TimeField	只存储时间的类型，对应到 datetime.time
URLField	用来存储 URL 的类型，如果不指定最大长度，默认长度值为 200

表 14-2 则是在类型设置中比较常用的特性值。

表 14-2 在类型设置中比较常用的特性值

特性	说明
blank	是否允许该字段为空值
default	指定该字段的默认值
primary_key	设置该字段为 Primary Key
unique	指定该字段为整个表格的唯一值，即确定此项数据不会有重复的记录项
max_length	最大长度
min_length	最小长度

按照上述格式在 models.py 中创建 class，存盘后，接着执行以下命令，以确定所有设置的正确性：

```
python manage.py check
```

一切都正确无误之后，接着就可以进行 makemigrations 的操作了，指令如下：

```
python manage.py makemigrations myclass
```

以上操作如果顺利完成，就可以在程序中以 Python 操作数据的方式来设计程序，而不用留意数据库的处理细节。所有数据库的操作都会由 Django 替我们完成。

接下来（14-4-2 小节），我们以一个转网址网站作为操作和说明的示例。

14-4-2　建立模型

第一步是创建 class urlist：

```
from django.db import models

# Create your models here.
```

在上述模型中，src_url 用来记录要被转址的网址，因此要以 URLField 的类型来存储，我们不指定长度，因此会使用默认的 200 个字符的长度，一般情况下够用了。short_url 用来作为短网址的 id，因此只要在 20 个字符以内就可以，太长没有什么意义。最后，count 用来记录这个网址被转换了多少次，既然是存储次数，就不会有负数的情况出现，因此在这里用的是 PositiveIntegerField，表示只要存储成正整数就可以了。

另外，每一个记录在显示时应该能够在访问网页的时候直接看出它的内容，这个功能我们交给 str 函数来处理。定义了这个函数，当我们在程序的交互环境中显示这个数据项（对象）的时候，就不会只用一个没有意义的<object>显示，而是以我们指定的名称来显示。在这个例子中，我们以 short_url 作为要显示的名称，这个设置在后面使用 admin 数据管理界面的时候会用到。

上述文件存盘之后，接下来要检查设置是否正确，请输入 python manage.py check，代码如下：

```
(VENV) D:\django\mysite>python manage.py check
System check identified no issues (0 silenced).
```

然后进行 makemigrations，要注意，makemigrations 后面加上的内容就是我们之前新增的 App ugo，具体示例如下：

```
(VENV) D:\django\mysite>python manage.py makemigrations ugo
Migrations for 'ugo':
  ugo\migrations\0001_initial.py
    - Create model urlist
```

然后执行一次 migrate，让系统确认 models 里的模型和实际数据库之间的变更操作，代码如下：

```
(VENV) D:\django\mysite>python manage.py migrate
Operations to perform:
  Apply all migrations: admin, auth, contenttypes, sessions, ugo
Running migrations:
  Applying ugo.0001_initial... OK
```

如果以上都没有出现错误信息，就表示这个数据表已经被创建完成，可以立即拿来使用了，如果发生问题，请回到 models.py 中检查是否发生了语法错误。不过，一开始没有什么数据，不容易示范，最简单的操作数据的方式，除了使用我们之前介绍的 SQLite Manager 直接操作 DB.sqlite3 数据库之外，启用 Django 预装的 admin 功能是最方便的方法。

14-4-3　admin 后台管理

启用的方法很简单，只要到 App（此例中为 ugo）目录下找到 admin.py，将我们的数据模型注册给 admin 管理模块就行了，代码如下：

```
from django.contrib import admin
from ugo.models import urlist
# Register your models here.


admin.site.register(urlist)
```

此时，执行 http://localhost:8000/admin，可以看到如图 14-3 所示的登录界面（默认是英文界面，但是只要调整 settings.py 中的语言设置就可以切换成中文界面）。

图 14-3　Django 默认的 admin 数据库管理界面的登录界面

我们没有编写任何相关的程序代码，但是已经有可以马上使用的数据库后台访问界面了。因为是第一次使用，所以还需要以如下操作来创建一个可以登录的管理员账号：

```
(VENV) D:\django\mysite>python manage.py createsuperuser
Username (leave blank to use 'user'): admin
Email address: minhuang@nkust.edu.tw
Password:
Password (again):
Superuser created successfully.
```

回到 admin 登录界面，在输入管理员账号和密码之后，可以看到如图 14-4 所示的 admin 主界面。

图 14-4　admin 主界面

单击"Add"按钮之后，输入数据的界面如图 14-5 所示。

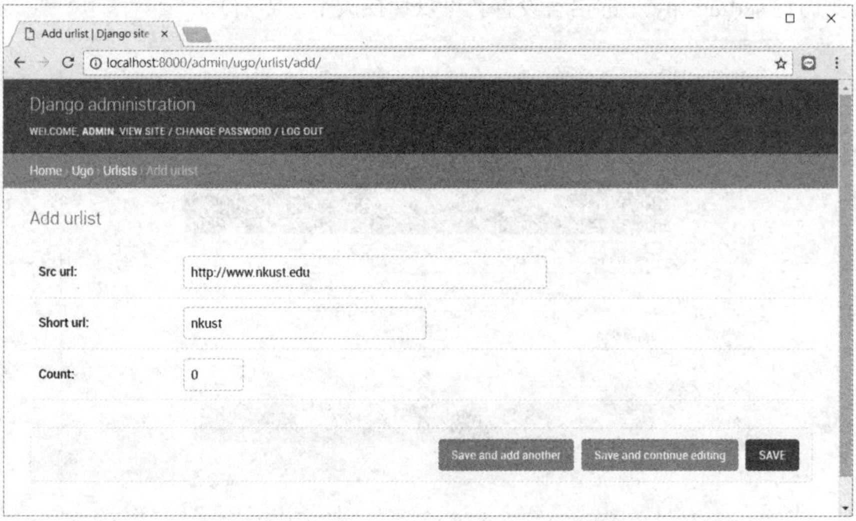

图 14-5　admin 的输入数据屏幕显示界面

在添加一笔记录之后，单击"SAVE"按钮，即可看到输入的结果，如图14-6所示。

图14-6　添加一笔数据之后的屏幕显示界面

添加多笔数据之后，每一笔数据都会被逐一列出来，如图14-7所示。

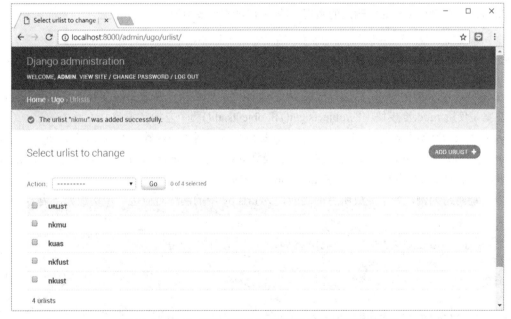

图14-7　admin界面中输入4笔数据后的屏幕显示界面

每一笔都可以分别进行编辑和删除，在Action中可以指定要进行的操作，只要勾选每一笔数据项前面的复选框即可进行批次或单笔处理。编辑界面如图14-8所示。

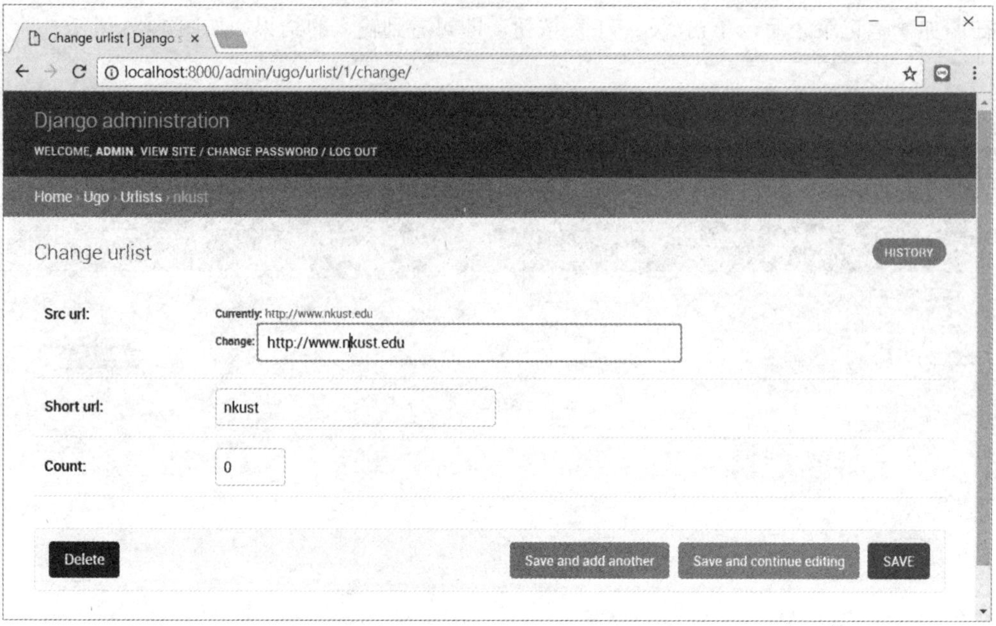

图 14-8 编辑单一记录的屏幕显示界面

当前我们的网站只是设计给自己使用的，所以还不会牵涉到用户认证的问题，所有用户的认证只有 superuser（此例为 admin）一个人而已，因此我们直接把 admin 作为输入数据的界面。至于如何在网站上读取在 admin 中输入的数据，将在 14-4-4 小节中说明。

14-4-4　读取数据库中的数据

在 14-4-3 小节的例子中，我们一共输入了 4 笔网址的数据，那么如何读取再交由网页来显示呢？答案是使用 models 模块中的 objects.get()和 objects.all()两个方法（函数）。

因为我们的网站主要是在 views.py 中定义要存取对应网址的函数，所以在 views.py 中需要先以 from ugo.models import urlist 把之前定义的模型 urlist 导入 views.py 中，接着就可以在 views.py 的任一函数中使用 urlist.objects.get()和 urlist.objects.all()了。

以转址网站为例，为了完成所有的功能，为 urls.py 中的网址对应进一步增加如下内容：

```
from django.contrib import admin
from django.urls import path
from ugo import views
urlpatterns = [
    path('admin/', admin.site.urls),
    path('list/', views.listall),
    path('notfound/<str:item>/', views.notfound),
    path('', views.index),
    path('<str:target>/', views.gourl),
]
```

在上述网址对应中，除了原有的/admin/以及根路径之外，还要加上用来列出所有现有数据的

listall、用来显示无法找到短网址的 notfound 以及真正用来转网址的<str:target>/。除了上面所指定的固定文字（admin、notfound、listall）以外，只要在主网址后存在任何一个字母所组成的字符，都会被当作要转址的目标。

接下来，在 views.py 中分别定义 gourl、notfound 以及 listall。以下是 listall 函数的定义：

```
def listall(request):
    all = models.urlist.objects.all()
    now = datetime.now
    return render(request, "listall.html", locals())
```

主要操作到数据的部分为 all = urlist.objects.all()这一行。此函数用来把所有在 urlist 中的数据项全部返回，把它放在 all 变量中，即表示此时 all 中可能会有一个以上的数据项。这些数据项直接传到模板中，让模板把它们显示出来。

在此假设数据库一定不会是空的，所以不设计用于在找不到任何数据时的错误处理程序代码。在此函数中，分别利用 template 模板以及两个局部变量 all 和 now，将 render(request, "listall.html", locals())应用于模板，然后直接返回给网页服务器，再转给用户的浏览器。

真正负责转址的 gourl 函数定义如下：

```
def gourl(request, target):
    try:
        rec = models.urlist.objects.get(short_url = target)
        target_url = rec.src_url
        rec.count = rec.count + 1
        rec.save()
    except:
        target_url = '/notfound/' + target
    return redirect(target_url)
```

上述程序代码中有几个重点，其一就是使用 models.urlist.objects.get(short_url = target)来获取指定的短网址在数据库中的那一笔记录。其中，target 是从 urls.py 对比网址之后传过来的，我们以此为搜索的关键查找数据库的内容。由于可能会发生找不到的情况，因此必须使用 try/except 机制避免因为找不到指定的数据而发生例外。

我们的设计是，如果找得到，就处理转址的操作，如果找不到，就让它转到/notfound/target 网址，使其执行的控制流程转移到 notfound 函数（按照 urls.py 中的设置操作），显示出在数据库中找不到短网址的信息。

如程序中所描述的，假如找到数据，就把数据的记录放在 rec 中，取出 rec.src_url 作为要前往的网址（目标网址 target_url），因为可以在 Django 中使用 redirect 直接处理转址，所以在这个函数中就不需要再应用模板了。为了记录被转址的数据，在程序中把 rec.count 加 1，且使用 rec.save()以确保最新的数据会被写入数据库中。

如果找不到，程序流程就会被转移到 notfound 函数：

```
def notfound(request, item):
    now = datetime.now
    return render(request, 'notfound.html', {'id':item, 'now': now})
```

这个程序的逻辑很简单，就是获取 now 和 item 两个变量，item 也是由 urls.py 中对应之后传过来的，存储的内容就是找不到的短网址。其他部分交由模板处理即可。

14-4-5　短网址转址网站模板的内容

根据 MTV 的原则，在 views.py 中负责的是获取所有显示需要的数据以及安排网站的控制流程，而真正要显示出的结果网页则交由模板 Template 来处理。此网站分别使用了 base.html、index.html、listall.html、notfound.html 这几个模板。其中，base.html 是基础模板，放置了本站所有网页共同的部分，方便其他 3 个模板继承之用。base.html 内容如下：

```
<!-- base.html -->
<!DOCTYPE html>
{% load staticfiles %}
<html>
    <head>
        <title>{% block title %} {% endblock %}</title>
    </head>
    <body>
        <header>
            <a href='/'>
                <img src='{% static "images/logo.png" %}' width=150 />
            </a>
        </header>
        <h1>{% block message %} {% endblock %}</h1>
        <nav>
            【<a href='/'>HOME</a>】·
            【<a href='/list/'>现有网址列表</a>】·
            【<a href='/admin/'>网址管理网页</a>】
        </nav>
        <hr>
        {% block main %} {% endblock %}
        <hr>
        <h2>
            <h3>现在时刻：{{ now }}</h3>
        </h2>
    </body>
</html>
```

在此基础模板中，预留了 title、message 和 main 三个可自定义的 block，让其他三个模板可以修改这些部分。另外，因为在 base.html 中使用到了 now 变量，其他的模板在继承之后，也要把 now 变量传进去才行。其中，index.html 定义如下：

```
<!-- index.html -->
{% extends 'base.html' %}
{% block title %}这是一个 Django 所制作的练习网站{% endblock %}
```

```
{% block message %}欢迎光临本网站{% endblock %}
{% block main %}
        <p>
            本网站提供短网址转址的功能。<br>只要在数据库中建立短网址和实际网址之后
</br>，以后在主网址后面加上短网址名称，<br>即会自动帮你转到指定的网站。欢迎使用。
        </p>
{% endblock %}
```

index.html 基本上就只是用来呈现一些简单信息的网页，没有特别需要说明的地方。读者可以细看继承模板实际的编写格式。

以下则是用来显示找不到短网址信息的 notfound.html：

```
<!-- notfound.html -->
{% extends 'base.html' %}
{% block title %}找不到指定的网址{% endblock %}
{% block message %}找不到你指定的网址{% endblock %}
{% block main %}
        <h3>
            你指定的网址：{{ id }}<br>
            在数据库中找不到，请前往
            <a href='/admin/'>管理</a>网页 中新增数据
        </h3>
{% endblock %}
```

在 notfound.html 中，除了继承原有的 base.html 之外，另外还使用了一个 id 变量，要从 views.py 所对应的函数中传过来。

以下是 listall.html 的内容：

```
<!-- listall.html -->
{% extends 'base.html' %}
{% block title %}列出所有数据库中的短网址{% endblock %}
{% block message %}所有短网址列表{% endblock %}
{% block main %}
<table border=1>
    <tr><td>短网址</td><td>转址次数</td><td>原始网址</td>
    {% for item in all %}
        <tr>
            <td>{{ item.short_url }} </td>
            <td>{{ item.count }} </td>
            <td>{{ item.src_url}} </td>
        </tr>
    {% endfor %}
</table>
{% endblock %}
```

在 listall.html 中，因为我们要显示所有的短网址列表，它是一个列表类型的变量，所以需要通过{% for ... %}循环来读取所有在 all 变量中的数据。而且，因为有许多笔数据，所以在这个网页中，我们以<table>表格来显示其内容。

留意以上细节，详细设置 models.py、urls.py、views.py 以及相对应的 templates，网站就可以顺利地运行了。图 14-9 所示是本网站的首页。

当单击"现有网址列表"链接时，会列出所有在数据库中的网址以及被转址的次数，如图 14-10 所示。

图 14-9　短网址转址网站的首页　　　　图 14-10　列出所有的网址以及转址次数信息的页面

如果使用的网址没有在数据库中，例如输入 http://localhost:8000/noway，就会出现如图 14-11 所示的提醒页面。

图 14-11　找不到短网址时的提醒页面

那如果找得到呢？当然是直接转到该网站，接下来用户根本不会再看到自己这个网站的任何页面。因此，如果把这个网站的内容安装在一个具有很短的网址（例如 tar.so、yabi.me 等）的主机上，那么要前往某新闻摘要网页，只要输入"tar.so/news"，或者把一些新浪的网址改为自己的短网址，是不是非常方便呢？详细的设置方法请看 15 章的说明。

14-5 习 题

1. 请比较 Flask 和 Django 两个 Web Framework 的优缺点。

2. 除了 Flask 和 Django 之外，你还看过哪些 Python based 的 Web Framework？请至少列出 3 个例子来说明。

3. 请列表比较 MVC（Model-View-Control）和 MTV（Model-Template-View）。

4. 在 14-4-2 小节定义的模型中，请再添加一个 name 字段，让此字段可以显示出短网址所要转址的网站名称。

5. 按照上题所述的新模型，重新修改后续的相关程序。

第 15 章

Django 网站开发与部署

* 15-1 网站的测试与调整
* 15-2 网站开发环境的部署
* 15-3 云计算虚拟机部署方法
* 15-4 云计算 App 主机部署
* 15-5 习题

15-1 网站的测试与调整

在第 14 章中,我们完成了 Django 的第一个简单的网站,通过网址的输入可以协助用户把短网址转换成完整的网址,并直接前往该网站,同时我们也可以通过 admin 的界面添加、编辑以及删除指定短网址记录。然而,到目前为止,程序都还在自己的计算机中,并没有实用性。在本章中,我们将把这个网站实际上线到网络主机上,让网络上所有的用户都可以使用。首先来看一些上线前的前置工作。

15-1-1 上线前的前置工作

相信在设计网站的过程中,读者一定会有程序不小心写错了,然后看到网页上出现一大堆错误信息的经历。典型的网页程序错误所呈现的调试界面如图 15-1 所示。

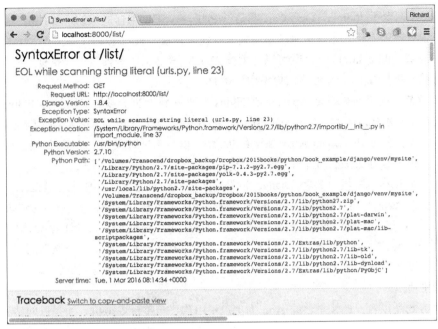

图 15-1　网页程序错误所呈现的调试界面

在网页中呈现了丰富的调试信息，让网站开发者可以很容易地找出其中的错误以便于修正，这在开发的过程中是非常重要的。然而，如果这是已经放在主机上开放给大众使用的网站，显示出这些信息不仅对网友来说观感不佳，对于有心人士，这等于是"打开了后窗给别人看屋内"的情况，徒增了网站的风险。

所以，在网站自行测试无误打算上线使用时，关闭调试模式显然是最重要的一项工作。方法是到 settings.py 中找到 DEBUG 开关，把它从 True 改为 False 即可。此外，为了能够让其他的计算机也可以浏览我们的网站，建议把 ALLOWED_HOSTS 设置为['*']。同时，我们也可以把语言和时区修改一下。修改完毕再回到 admin 网页，就会发现 admin 的管理页面自动改为中文的了。

```
DEBUG=False
...
ALLOWED_HOSTS = ['*']
LANGUAGE_CODE = 'zh-Hans'
TIME_ZONE = 'Asia/Beijing'
```

除此之外，在开发时使用的静态文件放置方式和真正在主机中使用的静态文件处理方式也是不同的（基于性能和安全上的考虑），而且在不同的主机服务器中操作的方法也不太一样，读者只要知道静态文件要另行处理，至于如何处理，等到 15-2 节再针对该部署环境说明。

15-1-2　网站的部署策略

在自己的计算机上完成网站的开发之后，要把网站放在哪一种主机上呢？特别指出这个问题的原因在于，Django 项目所建立的网站和一般常见的 WordPress 这一类 CMS 系统所需要的主机并不一样。

WordPress 乃至于 Joomla、OpenCart 都是以 PHP+MySQL 编写而成的，这种组合对于大部分虚拟主机来说直接就支持，也就是系统不需要进行任何设置，只要把 PHP 文件放到网页目录（一般都是 htdocs 或 public_html）下，就可以马上被 Apache 等网页服务器接收并执行。但是，这样的环境没有办法直接执行 Python 程序，更不用说是 Django 了。

如之前章节所说明的，要让 Apache 或 Nginx 这些主流网页服务器可以执行 Python，要通过 WSGI 网关的设置才行，而大部分共享式 Shared Web Host 均无此能力（它们都不能进入其命令提示符模式，连要操作 python manage.py 都没有办法），以至于平时我们申请用来安装 WordPress 这种虚拟主机，也没有办法在上面部署 Django 项目。

因此，想要在虚拟主机上部署 Django 网站，主要有两种选择。其中之一就是申请比 Shared Web Host 更高一级的 VPS（Virtual Private Server）项目，如 HostGator（http://tar.so/hostgator）或 Cloud Server 的 DigitalOcean（http://tar.so/do），通过一个可以完全让网站设计者控制的 Linux 虚拟机自行部署 Apache 服务器，并把 Django 设置上去。这种方法的好处是，花一次费用买下一台完整的虚拟机，你要在上面放多少服务和网站都可以。只要熟悉 Linux 服务器的设置，就可以发挥该台 VPS 最大的效用。

另一种方式是以各云计算平台的 App 为主，不用购买一整台虚拟机，而是以网站为单位（把网站当作一个 App），只把网站部署上去，略过中间的虚拟主机的设置工作。只要你的网站符合该云主机（Heroku、Linode、Google Cloud Computing 或 Azure）的规范，通过它们的工具程序就可以把网站部署上去。这种方法的好处是不需要做 Linux 主机的额外管理工作，缺点是相比起来，如果同时有许多网站，价格上会贵不少，因为每一个网站都要单独计算价钱。

两种部署方法完全不同，在后面的章节中将会列举一些实例让读者可以充分练习。

15-1-3　网址的购买和选用

网站除了 IP 地址之外，最重要的就是网址了。不同的网络主机或云计算平台提供网址或 IP 地址的方法不尽相同，但是无论提供什么，最好的方式是自己注册（购买）一个，再以 DNS 设置的方式把设置好的网络域名指向我们的主机或云计算平台。

至于要购买什么网址，由于现在网址注册成熟且开放，各种各样的域名都可以使用，因此建议不要把自己的网址局限在本地的网络域名中，想要什么样的都可以，重点是要短而且好记，如果还能够有意义，那就太好了。除了向中国本地的网络域名注册商购买便宜且划算的网址外，笔者也经常到 http://tar.so/dns 看看有没有促销中的便宜网络域名，有时一些促销的网址，第一年的促销价格甚至不到 10 元（人民币），买来暂时使用也不错。

有了自己的网络域名，就可以轻松地使用网络域名商所附的网址管理界面，使用 CNAME 或 A 记录把子域的网址转换到我们新部署的网站上。在后续的章节中会有更多说明。

15-2　网站开发环境的部署

对于在不同场所有多台计算机甚至是不同操作系统（例如，家里是 Windows 10 操作系统，工作场所是 Linux 操作系统，笔记本电脑是 Mac OS 操作系统）的朋友来说，要开发网站，不同于编写程序只有几个文件需要同步，一个 Django 网站下（包含虚拟环境），往往有好几百甚至上千个文件。这些文件如果在不同的计算机间同步，不仅可能会花很多时间，更糟的是如果没有完成同步就在另一台计算机开始编辑，还有可能造成文件的冲突，非常麻烦。解决这种问题的方法有许多种，对于一个只有自己在维护的项目来说，把网站直接放在云上开发是一个很好的解决方案。在这一节中，笔者会教读者如何以 pythonanywhere 作为云开发的平台，让网站开发在云上进行，彻底解决文件不同步的情况。

15-2-1　ngrok

在使用云开发环境之前，先介绍一个很有趣的应用 ngrok，一个让你可以直接把自己计算机中的网站上线的服务。ngrok 要解决的问题很直截了当，就是当我们在自己的计算机（台式机或笔记本电脑都可以）中启动网页服务器时，无论是使用 WAMP 或 MAMP，或者任何个人计算机端网页服务器应用程序，还是像我们之前在测试网站时使用的 python manage.py runserver，只要网站在本地执行起来，可以接受 http://localhost:8000 或任何端口的（Flask 默认为 5000）浏览，就可以使用 ngrok 接受来自外网的连线，无论你用何种形式连上因特网都可以。

也就是说，ngrok 其实是一个网络代理服务，它会给我们的计算机提供一个对外的网址，当有人浏览了那个网址之后，所有的浏览行为就会导向我们的个人计算机，只要我们的计算机中启动了网页服务器的服务，用户就可以看到在我们计算机中网站的内容。

由于网站是在我们的计算机中（此例为 Django 的网站），因此在使用此服务的时候，自己的计算机一定要开着才行。此外，由于是通过代理的方式访问我们个人计算机上的网站的，网络的速度和执行的性能会非常受限，因此这个服务并不适用于正式的网站部署，主要的用途仅限于把你的网站成果拿来给朋友、同事或老板测试或检查。

要使用此服务，首先需要到 ngrok 网站（https://ngrok.com/download）下载代理程序，不同的操作系统需要不同的程序，只有安装正确，方可在本地计算机中顺利运行，如图 15-2 所示。

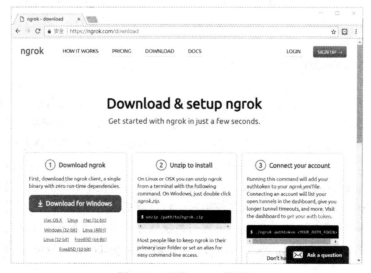

图 15-2　下载 ngrok 的网站

按照你的计算机所使用的操作系统下载程序（压缩文件）之后，在任何一个目录下完成解压缩即可使用。以 Mac OS 为例，下载后的文件是 ngrok-stable-darwin-amd64.zip，使用 unzip 程序解压缩之后得到执行文件 ngrok，直接执行 ngrok 即可。图 15-3 所示为执行的示意图。

图 15-3　ngrok 的应用示意图

如图 15-3 所示，在界面的左侧我们共开了两个终端程序的窗口（在 Windows 中使用命令提示符环境即可），右侧是浏览器界面。先执行左下角的 python manage.py runserver，把 Django 的网站启动起来，接下来执行左上角的 ./ngrok http 8000，这一行指令会告诉 ngrok 的代理服务器关于本地网站的端口号。

在 ngrok 和它们的主机连接之后，过一会儿，就会在终端程序上显示可以接受对外连接的网址，在此例中为 http://abc44d46.ngrok.io。也就是说，在此时此刻，任何人都可以在浏览器上使用这个网址连接到我们的个人计算机端的 Django 网站，与图 15-3 右侧的浏览器一样。

善用此服务，在网站的开发测试阶段，如果需要向同事、朋友、客户或老板展示网站开发的进度，就可以省去上传或部署到外部主机的步骤，省时、省钱又省力。

15-2-2　申请 pythonanywhere 账号

15-2-1 小节的情况是我们使用同一台个人计算机开发网站，如果需要提供外部浏览，使用 ngrok 就可以了。如果想要更方便，也可以在不同的计算机中开发同一个网站，若同时还想要网站一执行就可以被外部浏览到，那么云开发环境 pythonanywhere 是可能的选择之一。

顾名思义，云开发环境就是你的网站从一开始就放在云主机上，然后利用浏览器登录的方式进行编辑和网站内容的设计。既然是放在云上而不是某一台特定的计算机上，当然就不会有所谓的版本同步的问题。无论你在哪一个地方使用哪一台计算机，连接到网站的开发环境都是同一个地方，一次解决所有的问题，就连环境的设置与系统软件的安装也都不用伤脑筋，达到随时随地进行网站开发的最高境界。所以，现在就让我们来申请一个 pythonanywhere 账号，并开始开发网站吧。

还没有使用过pythonanywhere的朋友，请直接前往网址 https://www.pythonanywhere.com/registration/register/beginner/注册一个新的账号，如图15-4所示。

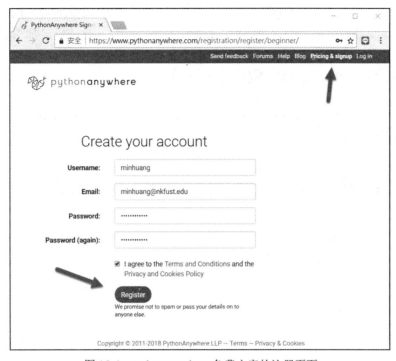

图15-4　pythonanywhere免费方案的注册页面

在单击"Register"按钮之后，回到电子邮箱中收取启用信，单击启用链接之后即可进入pythonanywhere的Dashboard管理页面，如图15-5所示。

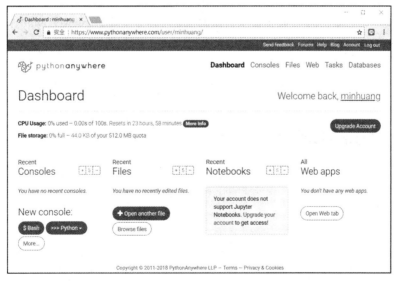

图15-5　pythonanywhere的Dashboard管理页面

如图15-5所示的管理页面中所呈现的信息，免费的pythonanywhere账户其实就是一台具有512MB硬盘空间的虚拟主机，在Dashboard页面提供了一些管理这台主机的信息，包括通过

Console（控制台）启动可以直接操作 Bash Shell 的界面，通过 File（文件管理器）以浏览窗口的方式管理文件，也可以执行 Jupyter 的 Notebooks，方便我们开发 Python 程序，或者以 Web apps 页面建立网站的 App。因为它是一台 Linux 虚拟机，所以操作的过程中，如果你对 Linux 的管理非常熟悉，使用起来一定会得心应手，如果不熟的话，也不失为一个学习 Linux 主机管理的好机会。

15-2-3　建立 pythonanywhere 网站开发环境

接下来，我们利用 pythonanywhere 建立一个 Django 开发环境。在 Dashboard 中单击"Open Web tab"按钮，前往 Web apps 的管理页面，如图 15-6 所示。

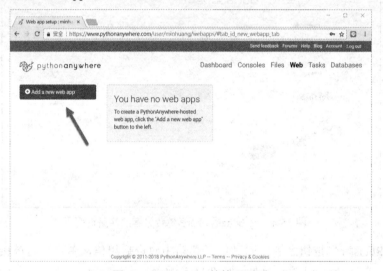

图 15-6　Web apps 的管理页面

第一次使用的话，单击图 15-6 中箭头所指的按钮，即"Add a new web app"按钮，需要完成几个步骤的设置工作。第一步是确定 domain name（域名），如图 15-7 所示。

图 15-7　确定网站的 domain name

免费的版本直接使用系统默认的值即可，在图 15-7 中是 minhuang.pythonanywhere.com，就是账户的名称加上 pythonanywhere 的系统网址。单击"Next"按钮进入下一页，选择要使用的 Web Framework，如图 15-8 所示。

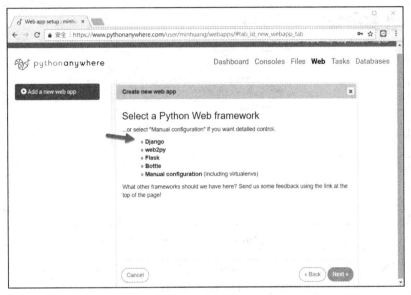

图 15-8　选择网站要使用的 Web Framework

在单击"Django"选项之后，会出现几个版本可以选用。在笔者编写本书时，最高只到 1.11 版，因此我们选择最后一项 Manual configuration，以手动的方式来设置。在单击"Next"按钮之后，就会自动进入 Python 版本的选择，如图 15-9 所示。

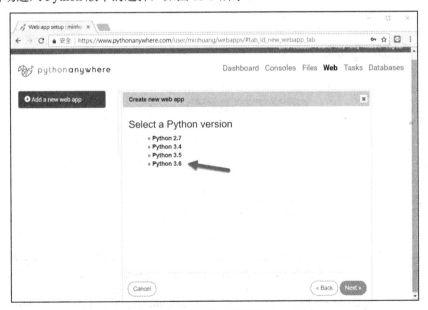

图 15-9　选择网站要使用的 Python 版本

选择 Python 3.6 版之后，就会出现如图 15-10 所示的说明页面，提醒我们需要设置的文件。

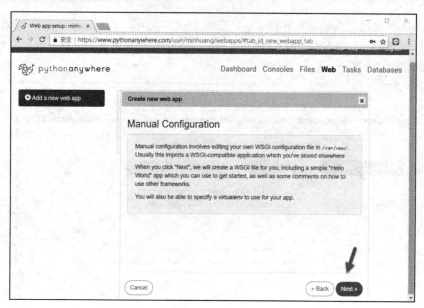

图 15-10　Manual Configuration 的说明页面

最后单击"Next"按钮，就会开始建立 web app 的环境，建立完毕之后，我们就拥有一个基本的默认网址以及可以开发网站的环境了，如图 15-11 所示。

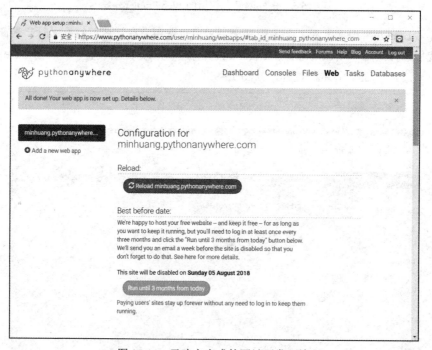

图 15-11　已建立完成的网站开发环境

在这个例子中，pythonanywhere 分配了一个网址 minhuang.pythonanywhere.com，在网页中有一些使用上的说明，最主要的是此网站最多可以使用的期限，免费的项目最多可以保留三个月。此时浏览该网址，可以看到一个默认的网站页面，如图 15-12 所示。

图 15-12　默认的网站首页

如同前面所说明的，pythonanywhere 给我们的其实是一个 Linux 虚拟机，所有的操作都可以在 Bash 的 Shell 中以命令的方式进行操作和设置。在网站中单击"Consoles"页签，进入控制台页面，如图 15-13 所示。

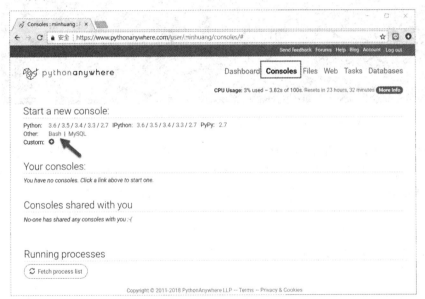

图 15-13　Consoles 的操作页面

在此页面中箭头所指的地方，有许多可以选择的 Console，包括直接进入各版本的 Python Shell、各版本的 IPython 等，不过现在我们想要到 Bash Shell 终端程序中进行 virtualenv 虚拟环境的建立以及 Django 程序包和网站程序的安装。单击 Bash，执行 lsb_release -a，可以看到如下信息：

```
$ lsb_release -a
No LSB modules are available.
Distributor ID: Ubuntu
Description:    Ubuntu 14.04.5 LTS
Release:        14.04
Codename:       trusty
```

从上述信息可以了解到，目前 pythonanywhere 提供给我们使用的是 Ubuntu 14.04 操作系统，也就是说，所有的 Linux 指令基本上都可以在这里执行。

在 Bash Shell 中，请按照我们之前建立虚拟环境和网站的方法进行操作（安装程序包的速度不是很快，要有一些耐心），如图 15-14 所示。

图 15-14　在 Bash Shell 中安装 Django 以及建立网站的过程

因为我们要部署的是在第 14 章中已完成的网站，所以在这里建立好网站框架之后，暂时不需要编辑其中的文件，只要把所有的文件都上传到这个硬盘驱动器中即可，因为使用的 Django 版本一样，因此可以放心地把之前的文件上传之后，覆盖 pythonanywhere 中所有的文件内容。详细方法请看 15-2-4 小节的说明。

15-2-4　测试与执行 Django 网站

在这一小节中，我们并不打算从头开始建立一个网站，而是把第 14 章制作好的网站搬到这里，因此请按照以下步骤逐一完成。

01 把第 14 章的 mysite 和 ugo 两个文件夹分别做成压缩文件 mysite.zip 和 ugo.zip。

02 回到 pythonanywhere 的 Files 页签，也就是文件管理页面，把原有的 mysite 和 ugo 文件夹删除（在左侧的文件夹处有一个垃圾桶的图标，就是用来删除指定文件夹的按钮）。

03 通过 Files 页面的上传功能，把在自己计算机中的 mysite.zip 和 ugo.zip 上传，如图 15-15 所示。

04 回到 Consoles 页签中，单击 Bash，在 Bash console 中执行 unzip mysite.zip 和 unzip ugo.zip 命令，分别解压缩这两个文件。解压缩的过程如图 15-16 所示。

05 把原有的数据库文件在 Files 页面上传，最终的文件结构如图 15-17 所示。

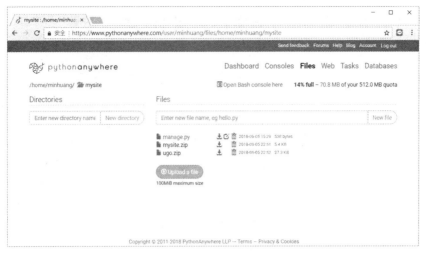

图 15-15　压缩文件上传之后的页面

图 15-16　在 Bash console 中解压缩文件的过程

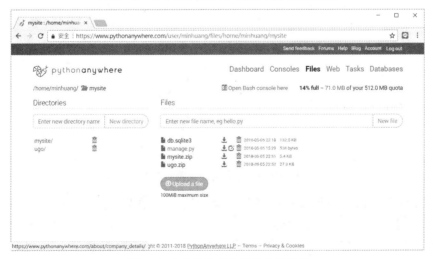

图 15-17　上传完成之后的文件目录

此时请回到如图 15-11 所示的 Web 设置页面。把页面往下滚动，可以看到一些重要的网站参数设置，如图 15-18 所示。

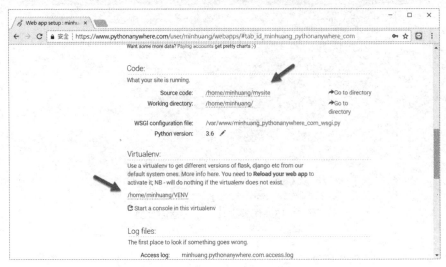

图 15-18　Web 设置页面，虚拟环境的文件夹

如图 15-18 所示箭头所指的地方，有两处要先进行更改，一处是我们的网站程序文件的位置，而另一处则是虚拟环境的系统文件位置。由于我们使用 virtualenv --python /usr/bin/python3.6 VENV 指令，由此要设置成"/home/minhuang/VENV"，其中 minhuang 是作者在 pythonanywhere 网站中使用的账号，读者一定要换成自己的账号才行。

还要进行静态文件网址和位置的设置，如图 15-19 所示。

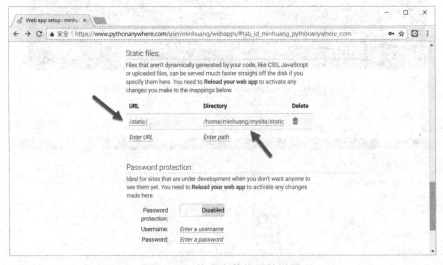

图 15-19　静态文件位置的设置

如图 15-19 所示的箭头所指的地方，需要输入"/static/"作为 URL 的指定字符串，而后面的文件夹则是真正存放静态文件的硬盘位置，同样要注意账号的部分要换成读者自己的才行。设置完毕且在文件实际上线之前，别忘了先到 Bash console 中执行 python manage.py collectstatic，之后网站才找得到这些静态文件。

最后，也是这里最重要的，就是如图15-20所示的箭头所指的WSGI配置文件，只有这个文件被正确地设置之后，系统才能够真正地执行我们的网站并提供服务。

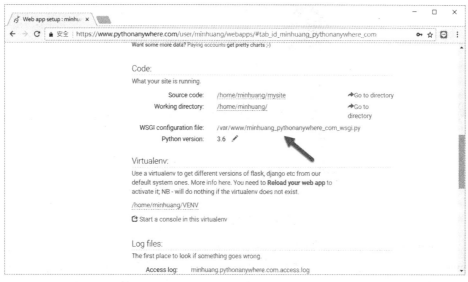

图15-20　Web设置页面，设置WSGI文件

单击该链接之后，即可进入该文件的编辑页面，如图15-21所示。

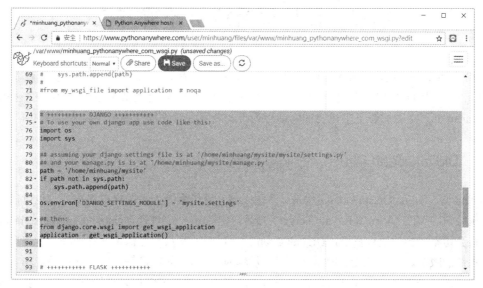

图15-21　WSGI的编辑页面

参照图15-21，找出django的设置位置，把它们的注释都删除，然后单击上方的"Save"按钮以存盘，并单击网页刷新按钮（重新加载）。基本上网站的设置就全部完成了，此时可以通过pythonanywhere给我们的网址（在此例中为http://minhuang.pyahonanywhere.com）链接到该网站测试一下，结果如图15-22所示。

如果没有看到正确的内容，请在图15-11中单击"Reload minhuang.pythonanywhere.com"，让系统重载我们的配置文件之后，再重新刷新网页试试。

图 15-22　在 pythonanywhere 中部署的网站

由于 pythonanywhere 会保持项目的执行状态，因此只要不停止该项目的执行，即使我们注销了 pythonanywhere 账号，甚至把本地的计算机关闭了，该网站依旧会持续运行，就像是在网站主机上一样，可惜免费的方案只会保留这类网站三个月的时间，如果打算持续使用，就要升级项目。

15-3　云计算虚拟机部署方法

熟悉了 15.2 小节 pythonanywhere 的操作之后，相信读者对于如何在 Linux 主机下建立 Django 网站有了进一步的了解。在这一节中，我们将介绍一个商用的虚拟主机服务 DigitalOcean（http://tar.so/do），在此服务中建立的网站可为正式的网站对外提供服务，而且性能还不错。

15-3-1　DigitalOcean 简介

简单地说，DigitalOcean 提供的就是一个以 Linux 操作系统为主的虚拟机服务，也可以看成是虚拟主机公司的 VPS（Virtual Private Server）项目。但是和一般的 Hostgator（http://tar.so/hostgator）类的主机公司不一样的地方在于，DigitalOcean 所提供的方案只有虚拟机一种选择，能够自定义的是操作系统的版本、CPU 性能、RAM 的大小以及硬盘驱动器的容量等，按照这些性能和容量的等级来计费，而且是以小时来计算费用的，用多少算多少，项目最低可以设计一个月大约 5 美元的花费，对于网站开发以及小型网站来说是非常划算的选择，而且一台主机中可以架设许多网站。

使用虚拟机的好处在于，它是一台 Linux 机器，为我们提供以网页浏览或 SSH 终端程序连接的方式管理虚拟机，只要熟悉 Linux 系统的管理与操作，你可以在同一台虚拟机上启动任何你想得到的服务，可以发挥最大的效用，就性价比而言，非常划算。DigitalOcean 网站首页如图 15-23 所示。

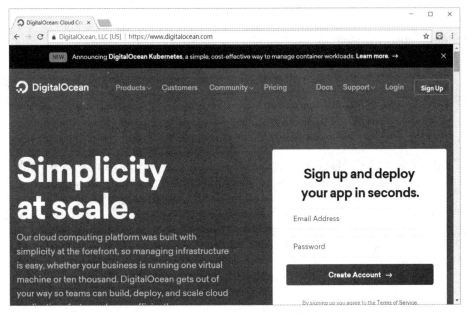

图 15-23　DigitalOcean 网站首页

有兴趣的读者可以单击页面右上角的"Sign Up"按钮注册并购买服务，细节就不在本书中详细地说明了。假设你已经注册了账号，控制台管理页面如图 15-24 所示。

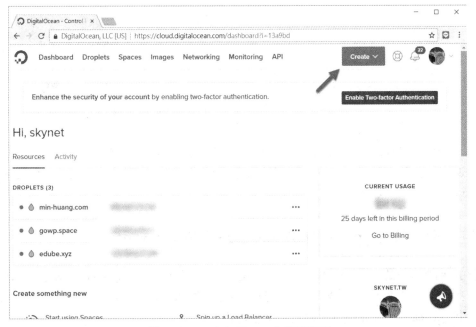

图 15-24　DigitalOcean 主管理页面

在 DigitalOcean 中，所有运行中的虚拟机都被称为 Droplet（水滴）。在图 15-24 中，因为笔者已有三台虚拟机在上面运行，所以可以看到三台虚拟机的网址，把鼠标光标移到该主机上时，可以看到该主机的详细数据，包括使用的内存以及硬盘空间、该机器位于哪一个国家（例如新加坡的 1 号机房是 SGP1）等，后面还有 IP Address 的信息。

15-3-2 创建 Ubuntu 虚拟机

单击图 15-24 右上角的"Create"可创建另一台新的虚拟机,每一台虚拟机都可以选择不同的规格、所在地以及操作系统的种类、版本等,不同的规格会有不同的价格,细节部分就不在此多加说明了。

创建完成的主机,首次登录时要通过 Dashboard 中的 Access console 进入,如图 15-25 所示。使用默认的密码完成登录之后再修改为自己的密码,之后才能够以 PuTTY 等 SSH 终端程序进行远程登录,以进入操作系统中进行相关的设置和开发工作。

图 15-25　首次登录虚拟机的方式

假设当前你已经能够顺利登录该虚拟机,因为是全新的操作系统(在此例假设使用的是 Ubuntu 16.04 版操作系统)环境,在可以开始部署网站之前,还需要安装一些程序包并调整设置,这些细节和方法在 15-3-3 小节会逐步加以说明。

15-3-3　安装、设置 Apache 服务器和 Django Framework

现在我们拿到的是一台运行着 Ubuntu Linux 16.04 的空机,要让 Django 网站可以运行,需要安装一些程序包并调整相应的设置。首先,进行系统的更新,并安装 Apache 网页服务器以及启动 Django 用的 libapache2-mod-wsgi 程序包,指令如下:

```
apt-get update
apt-get upgrade
apt-get install apache2 libapache2-mod-wsgi-py3
```

顺利完成安装之后,使用浏览器连接此虚拟机所绑定的 IP 地址(是由 DigitalOcean 分配的,在此例中为 165.227.11.119),可以看到如图 15-26 所示的 Apache 首次安装完成的欢迎页面。

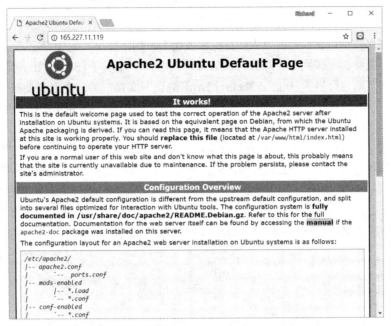

图 15-26　Apache2 安装完成之后的页面

如果没有出现此页面，请使用 service apache2 restart 指令重启 Apache，看看问题出在哪里。接下来安装 Python 的 pip 并建立虚拟环境的 virtualenv，命令如下：

```
apt-get install python3-pip
pip install virtualenv
```

接着建立 Python 3 的虚拟环境，使用 source 指令进入虚拟环境，在虚拟环境中安装 Django，命令如下：

```
cd /var/www
virtualenv --python /usr/bin/python3 VENV
source VENV/bin/activate
pip install django
```

顺利安装完 Django 之后，使用以下指令建立 mysite 网站及其相应的 ugo App：

```
django-admin startproject mysite
cd mysite
python manage.py startapp ugo
```

至此，我们就可以开发 Django 网站了。我们还是示范从第 14 章中复制过来的网站，请看 15-3-4 小节的说明。

15-3-4　上传文件和网站上线

Ubuntu 默认并没有上传文件（FTP）的服务，当然也没有网页页面可供上传文件，因此要上传文件，还需要先安装 vsftpd，指令如下：

```
apt-get install vsftpd
```

安装完毕之后，可以在我们的个人计算机中使用 FileZilla 或 WS_FTP 等客户端 FTP 软件，把我们做好的所有文件都上传到想要存放网站的文件夹下，不过用 FTP 软件上传还要先设置 SSH KEY，相关的细节请自行参考 DigitalOcean 网站上的说明文件。另一个方法是把你要复制的文件放在某些可以被存取的网站之下，有了下载的网址之后，就可以在终端程序中使用 wget 指令取得该文件。

在默认情况下，Apache2 会把原有的网页放在/var/www/html 下，至于我们要制作的动态网站，原则上放在网站的任何一个文件夹都可以。不过，在 15-3-3 小节的例子中，我们把虚拟环境建立在/var/www/VENV 之下，并在/var/www 下建立了 mysite 的网站，也就是网站应该位于/var/www/mysite 文件夹中，在这个情况下，如同 15-3-3 小节一样，请把文件夹切换到/var/www/mysite，先把其下的 mysite 及 ugo 子文件删除，方法如下：

```
cd /var/www/mysite
rm -rf mysite
rm -rf ugo
```

然后把在 15-3-3 小节中压缩好的 mysite.zip、ugo.zip 以及数据库文件 db.sqlite3 分别上传到这个文件夹中（/var/www/mysite），再加以解压缩，基本上网站就复制完成了。

在这个范例中，我们打算把所有的文件都放在/var/www/之下，此文件夹（或目录）必须自己建立，接着使用 FTP 软件把 Django 制作好的网站上传上去，最终的目录结构以及文件内容如图 15-27 所示（在/var/www/mysite 之下）。

图 15-27　复制完成的网站目录结构

接着使用以下指令配置文件的拥有者以及数据库文件的访问权限：

```
root@python-django-test:/var/www# chmod 644 mysite/db.sqlite3
root@python-django-test:/var/www# chown -R www-data:www-data mysite
```

最后，使用 python manage.py runserver 165.227.11.119:8000 就可以简单地启用网站，并在 8000 端口侦听来自于浏览器的浏览请求。此时，在自己计算机的浏览器中使用 http://165.227.11.119:8000（其中 165.227.11.119 是在建立虚拟机时配给的，而在默认情况下，8000 端口在 DigitalOcean 并未开启，需在它们的控制台设置 Firewall 的规则才行，如图 15-28 所示）即可顺利浏览该网站，但是别忘了 http:// 165.227.11.119/仍然是 Apache2 的默认网页，因为我们还没有让 Apache2 接手网站。

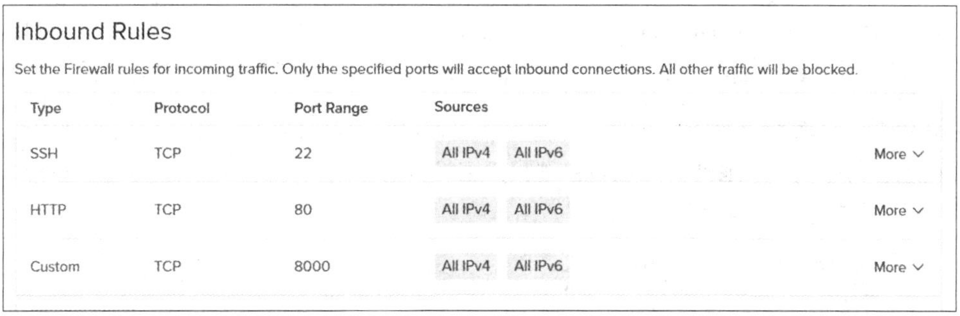
Inbound Rules

Set the Firewall rules for incoming traffic. Only the specified ports will accept inbound connections. All other traffic will be blocked.

Type	Protocol	Port Range	Sources	
SSH	TCP	22	All IPv4 All IPv6	More
HTTP	TCP	80	All IPv4 All IPv6	More
Custom	TCP	8000	All IPv4 All IPv6	More

图 15-28 DigitalOcean 运用可以处理 8000 端口的 Firewall 规则

按 Ctrl + C 组合键结束 runserver 的执行程序，使用编辑器编辑 000-default.conf 文件：

```
vi /etc/apache2/sites-available/000-default.conf
```

该文件的重点是要使用下列内容完全取代原有的内容：

```
ServerAdmin skynet.tw@gmail.com
ErrorLog ${APACHE_LOG_DIR}/error.log
CustomLog ${APACHE_LOG_DIR}/access.log combined
WSGIScriptAlias / /var/www/mysite/mysite/wsgi.py
WSGIPythonHome /var/www/VENV
WSGIPythonPath /var/www/mysite
Alias /static /var/www/mysite/static
<Directory /var/www/mysite/static>
   Require all granted
</Directory>

<Directory /var/www/mysite/mysite>
   <Files wsgi.py>
       Require all granted
   </Files>
</Directory>
```

要特别注意文件的位置是否和主机的位置一致。例如，wsgi.py 文件是否存放于 /var/www/mysite/mysite 之下等。同时，因为我们使用 virtualenv 建立了一个虚拟环境 VENV，所以 WSGIPythonHome 要设置到这个虚拟环境的目录中，才能够执行虚拟环境的正确版本。在所有的内容以及目录都确定无误之后，请以如下指令重新启动 Apache2：

```
service apache2 restart
```

之后进入网站 http://165.227.11.119/，就可以看到 Django 网站在 DigitalOcean 上顺利上线了。

以上只是网站开发模式的部署，如果要进入产品模式，还有几个地方需要处理：

（1）把 settings.py 中的 DEBUG 从 True 改为 False。

（2）把 settings.py 中的 ALLOWED_HOSTS 后面改为['*']。

（3）在 settings.py 的最后一行加上 STATIC_ROOT = '在服务器中要放置静态文件的路径'，就此范例而言，STATIC_ROOT 必须设置为 STATIC_ROOT = os.path.join(BASE_DIR, 'static')。

（4）到命令行下执行 python manage.py collectstatic 指令，并确定是否已顺利执行完毕。

（5）最后以 service apache2 restart 重启 Apache 服务器，网站就可以正常运行了。

使用 IP 的方式作为网站的网址并不理想，如果你已经有网址，只要进入域名管理的地方创建一个 A 记录，就可以顺利地把该网址转移到我们主机所对应的 IP 处。这里以从 PChome 买网址为例进行介绍，先登录其管理网址的页面，如图 15-29 所示。

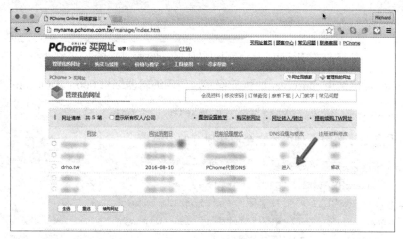

图 15-29　PChome 的网址管理页面

选择"PChome 代管 DNS"，然后进入网址设置的页面，如图 15-30 所示。

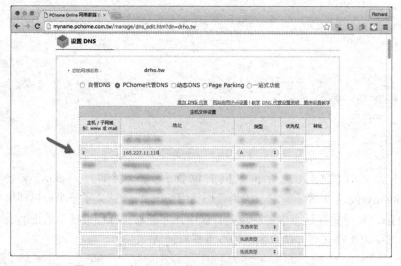

图 15-30　在 PChome 管理网址处新增一个 A 记录

在其页面中新增一个 A 记录，前面设置要使用的子域名称，若使用根域，则前面的字段可以空着，后面是在 DigitalOcean 所得到的 IP 地址，再单击"存储"按钮，之后过不了多久，就完成网址 IP 的对应关系了。以后，只要使用 http://z.drho.tw（此范例的设置），就可以顺利使用我们的网站服务，如图 15-31 所示。

图 15-31　使用自定义网址的 Django 网站

如果你获取了更短的网址，如 tar.so、ppt.cc 等，就等于可以自己提供缩短网址的网站服务。

15-4　云计算 App 主机部署

在第 14 章中介绍了如何通过建立 Linux 虚拟机的方法部署我们的 Django 网站。这个方法最大的优点是具有弹性以及功能多样化。只要管理者熟悉 Linux 操作系统的操作与管理，就可以发挥虚拟机最大的功效，所以比较起来，在价格上会比较实惠。然而，对于不熟悉主机管理的朋友，如果只是要把网站上传到主机上，还有其他的选择，就是使用 Platform as a Service（PaaS）平台，即服务的云计算系统。

PaaS 把网站视为一个执行单位进程，通过它们提供的接口，调整网站的设置之后，交由主机帮我们编译以及运行。好处是网站的开发者只要专注于自己网站的开发，而不需要再去管主机的"杂事"。更有甚者，网站在运行的过程中，如果流量增加到原执行的单位进程无法负载，它们的主机就会自动配置更多资源到你的网站，全部都自动化了，不用网站的开发者担心（不过配置更多的资源当然要多收钱了）。目前有这一类服务的厂商包括 Google、Azure、Amazon 和 Heroku 等，其中 Heroku 提供了免费的方案，因此我们以此来练习，把我们的短网址转址网站部署到 Heroku 上。

15-4-1　Heroku 简介

Heroku（网址：https://www.heroku.com/）是一家创立于 2007 年的 PaaS 的云计算公司，早期是为了支持 Ruby 项目部署而提供的服务，但是由于其设计完备，为网站开发者提供了不错的使用经验，因此使用人数众多，也开始支持各式各样的程序语言平台，当然包括 Python 的 Django 项目。对于初学者来说，最棒的是，Heroku 提供免费的方案让我们自由使用，方案内容如图 15-32 所示。

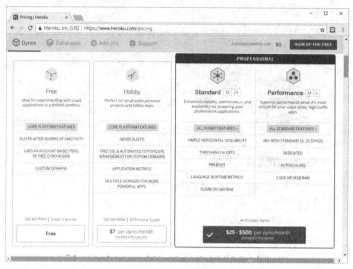

图 15-32　Heroku 的收费方案比较表

其中，在免费的项目中，最基本的限制是，如果你的网站在 30 分钟内都没有活动的话，就会进入休眠（Sleep）状态，就算是一直有活动，每 24 小时也至少需休眠 6 小时，但是对练习的朋友来说，这样就够用了。如果需要正式部署，再升级账号的收费方案即可。它的计费方式是以所谓的 dyno 为单位，dyno 数越多，其运行的性能越好，都可以在付费时事先设置，而且会随着网站的流量进行调整。

15-4-2　创建 Heroku 账号

要使用 Heroku 的服务，当然要先完成申请注册的工作，请读者自行前往网站进行注册，细节不在此多加说明。注册完成之后进行登录，查看系统的主页面，如图 15-33 所示。

图 15-33　Heroku 登录之后的主页面

在主页面中的那些选项,其实就是采用各种程序设计语言设计网站并部署到 Heroku 网站的教学,由于我们还没有任何项目在上面,因此这些教学先不用看,直接进入 15-4-3 小节,一步一步来说明如何把在 Windows 10 中开发的网站项目部署到 Heroku 中。

15-4-3 在 Windows 10 操作系统中部署 Heroku

想要部署 Heroku,首先在自己的操作环境下安装 Heroku 的客户端工具,到官方网站上下载程序安装即可(下载网址:https://devcenter.heroku.com/articles/heroku-cli,在网站中有各个操作系统的详细安装教学)。安装完成之后,到命令提示符环境下(如果是 Mac OS 或是 Linux 操作系统则是在终端程序)使用 heroku login 指令登录到你的 Heroku 账号,操作如下(第一次登录需要比较久的时间):

```
(VENV) (C:\Users\user\Anaconda3) D:\django>cd mysite

(VENV) (C:\Users\user\Anaconda3) D:\django\mysite>heroku login
Enter your Heroku credentials:
Email: skynet.tw@gmail.com
Password: ************
```

登录之后,即可使用 heroku create <app name> 建立自己的 App 应用程序(其实就是网站),要先建立,然后才能够把我们的文件上传上去。例如我们要建立 ugo,操作如下:

```
(VENV) (C:\Users\user\Anaconda3) C:\django\mysite>heroku create ugo
Creating ugo... !
 !   Name is already taken

 (VENV) (C:\Users\user\Anaconda3) C:\django\mysite>heroku create ugoo
Creating ugoo... done
https://ugoo.herokuapp.com/ | https://git.heroku.com/ugoo.git
```

不用想也知道,ugo 这么短的名字一定早就被人拿走了,所以我们再次命名为 ugoo,这次顺利拿到了,网址名称为 https://ugoo.herokuapp.com,而在 Git 上的账号则是 https://git.heroku.com/ugoo.git。而此时连接到该网站,可以看到 Heroku 已经帮我们准备好了空间,等着我们把网站文件部署上去,如图 15-34 所示。

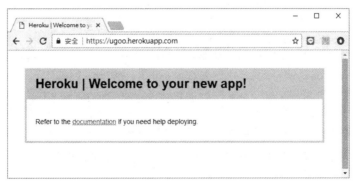

图 15-34　Heroko 建立好之后的空白网站

接下来，我们要修改在本地计算机上的 ugo 网站部分设置以及文件内容，上传之后才能够顺利让这个网站正常运行。

15-4-4　在 Heroku 上部署 Django 网站

要把自己的网站部署到 15-4-3 小节中建立的 ugoo 网站，首先要安装以下两个程序包：

```
pip install gunicorn
pip install django-heroku
```

之后，要在根目录下建立一个 Procfile 文件，其内容如下：

```
web: gunicorn mysite.wsgi --log-file -
```

接着创建一个程序包使用需求文件 requirements.txt，建立方法如下：

```
pip freeze > requirements.txt
```

还要加一个指定用来执行程序的 Python 版本，请先以 python --verison 检查当前系统的 Python 版本，再放在 runtime.txt 中，命令如下：

```
python-3.6.2
```

新版的 Django 2.0 支持环境并不需要修改 wsgi.py 中的内容，只要在 settings.py 之后加上以下内容即可：

```
import django_heroku
django_heroku.settings(locals())
```

此时请确定你的操作系统是否安装了 Git 版本控制系统，如果没有，前往 https://git-scm.com/downloads 下载程序安装，详细的 Git 操作方法在第 16 章中会介绍，如果你对于 Git 完全不熟悉，可先前往第 16 章了解一下，之后再回来这里学习。

接着执行以下 Git 命令：

```
(VENV) C:\django\mysite>git init
Initialized empty Git repository in C:/django/mysite/.git/

(VENV) C:\django\mysite>git add .

(VENV) C:\django\mysite>git commit -m "my first commit"

(VENV) C:\django\mysite>heroku git:remote -a ugoo
set git remote heroku to https://git.heroku.com/ugoo.git

(VENV) C:\django\mysite>git push heroku master
```

此时会出现非常多的信息，全部信息显示完之后，可以看到如图 15-35 所示的界面。

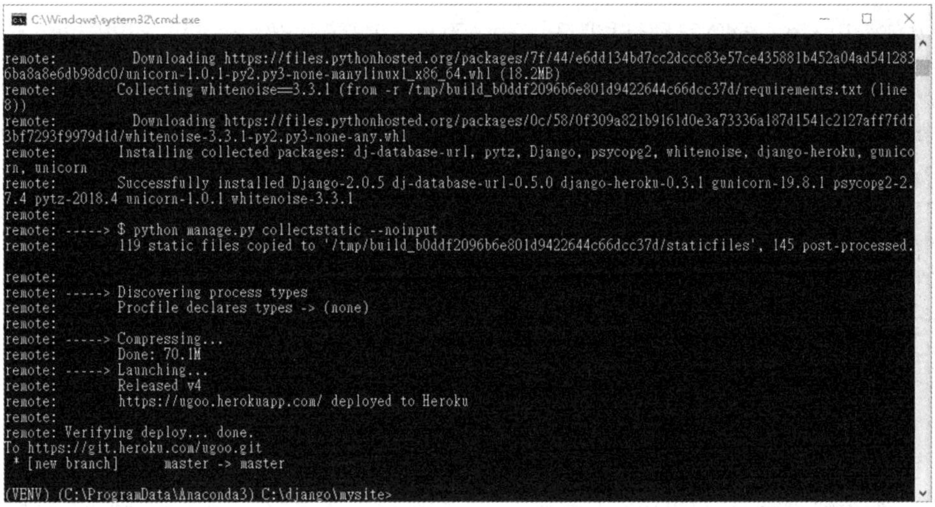

图 15-35　成功部署到 Heroku 后的屏幕显示界面

因为是首次部署网站，所以要执行一下数据库的迁移操作才行，命令如下：

```
(VENV) C:\django\mysite>heroku run python manage.py migrate
Running python manage.py migrate on  ugoo... up, run.4356 (Free)
/app/.heroku/python/lib/python3.6/site-packages/psycopg2/__init__.py:144:
UserWarning: The psycopg2 wheel package will be renamed from release 2.8; in order
to keep installing from binary please use "pip install psycopg2-binary" instead.
For details see: <http://initd.org/psycopg/docs/install.html#binary-install-
from-pypi>.
  """)
Operations to perform:
  Apply all migrations: admin, auth, contenttypes, sessions, ugo
Running migrations:
  Applying contenttypes.0001_initial... OK
  Applying auth.0001_initial... OK
  Applying admin.0001_initial... OK
  Applying admin.0002_logentry_remove_auto_add... OK
  Applying contenttypes.0002_remove_content_type_name... OK
  Applying auth.0002_alter_permission_name_max_length... OK
  Applying auth.0003_alter_user_email_max_length... OK
  Applying auth.0004_alter_user_username_opts... OK
  Applying auth.0005_alter_user_last_login_null... OK
  Applying auth.0006_require_contenttypes_0002... OK
  Applying auth.0007_alter_validators_add_error_messages... OK
  Applying auth.0008_alter_user_username_max_length... OK
  Applying auth.0009_alter_user_last_name_max_length... OK
  Applying sessions.0001_initial... OK
  Applying ugo.0001_initial... OK
```

因为更换数据库了，所以还要重新设置一个管理员密码：

```
(VENV) C:\django\mysite>heroku run python manage.py createsuperuser
Running python manage.py createsuperuser on  ugoo... up, run.4108 (Free)
/app/.heroku/python/lib/python3.6/site-packages/psycopg2/__init__.py:144:
UserWarning: The psycopg2 wheel package will be renamed from release 2.8; in order
to keep installing from binary please use "pip install psycopg2-binary" instead.
For details see:
<http://initd.org/psycopg/docs/install.html#binary-install-from-pypi>.
  """)
Username (leave blank to use 'u46669'): admin
Email address: skynet.tw@gmail.com
Password:
Password (again):
Superuser created successfully.
```

如果一切顺利的话，就可以使用 https://ugoo.herokuapp.com 这个网址看到我们的网站了，如图 15-36 所示。

但是，在单击"现有网址列表"链接时会出现如图 15-37 所示的页面。

你会发现，原有的数据内容是空的，原因是 Heroku 上面使用到的数据库和我们在自己的计算机上开发时使用的不是同一个数据库，所以上线之后数据就得重新建立，这是要注意的地方。回到 Heroku 网站，可以看到这个网站 App 的相关信息，如图 15-38 所示。

图 15-36　网站在 Heroku 顺利部署的页面

图 15-37　在网站中列出所有短网址列表

之后，还可以在网站上设置自有的网址以及其他相关操作，这些细节请读者直接参考官方网站上的说明。

现在，读者已经学会了如何使用 Django 制作网站。别忘了，这也是使用 Python 语言设计出来的，因此，本书中所有程序应用范例都可以拿到读者的网站进行测试，只是要注意，网站上要获取用户的输入不能直接使用 input，而是使用网址的编码或以窗体的方式来获得，而且网站在输出时不能使用 print，而是要通过模板以网页的方式输出。

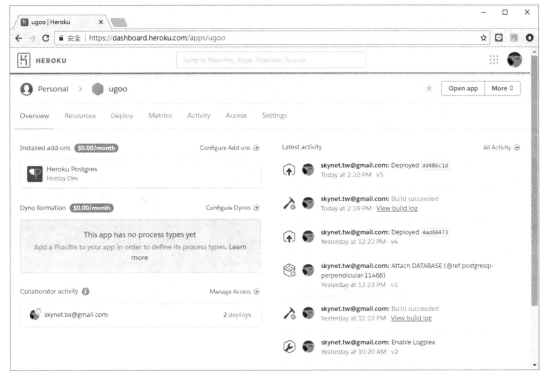

图 15-38　网站在 Heroku 上的相关信息

15-5　习　　题

1. 除了 DigitalOcean 之外，你还知道哪些主机商提供 VPS 虚拟机的服务？
2. 请比较说明网站部署之后 DEBUG 设置为 True 和 False 的差别。
3. 看完了本章内容，有没有掌握一套自己开发网站的方法？是否可以解决在不同计算机之间开发同一个网站的同步问题？
4. 请说明为什么不能直接使用 python manage.py runserver 作为上线用的网站。
5. 请练习把一个你的网站部署到 Heroku 上。

第 16 章

提升 Python 能力的下一步

* 16-1　程序代码的版本控制
* 16-2　Scrapy 网络爬虫框架应用实例
* 16-3　嵌入式系统与 Python
* 16-4　提升学习的下一步

　　终于到本书的最后一章了。经过前面章节的学习以及程序演练之后，相信读者已经能够掌握大部分 Python 程序设计的初阶技巧，也可以将这些学习到的技术用于解决生活上的问题，可以利用 Python 的 Web Framework 制作可以链接数据库的动态网站。

　　在学习完本书之后，接下来要如何增加实力呢？除了看更多的学习资料之外，为自己设置一些练习目标，让原本一个一个小程序成为比较大型的项目，做更多的练习才是不断提升自己的关键。当程序代码越来越长，文件越来越多，甚至以后有机会和别人一起开发项目时，如何进行程序设计的协作以及程序代码版本的控制就显得越来越重要了。在本书的最后一章，将以业界最常使用的程序代码版本控制系统 Git 以及程序代码云存储库 BitBucket 为起点进行介绍，并加强一些整合应用。期待看到读者学习之后的丰硕成果。

16-1　程序代码的版本控制

　　经过前面 15 章的洗礼，相信你的计算机中应该有许多程序了。有时学到了新内容，是否又会回头去改写之前的程序呢？另外，是否已经通过 Django 建立了几个网站？不知道是否像作者一样，经常会使用不同的计算机编写同一份程序项目？有时在台式机修改程序，又使用笔记本电脑修改同一份程序代码的时候，会不会忽然不知道到底哪些改了哪些没改？如果程序长一点，要加入新的功能，不小心整个改错了，如何才能够恢复到原来的状态？

以上种种情况在程序数量越来越多的时候就会发生，尤其是在编写 Django 这一类网站时问题会更严重，因为牵涉到的网站数量越来越多，而且其中有固定的文件结构不能随便更改。以上问题如果能够通过适当的版本控制流程，就可以解决大部分问题。在这一节，将介绍最受欢迎的版本控制系统 Git，让读者朝着成为高级程序设计师的方向迈进一步。

16-1-1 Git 简介

Git 是版本控制中的一个应用系统。所谓版本控制系统（Version Control System），简单地说，就是提供一个或数个文档库（或文档仓库）来放置我们的程序代码，而且会记录每一次的内容，把每一次记录的内容视为不同的版本，并记录所有存取的历史数据。

最简单的版本控制方式相信大家都会使用，就是在编写了某程序或项目告一段落之后，找一个文件夹把这个项目的文件都保存起来，使用日期或时间作为文件夹的名称，以备不时之需（其实大部分朋友在编辑文件资料时都会这么做）。日后如果程序或项目需要进行改版或修正错误，并不会改动保存起来的内容，万一本次改版发生失误，所有的程序或数据都无法恢复时，我们还有一份原先保存的版本可以拿来使用。

这样的方法对于个人使用来说还可以接受，但是如果你的项目需要几个人共同维护或要分享，这种方法就不再适用了。为了能够更有效率地共享与协作程序项目，有许多新的版本控制系统被提出，而属于分布式版本控制系统的 Git 则是当前使用人数最多的系统，也是当前的主流，包括 Linux 操作系统核心的版本控制（因为 Git 是 Linux 之父 Linus Torvalds 发明的），以及许许多多网站服务，甚至连 Python 的许多模块都使用 Git（严格来说，是放在 GitHub 这个以 Git 为基础的云端文档库中）作为其保存或使用程序代码的基础，而且 Git 在 Mac OS 以及 Linux 操作系统下都不用安装就可以使用，非常方便。Windows 的安装网址为 https://git-scm.com/downloads，网页如图 16-1 所示。

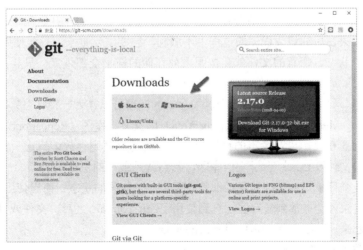

图 16-1　Git 程序的安装页面

由于 Windows 系统的操作方式和 Linux 有非常大的差异，因此在 Windows 的 Git 程序的安装过程中，关于 Prompt 的设置有一个地方要特别注意，如图 16-2 所示。

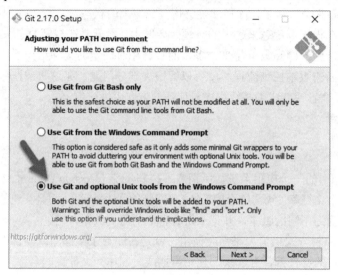

图 16-2　对于 Prompt 的设置要注意的地方

如图 16-2 所示，要把 Prompt 的使用设置改为箭头所指的第 3 项，如此在使用时才会比较方便，其他部分都用默认值即可。安装完毕之后，再重新进入一次 Anaconda Prompt，就可以直接使用 Git 的相关指令了。

基本上 Git 的原理很简单（但是实际协作时的情况还是很复杂的，所幸我们当前只针对个人对项目的管理和控制，所以可以先不要管那么多。此外，Windows 的用户要另外安装 Git 应用程序），它是以本地目录为基础，当我们处于某一个目录下时，使用 git init 进行初始化的操作，它就会在此目录下另外创建一个名为 .git 的隐含目录，并把所有需要保存的数据都以专属的形式放在其中，而且创建好必要的索引以供查阅以及后续的操作。

在还没有跟远程的文档库服务（如 GitHub 或 BitBucket）进行连接之前，所有 Git 指令都是以 .git 中的内容为操作目标，系统会根据每一个对应到的文件所处的不同状态分别加以处理，并在适当的地方加上标记以供我们做进一步的合并或恢复操作。例如，我们一开始就把某些文件加入文档库并确认之后，如果在后续修改程序的过程中不顺利，想要恢复重来，只要使用 Git 指令让当前的指针回到前一个状态，所有的文件就会按照之前存储的样子全部恢复，只要几个简单的指令就可以了。

Git 把资料（目录以及文件）分成 3 个区（存放区，也可以作为一种状态），分别是当前的工作目录区（Working Area）、暂存区（Staging Area）以及文档库区（Repository Area）。当前的工作目录区存放当前正在使用以及编辑的目录和文件；而暂存区则存放编辑告一段落，放在那里等着被放进文档库的文件及目录；至于文档库区，当然就是最终的保存场所了。一开始使用 git init 之后，所有在同一个目录下的文件和目录都是处于当前工作区的状态，而当使用了 git add 之后，被指定的文件和目录就会被放到暂存区，直到使用了 git commit 之后，文件或目录才会真正被放到文档库中保存起来。若要还原，则使用 git checkout。

几个比较常见的 Git 指令如表 16-1 所示。

表 16-1　几个常见的 Git 指令

Git 指令	说明
git init	将当前目录初始化为 Git 目录，创建本地文档库
git config	设置当前所在的系统信息
git add <file>	把文件<file>转换到暂存区
git rm <file>	把文件<file>从暂存区移出
git commit -m msg	把在暂存区的文件或目录放到文档库中，并存储一段 msg 信息，以记录此次 commit 的目的，通常会注明本次修改的主要对象和内容
git branch <b>	开一个名为<b>的新分支
git checkout <b>	将文档库中分支为<b>的内容取出还原到工作目录
git merge <b>	把<b>这个分支合并回来
git status	查看当前各目录的状态
git reset	指定重置某一个版本
git log	查看 commit 的历史记录
git clone	从远程的文档库（GitHub 或 BitBucket，复制整份到当前所在的目录下
git push	把本地 Commit 的内容推送到远程的文档库
git pull	把远程文档库的内容拉取更新到本地的目录中

顺利安装 Git 之后，我们可在 Anaconda Prompt 中输入以下指令，设置 Git 的用户信息以及查看系统当前的设置（只有在第一次使用时设置即可）：

```
(VENV) D:\django\mysite>git --version
git version 2.17.0.windows.1

(VENV) D:\django\mysite>git config --global user.name "Richard Ho"

(VENV) D:\django\mysite>git config --global user.email "skynet.tw@gmail.com"

(VENV) D:\django\mysite>git config --list
core.symlinks=false
core.autocrlf=true
core.fscache=true
color.diff=auto
color.status=auto
color.branch=auto
color.interactive=true
help.format=html
rebase.autosquash=true
http.sslcainfo=C:/Program Files/Git/mingw64/ssl/certs/ca-bundle.crt
http.sslbackend=openssl
diff.astextplain.textconv=astextplain
filter.lfs.clean=git-lfs clean -- %f
filter.lfs.smudge=git-lfs smudge -- %f
```

```
filter.lfs.process=git-lfs filter-process
filter.lfs.required=true
credential.helper=manager
user.name=Richard Ho
user.email=skynet.tw@gmail.com
core.repositoryformatversion=0
core.filemode=false
core.bare=false
core.logallrefupdates=true
core.symlinks=false
core.ignorecase=true
```

接着,只要在同一个目录下输入 git init,就可以开始对这个目录进行版本控制了。

16-1-2　Git 实践操作

续接 16-1-1 小节,在该目录中输入 git init 指令,就会出现已建立文档库的信息,同时命令提示符也会有所改变,多了一个"(master)"的字样:

```
(VENV) D:\django\mysite>git init
Initialized empty Git repository in D:/django/mysite/.git/
```

此时,使用 git status 可以检查当前 Git 的状态:

```
(VENV) D:\django\mysite>git status
On branch master

No commits yet

Untracked files:
  (use "git add <file>..." to include in what will be committed)

        Procfile
        db.sqlite3
        manage.py
        mysite/
        requirements.txt
        runtime.txt
        ugo/

nothing added to commit but untracked files present (use "git add" to track)
```

由上述信息可以发现系统列出了当前目录下所有的文件以及子目录,都显示在"Untracked files"中,因为我们还没开始管理和控制这些文件,所以只要执行"git add ."指令,就可以把它们都放到暂存区域中:

```
(VENV) D:\django\mysite>git add .
(VENV) D:\django\mysite>git status
```

```
On branch master

No commits yet

Changes to be committed:
  (use "git rm --cached <file>..." to unstage)

        new file:   Procfile
        new file:   db.sqlite3
        new file:   manage.py
        new file:   mysite/__init__.py
        new file:   mysite/__pycache__/__init__.cpython-36.pyc
        new file:   mysite/__pycache__/settings.cpython-36.pyc
        new file:   mysite/__pycache__/urls.cpython-36.pyc
        new file:   mysite/__pycache__/wsgi.cpython-36.pyc
        new file:   mysite/settings.py
        new file:   mysite/urls.py
        new file:   mysite/wsgi.py
        new file:   requirements.txt
        new file:   runtime.txt
        new file:   ugo/__init__.py
        new file:   ugo/__pycache__/__init__.cpython-36.pyc
        new file:   ugo/__pycache__/admin.cpython-36.pyc
        new file:   ugo/__pycache__/models.cpython-36.pyc
        new file:   ugo/__pycache__/views.cpython-36.pyc
        new file:   ugo/admin.py
        new file:   ugo/apps.py
        new file:   ugo/migrations/0001_initial.py
        new file:   ugo/migrations/__init__.py
        new file:   ugo/migrations/__pycache__/0001_initial.cpython-36.pyc
        new file:   ugo/migrations/__pycache__/__init__.cpython-36.pyc
        new file:   ugo/models.py
        new file:   ugo/static/images/logo.png
        new file:   ugo/templates/base.html
        new file:   ugo/templates/index.html
        new file:   ugo/templates/listall.html
        new file:   ugo/templates/notfound.html
        new file:   ugo/tests.py
        new file:   ugo/views.py
```

再一次检查文件状态时，就会全部变成"new file"，而且都在"Changes to be committed"的列表中。最后，执行"git commit -m 'my first commit'"指令即可。

```
(VENV) D:\django\mysite>git commit -m "my first commit"
[master (root-commit) 6e8d5ee] my first commit
 32 files changed, 332 insertions(+)
```

```
create mode 100644 Procfile
create mode 100644 db.sqlite3
create mode 100644 manage.py
create mode 100644 mysite/__init__.py
create mode 100644 mysite/__pycache__/__init__.cpython-36.pyc
create mode 100644 mysite/__pycache__/settings.cpython-36.pyc
create mode 100644 mysite/__pycache__/urls.cpython-36.pyc
create mode 100644 mysite/__pycache__/wsgi.cpython-36.pyc
create mode 100644 mysite/settings.py
create mode 100644 mysite/urls.py
create mode 100644 mysite/wsgi.py
create mode 100644 requirements.txt
create mode 100644 runtime.txt
create mode 100644 ugo/__init__.py
create mode 100644 ugo/__pycache__/__init__.cpython-36.pyc
create mode 100644 ugo/__pycache__/admin.cpython-36.pyc
create mode 100644 ugo/__pycache__/models.cpython-36.pyc
create mode 100644 ugo/__pycache__/views.cpython-36.pyc
create mode 100644 ugo/admin.py
create mode 100644 ugo/apps.py
create mode 100644 ugo/migrations/0001_initial.py
create mode 100644 ugo/migrations/__init__.py
create mode 100644 ugo/migrations/__pycache__/0001_initial.cpython-36.pyc
create mode 100644 ugo/migrations/__pycache__/__init__.cpython-36.pyc
create mode 100644 ugo/models.py
create mode 100644 ugo/static/images/logo.png
create mode 100644 ugo/templates/base.html
create mode 100644 ugo/templates/index.html
create mode 100644 ugo/templates/listall.html
create mode 100644 ugo/templates/notfound.html
create mode 100644 ugo/tests.py
create mode 100644 ugo/views.py
```

这时可以发现,在使用 git status 检查时,会出现 "nothing to commit, working directory clean" 的信息,表示当前的工作区和文档库中所存的内容是一致的。我们也可以使用 git log 检查历史记录。

现在,假设我们添加了一个说明用的文件 README.md(惯例上,这个文件会被当成在线文档库的主要说明文件,是以 MarkDown 格式编辑的),在把这个文件存盘之后,再执行 git status,就可以看到如下信息:

```
(VENV) D:\django\mysite>git status
On branch master
Untracked files:
  (use "git add <file>..." to include in what will be committed)

        README.md
```

```
nothing added to commit but untracked files present (use "git add" to track)
```

可以看出，当前 README.md 文件是 untracked file，也就是未被追踪的文件，此时请执行"git add ."指令，可以看出其中的差异：

```
(VENV) D:\django\mysite>git add .
The file will have its original line endings in your working directory.

(VENV) (d:\Anaconda3_5.0) D:\django\mysite>git status
On branch master
Changes to be committed:
  (use "git reset HEAD <file>..." to unstage)

        new file:   README.md
```

这个文件使用 git commit -m "add readme file" 进行 commit，指令执行如下：

```
(VENV) D:\django\mysite>git commit -m "add readme file"
[master feb3f12] add readme file
 1 file changed, 7 insertions(+)
 create mode 100644 README.md

(VENV) D:\django\mysite>git status
On branch master
nothing to commit, working tree clean
```

接着，对 README.md 的内容进行修改，再存盘，最后以 git status 指令查询，会得到以下结果：

```
(VENV) D:\django\mysite>git status
On branch master
Changes not staged for commit:
  (use "git add <file>..." to update what will be committed)
  (use "git checkout -- <file>..." to discard changes in working directory)

        modified:   README.md

no changes added to commit (use "git add" and/or "git commit -a")
```

通过执行 git diff 指令，可以看出两个文件之间的差异（不过在 Windows 的命令提示符环境下，中文都被转换成其他的编码了，看不出来），如图 16-3 所示。

如果此时我们把这个文件使用 copy 指令复制一份备份，可以看到更多的信息：

```
(VENV) D:\django\mysite>copy README.md README.bak
复制了         1 个文件。

(VENV) (d:\Anaconda3_5.0) D:\django\mysite>git status
On branch master
Changes not staged for commit:
```

```
  (use "git add <file>..." to update what will be committed)
  (use "git checkout -- <file>..." to discard changes in working directory)

        modified:   README.md

Untracked files:
  (use "git add <file>..." to include in what will be committed)

        README.bak

no changes added to commit (use "git add" and/or "git commit -a")
```

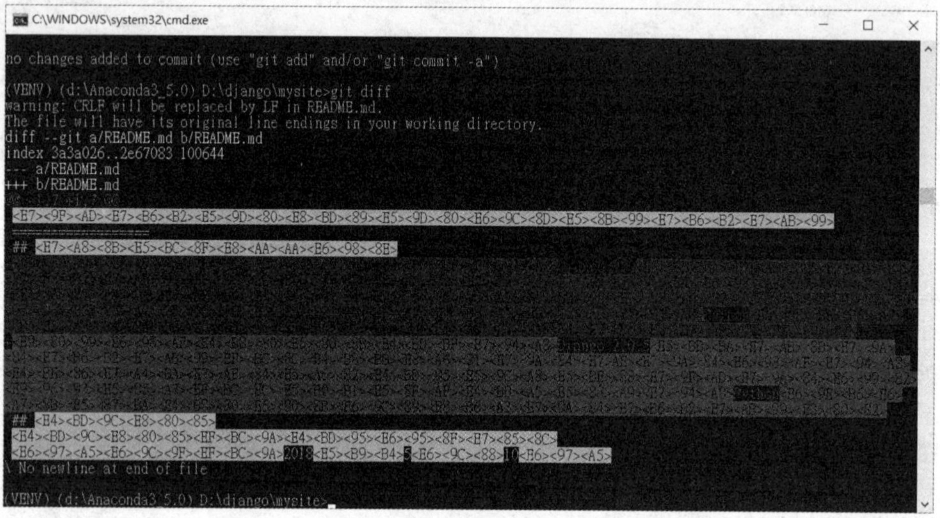

图 16-3　通过 git diff 指令查看两个文件之间的差异

从 git status 信息中可以看出，原来 commit 的 README.md 被修改了，回到工作区，添加的 README.bak 则是未追踪的文件，表示它也是位于工作区中的文件。

同样，先使用 git add 和 git commit，再以 git status 和 git log 查看，结果如下：

```
 (VENV) D:\django\mysite>git add .
warning: CRLF will be replaced by LF in README.md.
The file will have its original line endings in your working directory.
warning: CRLF will be replaced by LF in README.bak.
The file will have its original line endings in your working directory.

 (VENV) D:\django\mysite>git commit -m "add the readme backup file"
[master 27530c2] add the readme backup file
 2 files changed, 8 insertions(+), 1 deletion(-)
 create mode 100644 README.bak

 (VENV) D:\django\mysite>git status
On branch master
nothing to commit, working tree clean

 (VENV) D:\django\mysite>git log
commit 27530c2f6faf1d25fb43b1c206cd35a12887b755 (HEAD -> master)
```

```
Author: Richard Ho <skynet.tw@gmail.com>
Date:   Thu May 10 07:26:02 2018 +0800

    add the readme backup file

commit feb3f126b20fabd74dcba86b005a099c391be008
Author: Richard Ho <skynet.tw@gmail.com>
Date:   Thu May 10 07:18:24 2018 +0800

    add readme file

commit c23a90ee50ebd157dbbd731310bee374b7912538
Author: Richard Ho <skynet.tw@gmail.com>
Date:   Thu May 10 07:07:56 2018 +0800

    my first commit
```

可以从 git log 返回的信息中看到 3 次 commit 信息，第 1 次叫作"my first commit"，第 2 次叫作"add README.md"，第 3 次的 commit 信息是"add the readme backup file"。如果我们发现这些修改是不必要的，要强制回到之前的任一状态，只要下达"git checkout"指令就可以回到指定的 commit id 之前的 7 个字符。例如在下面的例子中，我们打算回到前一个状态（id 是 feb3f126b20fabd74dcba86b005a099c391be008），操作如下：

```
(VENV) (d:\Anaconda3_5.0) D:\django\mysite>dir
 驱动器 D 中的卷是 WINVISTA
 卷的序列号是  5ACE-070E

 D:\django\mysite 的目录

2018/05/10  上午 07:24    <DIR>          .
2018/05/10  上午 07:24    <DIR>          ..
2018/05/05  下午 05:10           135,168 db.sqlite3
2018/05/05  下午 05:10           135,168 db.zip
2018/05/05  上午 10:53               553 manage.py
2018/05/05  上午 07:15    <DIR>          mysite
2018/05/06  上午 06:46             5,486 mysite.zip
2018/05/10  上午 07:19               286 README.bak
2018/05/10  上午 07:19               286 README.md
2018/05/05  上午 07:51    <DIR>          static
2018/05/05  上午 07:36    <DIR>          ugo
2018/05/06  上午 06:46            27,922 ugo.zip
               7 个文件        304,869 字节
               5 个目录  3,241,349,120 可用字节

(VENV) (d:\Anaconda3_5.0) D:\django\mysite>git checkout feb3f12
Note: checking out 'feb3f12'.
```

```
You are in 'detached HEAD' state. You can look around, make experimental
changes and commit them, and you can discard any commits you make in this
state without impacting any branches by performing another checkout.

If you want to create a new branch to retain commits you create, you may
do so (now or later) by using -b with the checkout command again. Example:

  git checkout -b <new-branch-name>

HEAD is now at feb3f12 add readme file
(VENV) (d:\Anaconda3_5.0) D:\django\mysite>dir
 驱动器 D 中的卷是 WINVISTA
 卷的序列号是  5ACE-070E

 D:\django\mysite 的目录

2018/05/10  上午 07:30    <DIR>          .
2018/05/10  上午 07:30    <DIR>          ..
2018/05/05  下午 05:10           135,168 db.sqlite3
2018/05/05  下午 05:10           135,168 db.zip
2018/05/05  上午 10:53               553 manage.py
2018/05/05  上午 07:15    <DIR>          mysite
2018/05/06  上午 06:46             5,486 mysite.zip
2018/05/10  上午 07:30               278 README.md
2018/05/05  上午 07:51    <DIR>          static
2018/05/05  上午 07:36    <DIR>          ugo
2018/05/06  上午 06:46            27,922 ugo.zip
               6 个文件        304,575 字节
               5 个目录  3,241,349,120 字节可用

(VENV) (d:\Anaconda3_5.0) D:\django\mysite>git log
commit feb3f126b20fabd74dcba86b005a099c391be008 (HEAD)
Author: Richard Ho <skynet.tw@gmail.com>
Date:   Thu May 10 07:18:24 2018 +0800

    add readme file

commit c23a90ee50ebd157dbbd731310bee374b7912538
Author: Richard Ho <skynet.tw@gmail.com>
Date:   Thu May 10 07:07:56 2018 +0800

    my first commit
```

此时，你会发现所有的内容都会恢复到前一次 commit 的状态，包括当前工作目录中我们对 README.md 的修改以及新增 README.bak 都会消失，因此使用此指令时千万要注意。如果想来回测试的话，可以善用分支（branch）功能。

至此，我们已经学会了如何在自己的计算机中管理文档库，当然 Git 的版本控制还有很多要学习的部分，尤其是在许多人共同维护以及开发的项目中还有很多要注意的地方。详细的内容不在本书的讨论范围内，请读者自行参考相关资料。网络上有一个非常著名的 15 分钟教学，有兴趣的朋友可以去学习，网址为 https://try.github.io/levels/1/challenges/1。

另一个重点是，要把自己计算机中的文档库放到远程的文档库服务中，增加开发上的弹性，让你既可以在不同的计算机和环境中开发同一份项目，也可以和其他人协同合作此项目。

16-1-3　BitBucket 的申请使用

Git 使用的远程文档库中当属 GitHub 最有名气，但是它的免费账号中只能使用公开文档库，也就是所有人只要有你的文档库网址就可以看到里面所有的内容，也可以自由地下载，因此除非是 Open Source 的项目或其他服务，非链接 GitHub 不可（例如 PhoneGap），笔者都是使用 BitBucket 来建立自己的文档库。GitHub 上大部分功能在 BitBucket 上都有，但是使用的人数差很多，如果你的项目想要有更多人关注，就直接上 GitHub，如果只是私人或少数人的项目，那么使用 BitBucket 就好了。

BitBucket 的网址为 https://bitbucket.org/，网站首页如图 16-4 所示。

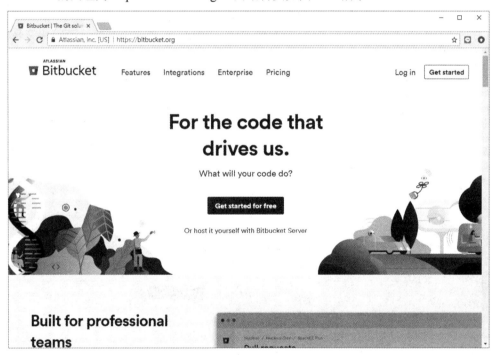

图 16-4　BitBucket 网站首页

单击中间的"Get started for free"按钮，即可进入注册页面，在注册页面中填入自己的电子邮件地址和账号相关的信息（名称和密码），最后到自己的电子邮件信箱中激活即可。因为过程很简单，在此就不附上操作过程了。

激活完成并登录后，网页页面如图 16-5 所示。

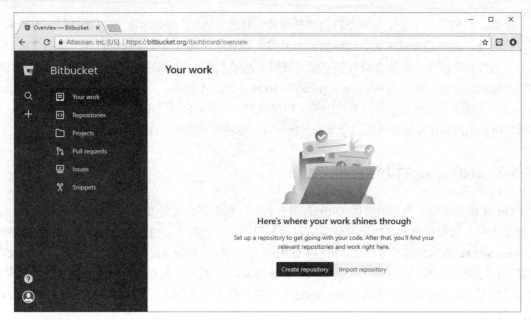

图 16-5　第一次登录 BitBucket 时的网页页面

如图 16-5 所示，在 BitBucket 中有许多功能可以使用，在此我们关心的是如何创建一个可以用于远程存储数据的仓库，直接单击"Create repository"按钮。另外，BitBucket 支持中文显示，若要设置为中文显示，可以单击左下角的个人账号处，进入 Settings 选项修改设置即可。

在我们选择创建第一个文档库（repository）时会出现如图 16-6 所示的页面。

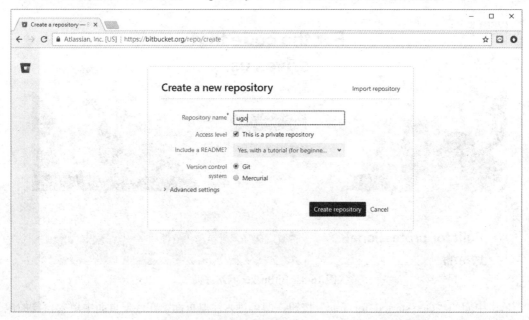

图 16-6　在 BitBucket 中创建一个文档库

如图 16-6 所示，只要填入文档库的名称（此例为 ugo），再单击"Create repository"按钮即可，如图 16-7 所示。

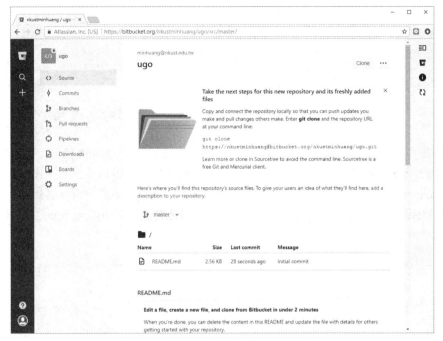

图 16-7　新创建完成的文档库的操作页面

参照图 16-7 中的说明，要开始使用这个文档库，只要通过 git clone 命令先把这个文档库从远程（也就是 BitBucket 的主机）复制一份到本地计算机的硬盘中。由于在前面的例子中我们选择创建的是私有的文档库，因此在 clone 的过程中会提示我们输入这个账号的密码，过程如下：

```
    (VENV) C:\>git clone
https://nkustminhuang@bitbucket.org/nkustminhuang/ugo.git
    Cloning into 'ugo'...
    Password for 'https://nkustminhuang@bitbucket.org':
    remote: Counting objects: 3, done.
    remote: Compressing objects: 100% (2/2), done.
    remote: Total 3 (delta 0), reused 0 (delta 0)
    Unpacking objects: 100% (3/3), done.
    (VENV) C:\>cd ugo
    (VENV) C:\ugo>dir
    驱动器 C 中没有卷。
    卷的序列号是 B0F5-7226

    C:\ugo 的目录

   2018/05/10  下午 03:35    <DIR>          .
   2018/05/10  下午 03:35    <DIR>          ..
   2018/05/10  下午 03:35             2,666 README.md
                  1 个文件          2,666 字节
                  2 个目录 364,838,719,488 可用字节
```

```
(VENV) C:\ugo>git log
commit 4ae0b78b1ac9158b8e5a6ced26e238235902bf7f (HEAD -> master,
origin/master, origin/HEAD)
Author: minhuang@nkust.edu.tw <minhuang@nkust.edu.tw>
Date:   Thu May 10 06:48:23 2018 +0000

    Initial commit
```

在上述操作过程中,在 git log 中可以清楚地看到这个文档库的 commit 情况,接下来这里面所有的操作都已经被 Git 的版本控制所管理,如果有任何添加、编辑以及删除操作,只要通过 git add . 和 git commit 指令就可以进行适当的版本控制与管理,最后想要把数据存储到远端(BitBucket 主机)的文档库中,只要下达 git push 指令即可。下面示范在文档库中添加一个文件(hello.txt),并把这个文件添加到远程的文档库中:

```
(VENV) (C:\ProgramData\Anaconda3) C:\ugo>type con > hello.txt
Hello world!!
This is a test file.
^Z

(VENV) (C:\ProgramData\Anaconda3) C:\ugo>git status
On branch master
Your branch is up to date with 'origin/master'.

Untracked files:
  (use "git add <file>..." to include in what will be committed)

        hello.txt

nothing added to commit but untracked files present (use "git add" to track)

(VENV) (C:\ProgramData\Anaconda3) C:\ugo>git add .

(VENV) (C:\ProgramData\Anaconda3) C:\ugo>git commit -m "add hello.txt file"
[master bd7c5dd] add hello.txt file
 1 file changed, 2 insertions(+)
 create mode 100644 hello.txt
(VENV) (C:\ProgramData\Anaconda3) C:\ugo>git push
Counting objects: 3, done.
Delta compression using up to 4 threads.
Compressing objects: 100% (2/2), done.
Writing objects: 100% (3/3), 319 bytes | 319.00 KiB/s, done.
Total 3 (delta 0), reused 0 (delta 0)
To https://bitbucket.org/nkustminhuang/ugo.git
   4ae0b78..bd7c5dd  master -> master
```

执行完上述操作之后,回到 BitBucket,即可看到如图 16-8 所示的页面。

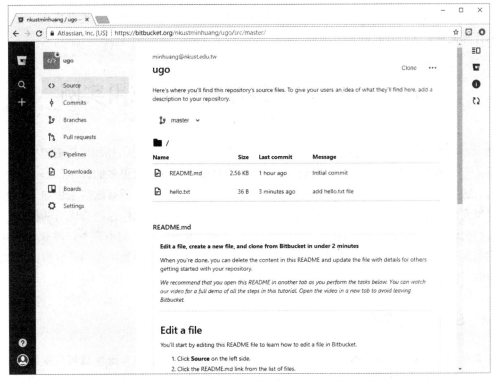

图 16-8　添加 hello.txt 之后的 BitBucket 文档库列表

如图 16-8 所示，hello.txt 已经被放在文档库的文件列表中了，此时如果我们单击左侧的 Commits，就会看到如图 16-9 所示的页面。

图 16-9　Commits 的历史记录

在图 16-9 中共列出了两笔 Commit 记录，第一笔是在创建这个远程私有文档库的时候创建的，而第二笔则是在上一个操作中，加入 hello.txt 文件时创建的。有了这个文档库之后，任何时候都可以在本地的计算机中（无论是在哪一台计算机）使用 git clone 下载内容或在目录中执行 git pull，都可以从远程文档库中提取最新的文件，之后如果有添加或修改的内容，在本地计算机

Commit 之后，再使用 git push 指令上传到远程文档库即可。读者如果熟悉了这些操作，就可以在不同的计算机系统之间开发同一个项目了。

16-2　Scrapy 网络爬虫框架应用实例

在前面的章节中，我们学会了如何运用 requests 到网页上提取信息，然而如果需要的信息不只有一页，而是想要根据当前页面中的链接持续往下搜索数据，就需要更多的程序代码去维护网页中的所有链接，逐一地前往分析，找出更多的数据以及更多的链接。所有这些工作如果要自己编写程序来完成，那么需要做的"杂事"就太多了。不过，好在这些工作已经有优秀的程序设计人员帮我们完成了，方法是使用 Scrapy 网络爬虫框架。通过 Scrapy，我们不需要管理网页中所有网址的相关处理细节以及如何提高网页提取的效率，而是把所有的精力集中在如何分析网页内容以及数据的存储上。

16-2-1　Scrapy 的安装

如果是在 Linux 或 Mac OS 中，一般而言只要执行 sudo pip install scrapy 就可以安装好了。但是在 Windows 下安装则稍微麻烦一些，因为有一些链接库需要重新在 Windows 下编辑源代码，所以不是每一台计算机都可以顺利完成安装。不过，只要读者按照本书前面章节讲述的内容，在自己的 Windows 操作系统中安装了 Anaconda，就比较简单了。首先，使用系统管理员的权限启动 Anaconda Prompt，然后在此命令提示符环境下输入以下命令：

```
conda install -c conda-forge scrapy
```

等于是通过 Anaconda 的程序包安装程序来安装，一般来说都会成功，不过由于需要安装的程序包非常多，在大部分情况下安装过程需要花费较长的时间。

完成安装之后，只要再进入 Anaconda Prompt，就可以在命令提示符环境中直接使用 Scrapy，例如 scrapy version 可以显示当前安装的 Scrapy 版本，如果不加任何参数直接执行，除了看到版本之外，还会看到使用的说明：

```
(base) C:\Users\USER\Documents>scrapy
Scrapy 1.5.0 - no active project

Usage:
  scrapy <command> [options] [args]

Available commands:
  bench         Run quick benchmark test
  fetch         a URL using the Scrapy downloader
  genspider     Generate new spider using pre-defined templates
  runspider     Run a self-contained spider (without creating a project)
  settings      Get settings values
```

```
  shell           Interactive scraping console
  startproject    Create new project
  version         Print Scrapy version
  view            Open URL in browser, as seen by Scrapy

  [ more ]        More commands available when run from project directory

Use "scrapy <command> -h" to see more info about a command
```

Scrapy 的官方网站（https://scrapy.org/）页面如图 16-10 所示。

图 16-10　Scrapy 的官方网站页面

在 Scrapy 官方网站中有相当多的帮助文档，只要单击页面上方的 Documentation 就可以查看，有兴趣的读者可以自行前往查阅。而在这一小节中，我们将以一个实际的例子说明如何在很短的时间内就可以从网页中提取出我们所感兴趣的信息。

因为 Scrapy 本身是一个框架，所以就如同之前我们建立 Django 网站一样，要先使用命令创建一个"框架"才行。在 Scrapy 中创建框架也是使用 startproject，操作如下（假设我们的项目名称为 myspiders，把这个项目放在 C:\scrapy 目录下，而且通过 virtualenv VENV 建立了一个虚拟环境）：

```
(VENV) (base) C:\scrapy>scrapy startproject myspiders
New Scrapy project 'myspiders', using template directory
'C:\\ProgramData\\Anaconda3\\lib\\site-packages\\scrapy\\templates\\project',
created in:
    C:\scrapy\myspiders
```

```
You can start your first spider with:
    cd myspiders
    scrapy genspider example example.com

 (VENV) (base) C:\scrapy>tree myspiders /f
列出文件夹 PATH 列表
卷的序列号是 B0F5-7226
C:\SCRAPY\MYSPIDERS
│   scrapy.cfg
│
└───myspiders
    │   items.py
    │   middlewares.py
    │   pipelines.py
    │   settings.py
    │   __init__.py
    │
    ├───spiders
    │   │   __init__.py
    │   │
    │   └───__pycache__
    └───__pycache__
```

如上所示，Scrapy 帮我们创建了一些文件在 mysipders 下，在 16-2-2 小节会说明有哪些文件是我们必须要编辑的，以及如何启动爬虫的操作。

注意：笔者使用的环境是 Windows 10，在创建 Scrapy 项目时遇到了如下错误：

```
from cryptography.hazmat.bindings._openssl import ffi, lib
```

ImportError: DLL load failed: 操作系统无法运行 %1。

向以前的同事、朋友咨询，得到了正确的指点，经过一番努力，发现了解决问题的办法，就是把 Windows 10 的 Windows/system32 文件夹下的 libeay32.dll 文件屏蔽掉，建议保守的读者不用删除它，作者的做法是把它改名为 libeay32.dll - bak。同事和朋友指出，标准的 Windows 10 没有这个文件，Windows 一直使用的是微软公司自己的加密库来实现应用程序，估计是其他的应用装的，修改、删除这个文件至少不会和 Windows 系统有冲突。

后续的基于 Scrapy 程序包的范例程序都会受这个问题的影响，建议在使用 Scrapy 期间保持对 libeay32.dll 文件的屏蔽。

16-2-2　简易爬虫程序的实现

假设我们感兴趣的数据是某一门户网站的财经新闻内容，首先前往该网站，分析想要提取的信息的锁定标签，先确定自己是否能够通过程序定位到这笔数据内容。这些过程可以在 jupyter notebook 中先做好测试。以腾讯网的财经要闻为例，其网页如图 16-11 所示。

第 16 章　提升 Python 能力的下一步 | 407

图 16-11　腾讯网的财经要闻网页页面

接着切换到 Chrome 的"开发者工具"页面，取得网页源代码信息，通过 Elements 页签的内容以及 Inspect 指针的功能找出新闻标题的内容以及链接，如图 16-12 所示。

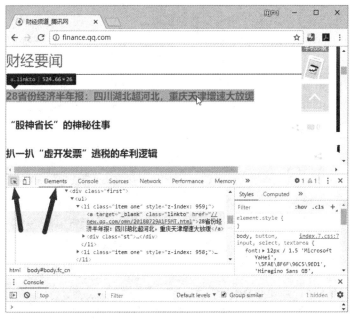

图 16-12　通过 Chrome 开发者工具分析网页标签

接着在 jupyter notebook 中，使用 requests 模块的 get 方法（函数）取得此网页的源代码内容，并运用 BeautifulSoup，使用刚刚分析的标签、CSS Selector 的组合测试，看看是否定位出感兴趣的信息内容，如图 16-13 所示。

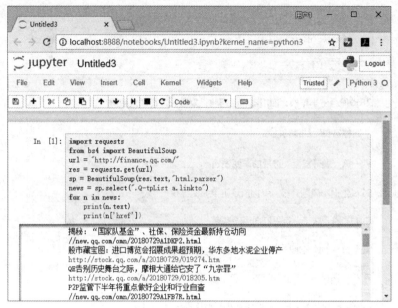

图 16-13　通过 BeautifulSoup 测试标签以及 Selector 的正确性

如图 16-13 所示，在程序中使用".Q-tpList a.linkto"这个 Selector 即可找出本网页中所有的财经要闻标题以及全文内容的链接网址。以往的方式，接下来我们就要在程序中使用一个循环，然后逐一处理这些网址的提取工作，不过这些工作交给 Scrapy 来做的话会更轻松，在数据处理上也更容易进行整合。

回到 Scrapy，在创建了项目要开始进行数据爬取之前，为了避免对于网站的不良影响，请先到 settings.py 中找出 DOWNLOAD_DELAY = 3，把前面的注释号删除，在提取的过程中加入一些延迟时间。

接着开始编写处理网页提取的主程序，这个程序需要放在 spiders 文件夹下（在此例为 C:\scrapy\myspiders\myspiders\spiders），在此例中我们把它命名为 news.py，其内容如下：

```python
# -*- coding:utf-8 -*-
import scrapy
from bs4 import BeautifulSoup

class Spider(scrapy.Spider):
    name = "news"
    start_urls = \
        ('https://finance.qq.com/',)

    def parse(self, response):
        sp = BeautifulSoup(response.body, "html.parser")
        news = sp.select(".Q-tpList a.linkto")
        content = list()
        for headline in news:
            temp = dict()
            temp['title'] = headline.text
```

```
            temp['url'] = headline['href']
            content.append(temp)
        print(content)
```

在程序中我们创建了一个名为 Spider 的类，它是继承自 scrapy.Spider 的子类。在这个类中，首先要设置 name 变量，它就是这个爬虫的名字，日后要开始进行爬取操作的时候，是以这个名字作为依据的。接着设置 start_urls，这是一个列表或元组，它用来指定要开始爬取的目标网址，在这里我们只指定了一个。

除了两个主要的变量之外，另一个重要的方法（或函数）是 parse，当系统的执行流程进入这个函数时，表示已经把网页数据加载到程序中了，它会通过 response 传递进来。意思是说，此时 response 参数代表的就是提取到的网页源代码，因此我们只要针对 response 进行解析操作就行了。

按照之前在图 16-13 的分析过程，程序中同样把 response 交给 BeautifulSoup 进行解析，使用 sp.select(".Q-tpList a.linkto") 找出所有的新闻标题（注意，读者在其他网站中提取主题词的时候，筛选用的条件不见得是".Q-tpList a.linkto"），再以一个循环把它编写到字典变量 content 之中，最后把它打印输出。把这个文件存储后，回到 C:\scrapy\myspiders 目录下，输入 scrapy crawl news，即可开始网页爬取的操作，过程如下：

```
(VENV) (base) C:\scrapy\myspiders>scrapy crawl news
2018-07-30 17:02:58 [scrapy.utils.log] INFO: Scrapy 1.5.1 started (bot: myspiders)
2018-07-30 17:02:58 [scrapy.utils.log] INFO: Versions: lxml 4.1.0.0, libxml2 2.9.4, cssselect 1.0.3, parsel 1.5.0, w3lib 1.19.0, Twisted 17.5.0, Python 3.6.3 |Anaconda custom (64-bit)| (default, Oct 15 2017, 03:27:45) [MSC v.1900 64 bit (AMD64)], pyOpenSSL 17.2.0 (OpenSSL 1.0.2o  27 Mar 2018), cryptography 2.0.3, Platform Windows-10-10.0.17134-SP0
2018-07-30 17:02:58 [scrapy.crawler] INFO: Overridden settings: {'BOT_NAME': 'myspiders', 'DOWNLOAD_DELAY': 3, 'EDITOR': 'D:\\Program Files (x86)\\Notepad++\\notepad++.exe', 'NEWSPIDER_MODULE': 'myspiders.spiders', 'ROBOTSTXT_OBEY': True, 'SPIDER_MODULES': ['myspiders.spiders']}
2018-07-30 17:02:58 [scrapy.middleware] INFO: Enabled extensions:
['scrapy.extensions.corestats.CoreStats',
 'scrapy.extensions.telnet.TelnetConsole',
 'scrapy.extensions.logstats.LogStats']
2018-07-30 17:02:58 [scrapy.middleware] INFO: Enabled downloader middlewares:
['scrapy.downloadermiddlewares.robotstxt.RobotsTxtMiddleware',
 'scrapy.downloadermiddlewares.httpauth.HttpAuthMiddleware',

    (...略...)

2018-07-30 17:02:58 [scrapy.core.engine] INFO: Spider opened
2018-07-30 17:02:58 [scrapy.extensions.logstats] INFO: Crawled 0 pages (at 0 pages/min), scraped 0 items (at 0 items/min)
2018-07-30 17:02:58 [scrapy.extensions.telnet] DEBUG: Telnet console listening on 127.0.0.1:6023
```

```
2018-07-30 17:02:59 [scrapy.core.engine] DEBUG: Crawled (200) <GET
https://finance.qq.com/robots.txt> (referer: None)
2018-07-30 17:03:01 [scrapy.core.engine] DEBUG: Crawled (200) <GET
https://finance.qq.com/> (referer: None)
    [{'title': '中国石油：半年报净利预增107%到122%', 'url':
'http://stock.qq.com/a/20180730/033467.htm'}, {'title': '恒指收跌0.25%报28733点
碧桂园领跌蓝筹', 'url': 'http://stock.qq.com/a/20180730/032320.htm'}, {'title': '
可转债急剧降温！投资者大量弃购 券商无奈包销', 'url':
'http://stock.qq.com/a/20180730/031776.htm'}, {'title': '富士康否认大规模裁员、关闭
产 线 但存在"汰弱留强"', 'url': 'http://stock.qq.com/a/20180730/032547.htm'},
{'title': ' 疫苗女王高俊芳陨落：控制10家公司 涉罪最高可判无期', 'url':
'http://stock.qq.com/a/20180730/031227.htm'}, {'title': '证监会干部调整：阎庆民分管
私募部 方星海将分管发行', 'url':

    (...略...)

'http://money.qq.com/a/20180730/029300.htm'}, {'title': '银行理财产品收益率连续
5周下跌', 'url': 'http://money.qq.com/a/20180730/008148.htm'}, {'title': '财宝价
值100万亿日元？日军在菲律宾藏宝传说引幻想和陷阱', 'url':
'//new.qq.com/omn/20180730A0WMZD.html'}, {'title': '60万元现金被烧毁 人民银行鉴定：
兑换46万3千元', 'url': 'http://money.qq.com/a/20180730/028530.htm'}, {'title': '
青岛市又现宰客套路？官方回应：一旦查实将严肃处理', 'url':
'//new.qq.com/omn/20180730A0WJ7N.html'}, {'title': '上海：公立医院特需 服务比例不超过
10% 彰显公益性', 'url': '//new.qq.com/omn/20180730A0VW6O.html'}, {'title': '揭秘短
信办理银行信用卡：办一张代理商收100元', 'url':
'http://money.qq.com/a/20180730/005057.htm'}]
2018-07-30 17:03:02 [scrapy.core.engine] INFO: Closing spider (finished)
2018-07-30 17:03:02 [scrapy.statscollectors] INFO: Dumping Scrapy stats:
{'downloader/request_bytes': 436,
 'downloader/request_count': 2,
 'downloader/request_method_count/GET': 2,
 'downloader/response_bytes': 63989,
 'downloader/response_count': 2,
 'downloader/response_status_count/200': 2,
 'finish_reason': 'finished',
 'finish_time': datetime.datetime(2018, 7, 30, 9, 3, 2, 151631),
 'log_count/DEBUG': 3,
 'log_count/INFO': 7,
 'response_received_count': 2,
 'scheduler/dequeued': 1,
 'scheduler/dequeued/memory': 1,
 'scheduler/enqueued': 1,
 'scheduler/enqueued/memory': 1,
 'start_time': datetime.datetime(2018, 7, 30, 9, 2, 58, 944784)}
2018-07-30 17:03:02 [scrapy.core.engine] INFO: Spider closed (finished)
```

在上例中，还有许多侦听信息被我们省略掉了，读者实际看到的会有更多信息。不过不管如何，我们已顺利地把所有的标题及其内容编写到字典中了，如果需要把这些结果存储下来，可以使用文件操作 open，代码如下：

```python
# -*- coding:utf-8 -*-
import scrapy
from bs4 import BeautifulSoup

class Spider(scrapy.Spider):
    name = "news"
    start_urls = ('https://finance.qq.com/',)

    def parse(self, response):
        sp = BeautifulSoup(response.body, "html.parser")
        news = sp.select(".Q-tpList a.linkto")
        content = list()
        for headline in news:
            temp = dict()
            temp['title'] = headline.text
            temp['url'] = headline['href']
            content.append(temp)
        with open('stocknews.txt', 'wt') as fp:
            fp.write(str(content))
```

上述程序在执行了爬虫程序之后会在同一个目录下生成 stocknews.txt 文件，其内容如下：

```
(VENV) (base) C:\scrapy\myspiders>type stocknews.txt
[{'title': '中国石油：半年报净利预增107%到122%', 'url':
'http://stock.qq.com/a/20180730/033467.htm'}, {'title': '恒指收跌0.25%报28733点
碧桂园领跌蓝筹', 'url': 'http://stock.qq.com/a/20180730/032320.htm'}, {'title': '
可转债急剧降温！投资者大量弃购 券商无奈包销', 'url':
'http://stock.qq.com/a/20180730/031776.htm'}, {'title': '富士康否认大规模裁员、关闭
产线 但存在"汰弱留强"', 'url':

(...略...)
```

不过，到目前为止，所有的操作和我们在单一程序中通过 requests.get 所做的功能并没有什么不同，只提取新闻标题并没有发挥 Scrapy 框架的优势，根据标题往下再提取每一篇新闻的内容才是重点。通过 Scrapy，程序中需要改的内容并不多，首先是在原有的 parse 方法（函数）中加入一个 yield 指令调用 scrapy.Request 方法，代码如下：

```python
# -*- coding:utf-8 -*-
import scrapy
from bs4 import BeautifulSoup

class Spider(scrapy.Spider):
```

```python
name = "news"
start_urls =('https:// https://finance.qq.com/',)

def parse(self, response):
    sp = BeautifulSoup(response.body, "html.parser")
    news = sp.select(".Q-tpList a.linkto")
    for headline in news:
        if len(headline['href'])>10:
            yield scrapy.Request(headline['href'], self.parse_article)
```

如你所见，在程序中把一个新闻标题的网址取出，作为 scrapy.Request 的参数，然后当提取到该网页之后，把该网页交由 self.parse_article 进行解析。接下来，当然就是在 parse_article 方法（函数）中处理这个新闻的内容了。这个例子中，在处理完这些数据之后，立即把它们输出到屏幕上，parse_article 函数的内容如下（此函数是和上一个程序放在一起的，也就是接在 parse 函数定义之后）：

```python
def parse_article(self, response):
    if len(response.text)==0: return
    sp = BeautifulSoup(response.body, "html.parser")
    print("title:{}".format(sp.select('h1')[0].text))
    paragraphs = sp.select('p')
    content = ""
    for p in paragraphs:
        content += p.text
    print(content)
```

程序的执行过程如图 16-14 所示。

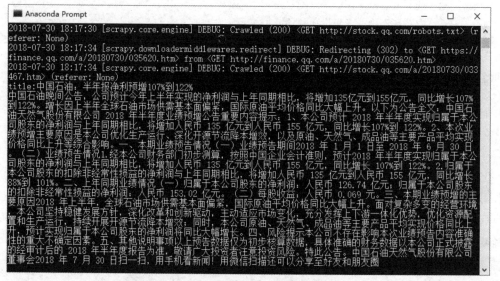

图 16-14　可以提取新闻内容的程序执行过程

到目前为止，这些提取到的数据（或信息）还只是显示在屏幕上，16-2-3 小节将介绍如何把它们存储成 JSON 格式的文件，以及如何把数据存储到 MongoDB 中。

16-2-3　爬虫程序与数据库的整合

为了方便我们存储提取到的数据，Scrapy 提供了很方便的方法，让之前编写的 Spider 类专心负责网页的解析，而实际上处理解析完的数据项则交由系统协助处理。请回到 C:\scrapy\myspiders\myspiders 文件夹下，在这个文件夹中有一个名为 items.py 的文件，默认内容如下：

```
# -*- coding: utf-8 -*-

# Define here the models for your scraped items
#
# See documentation in:
# https://doc.scrapy.org/en/latest/topics/items.html

import scrapy


class MyspidersItem(scrapy.Item):
    # define the fields for your item here like:
    # name = scrapy.Field()
    pass
```

在使用 scrapy startproject myspiders 创建 Scrapy 项目时，系统就帮我们的项目准备了这个框架，其中 MyspidersItem 类用来定义想要存储的数据项分别是哪些，以及这些数据项想要使用的名称。假设在这个例子中，我们需要"标题"和"内容"，可以把上述程序代码中的 pass 删除，加上这两个项目的名称，代码如下：

```
# -*- coding: utf-8 -*-

import scrapy

class MyspidersItem(scrapy.Item):
    title = scrapy.Field()
    content = scrapy.Field()
```

将编辑过的 items.py 存盘，回到之前的 news.py，先在程序的开头处引入刚刚编辑的 items.py 中的 MyspidersItem，代码如下：

```
from myspiders.items import MyspidersItem
```

原来处理网页文字内容的 parse_article 函数现在就不负责输出解析之后的内容了，而是把解析后的内容交由 MyspidersItem() 所产生的执行实例处理，放在它之后再以 return 返回，parse_article 函数如下：

```
    def parse_article(self, response):
        if len(response.text)==0: return
```

```
            sp = BeautifulSoup(response.body, "html.parser")
            paragraphs = sp.select('p')
            content = ""
            for p in paragraphs:
                content += p.text

            newsitem = MyspidersItem()
            newsitem['title'] = sp.select('h1')[0].text
            newsitem['content'] = content

            return newsitem
```

如上述程序内容所示，原先解析到的 title 和 content 现在都放在 newsitem 实例变量中，最后把 newsitem 变量用 return 语句返回。至于传到哪里，读者就不需要管了，因为框架中的程序自己会处理。

通过这些设置，原本我们使用的 scrapy crawl news 指令就需要稍微修改一下。下面把取得的数据存储为 JSON 格式的文件：

```
scrapy crawl news -o stocknews.json -t json
```

其中，"-o"后面加的参数是输出的文件，而"-t"则是输出的格式。图 16-15 所示是运行结果的页面摘要。

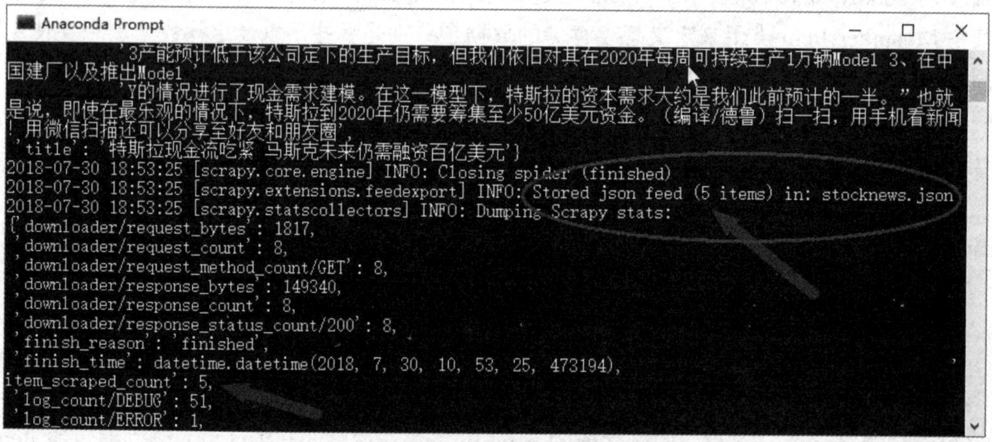

图 16-15　把提取到的数据存储为 JSON 格式

从箭头所指的地方可以看出，这一次运行的结果是把 5 笔数据加到 stocknews.json 中。JSON 格式对于程序设计来说非常方便，但是在有些应用中，尤其是非常大量的数据，把它存储到数据库中可能是更好的选择。

在本小节中，我们打算把数据存储在 MongoDB 中，请读者回到第 12 章，按照那一章的内容先启动 MongoDB 的服务器，并使用 MongoDB Compass Community 查看数据的存储内容。在这个例子中，也是使用在第 12 章中创建的 mydata 数据库，并创建一个名为 finnews 的 collection，然后把提取到的数据存储到 finnews 中。

要在 Scrapy 中以数据库的方式来存储数据，一般而言都是通过 pipelines.py 程序，和 items.py 一样，这个程序一开始也有一个框架，和 items.py 放在同一个的目录中，其默认的内容如下：

```
# -*- coding: utf-8 -*-

# Define your item pipelines here
#
# Don't forget to add your pipeline to the ITEM_PIPELINES setting
# See: https://doc.scrapy.org/en/latest/topics/item-pipeline.html

class MyspidersPipeline(object):
    def process_item(self, item, spider):
        return item
```

对数据库处理而言，需要再加上启动数据库以及结束时关闭数据库的操作。在这个程序中，就是要加上名为 open_spider 和 close_spider 的函数，而在 process_item 中是添加一个数据项的操作。

假设当前的 MongoDB 环境延续第 12 章的内容，使用的是本地计算机上的 MongoDB 数据库而且没有设置任何的管理员账号以及密码，那么上述程序可以编辑为如下版本：

```
# -*- coding: utf-8 -*-
from pymongo import MongoClient

class MyspidersPipeline(object):

    def open_spider(self, spider):
        self.client = MongoClient()
        self.db = self.client.mydata
        self.collection = self.db.finnews

    def close_spider(self, spider):
        self.client.close()

    def process_item(self, item, spider):
        self.collection.insert_one(dict(item))
        return item
```

如上述程序所示，在 process_item 中，只要短短一行指令就可以让系统协助我们把所有提取的文章都存放到 MongoDB 数据库中。如果在程序运行的时候，系统告诉我们没有 pymongo 模块，有可能是因为我们在前面是使用 conda install 安装的 Scrapy，因此在程序的运行过程中，系统会在 Anaconda 中的链接库中寻找 pymongo 模块，而它当前可能只被安装在虚拟环境 VENV 中，解决的方法是通过 conda install pymongo 把这个模块安装一份到 Anaconda 中。程序运行的结果如图 16-16 所示。

上述程序加上一些修改，把原来使用的 Spider 父类改为 CrawlSpider，再加上一些设置，就可以让此爬虫程序可以自动翻页，帮我们把所有的新闻都提取出来。由于篇幅的限制，笔者就不多做说明了，有兴趣的读者可参考相关的书籍自行练习。

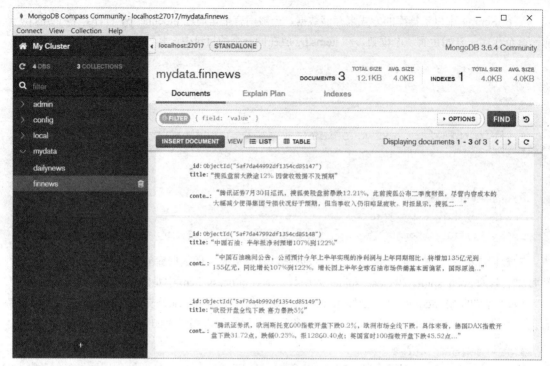

图 16-16　把网页的数据提取到 MongoDB 的结果

16-3　嵌入式系统与 Python

由于 Python 语言的易学易用以及支持非常多的程序包（即模块），使得在各种各样的操作系统中都可以看到 Python 程序设计语言的影子，就连嵌入式系统也不例外。知名的树莓派 Raspberry 因为在电路板上直接使用 Linux-based 的操作系统，所以在默认的系统环境中，直接就可以使用 Python 语言来设计程序，而且操作及安装模块的过程几乎和一般的计算机操作系统没有什么两样，比较特别的是支持 BBC micro:bit 的 MicroPython，让小小的一片嵌入式电路板也可以通过 Python 语言来设计程序。

16-3-1　BBC micro:bit 简介

micro:bit 是一个只有信用卡一半大小的嵌入式计算机系统，原先设计用于儿童的计算机教育，由英国的 BBC 公司和许多单位合作，并于 2016 年提供了百万片供全英国 11~12 岁 7 年级的学童免费使用。

micro:bit 与其他原有的嵌入式系统比较不一样的地方在于：在电路板上内嵌有 25 颗小的红色 LED 以及两个可编程的按钮，非常便于用来和电路板上的程序进行互动。此外，电路板也内建了加速度计、磁力计、温度计、接触感应接点等，在程序刻录完成之后，除了电源之外，不需要外接任何其他设备即可操作此台微型计算机。

而更特别的是，它是通过 Micro USB 和计算机进行连接的，而连接之后不需要任何驱动程序即可被个人计算机识别为 USB 盘，并获得一个驱动器的代码。对于编写完成且编译成二进制编码的程序文件，只要以传统文件存储的方式把它存到这个"U 盘"中，就等于完成了刻录的操作，存入的程序可立即在电路板上顺利运行。

至于编辑程序代码更加容易，全部可以在网页中以拖拉积木的方式完成，同时在完成积木的摆放时，网页也有对应的运行结果的模拟，在不需要实际连接硬盘的情况下，完成程序的设计与测试，非常易于学习。在 16-3-2 小节中，我们从一个简单的小程序开始介绍如何在 micro:bit 上开发程序。

16-3-2　使用浏览器设计 micro:bit 程序

无论你有没有 micro:bit 的电路板，都可以直接前往官方网站（网址：http://microbit.org/code/）编写程序。micro:bit 编写程序的环境如图 16-17 所示。

图 16-17　micro:bit 编写程序的网页页面

在官方网站上有两种编辑程序的方式，分别是以 JavaScript 为基础的积木式程序设计语言 JavaScript Blocks Editor 和以 Python 语言为基础的 Python Editor。一个典型的 JavaScript 积木程序如图 16-18 所示。

在图 16-18 中，单击工具栏中的"{}JavaScript"页签，上述积木程序就会立即被转换成文本格式的 JavaScript 程序设计语言，如图 16-19 所示。

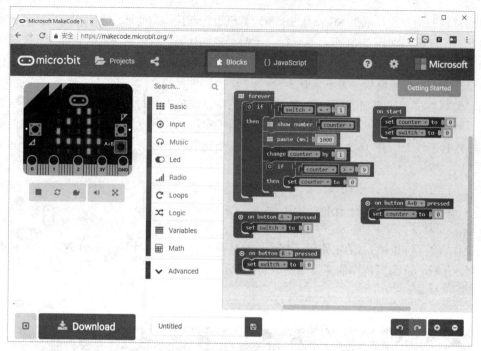

图 16-18　JavaScript 积木程序范例

图 16-19　把图 16-18 中的程序积木转换成 JavaScript 程序

无论处于上面的哪一种界面，只要单击左下角的"Download"按钮，网站就会把这段程序编译成在 micro:bit 上可以执行的二进制文件，然后让我们把它存储到 MICROBIT "U 盘"上（因为只能存放一个程序，所以不需要更改文件名），该程序就可以顺利地在电路板上运行了。

同样的功能使用 Python Editor 可以编写成以下 Python 程序：

```python
from microbit import *
switch_on = True
counter = 0
while True:
    if button_a.is_pressed() and button_b.is_pressed():
        counter = 0
    elif button_a.is_pressed():
        switch_on = True
    elif button_b.is_pressed():
        switch_on = False

    if switch_on:
        display.show(str(counter))
        counter+=1
        if counter > 9:
            counter = 0
        sleep(500)
```

在 Python Editor 环境下编辑时，页面如图 16-20 所示。

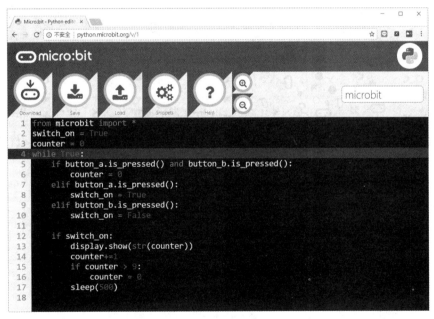

图 16-20　Python Editor 的编辑环境

在图 16-20 所示页面左上角的"Download"图标用于下载程序并存储到电路板，完成下载之后，在电路板即可实现同样的功能。Python Editor 虽然不需要安装，上手也容易，但是程序在执行的过程中如果发生了错误，其错误信息是显示在电路板小小的 LED 上，这种方式非常不容易阅读，因此如果需要使用 Python 来开发 micro:bit 程序，通常会使用另一个 MU Editor，请看 16-3-3 小节的说明。

16-3-3　使用 Mu Editor 设计 micro:bit 程序

许多使用 Micro Python 编写 micro:bit 程序的朋友都会以 Mu Editor 作为程序代码编辑器，并启用 REPL 这个交互式 Micro Python 的 Shell 界面。Mu Editor 的下载网址为 https://codewith.mu/#download，它支持三种主流的操作系统，下载页面如图 16-21 所示。

图 16-21　Mu Editor 的下载页面

如图 16-21 箭头所指的地方，除了下载编辑器之外，也要下载安装 REPL 的驱动程序才行。在 REPL 驱动程序安装完成之后，启动下载的 Mu Editor，其页面如图 16-22 所示。

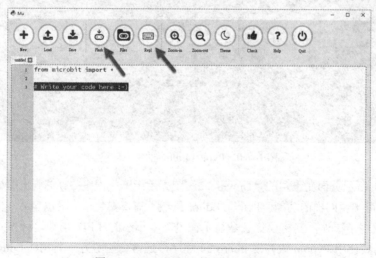

图 16-22　Mu Editor 的程序开发页面

第 16 章　提升 Python 能力的下一步　| 421

如图 16-22 中箭头所指的地方，左侧的 Flash 是实际把程序代码写入到 micro:bit 电路板上的功能图标，而右边的 Repl 则用于启动 Micro Python Shell 环境，如果驱动程序安装无误，单击 Repl 按钮之后，过一会儿 Mu Editor 就会在下方出现一个 Python Shell 窗口（第一次使用需要花上一小段等待时间），如图 16-23 所示。

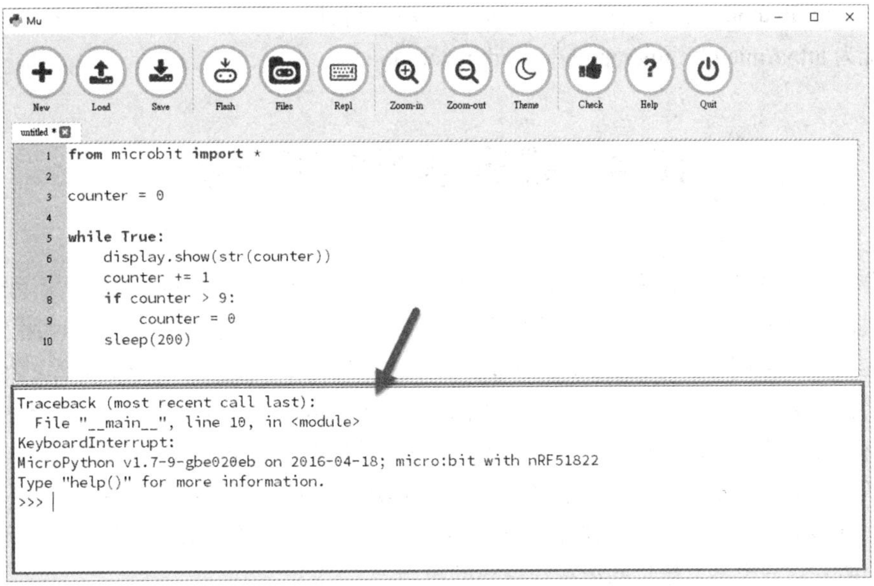

图 16-23　Repl 窗口的执行页面

如图 16-23 下方的窗口所示，可以看到一个熟悉的 Python Shell 界面，所有在这里输入的指令都可以直接在 micro:bit 上执行。例如，我们在如图 16-24 所示的 Shell 中输入程序，输入完毕之后，连按两次 Enter 键，程序机会立即被执行，程序执行过程请参考视频：https://youtu.be/Aq59Wo2z7uM。

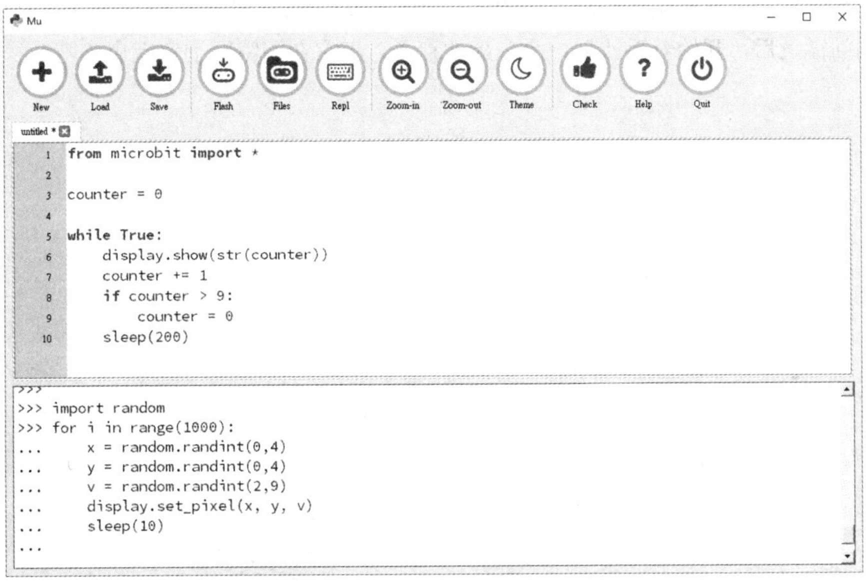

图 16-24　在 Micro Python Shell 界面中执行程序

和上方编辑器所编写的程序不一样的地方在于，Shell 中的程序只是执行，并未把程序存储在电路板上，因此在执行完毕之后如果还想再执行一遍，需要重新输入一次程序才行。对开发者而言，Repl Mirco Python Shell 主要的用途只在于执行一些指令进行测试，所有的程序开发还是以 Mu Editor 中的编辑器为主。

至于 Micro Python 中究竟有哪些指令和函数库可以使用，有兴趣的读者可参考官方网站上的说明，网址为 http://microbit-micropython.readthedocs.io/。

16-4　提升学习的下一步

　　恭喜你一路阅读到此，跟着本书的练习，相信你已经知道什么是 Python 程序设计语言以及学会了如何通过 Python 编写一些可以应用于日常生活的程序，包括计算数值、搜索网络上的数据并提取下来应用、连接网络实时数据库 Firebase、绘制图表、读写文件、存取数据库、处理图像文件、自动化执行某些程序，甚至你还会使用 Python 设计网站（这点很酷吧！），并把网站上传到远程的主机正式部署上线，让你的亲朋好友都可以看到你辛苦工作的成果。

　　因为篇幅的限制，有一些功能可能在本书中只是点到为止，然而拜网络普及所赐，在学习的过程中有非常多的资料都可以在网上查询到，甚至有许多教学视频可供在线学习，对于有意增加"功力"的朋友，一定不要错过阅读在线资料的机会。

　　本书写作的目的是为了避免让读者因为一开始学习时的一些繁杂而又无聊的语法表达式以及程序设计注意事项、精巧的设计技术等内容而却步，所以总是以解决问题为主题，使读者可以在解决问题的过程中学习解决问题的方法，以及"加码"学习可以应用的程序技巧。秉持着这种精神，如何让程序设计"功力"进一步提升呢？答案就是给自己一个挑战！

　　你有什么想法想要通过程序来完成呢？有没有想过要设计一个自己的网站？你有什么点子要把它实现出来呢？想要自己设计一个手机的 App 吗？这些都可以把 Python 作为实现它们的工具。结束本书的阅读之后，开始着手计划一个有趣的点子，把它在因特网上实现出来吧！